JN272643

ダムと環境の科学 III
エコトーンと環境創出

谷田一三・江崎保男・一柳英隆 編著

京都大学学術出版会

口絵1　大阪湾に残る貴重な岩礁海岸である城ヶ崎（和歌山県）．

潮間帯は，潮汐により冠水と干出を繰りかえすダイナミック・エコトーンであり，高い生物多様性を有する〈序章参照〉．（写真：谷田一三）

口絵2　自然湖沼・琵琶湖の沿岸帯エコトーン（滋賀県長浜市湖北町延勝寺付近）．

琵琶湖の自然湖岸は，岩石質の山地湖岸，砂質の砂浜湖岸，ヨシの生育する抽水植物湖岸に大別される．延勝寺付近は，岸辺に抽水植物が発達する．自然湖沼沿岸帯は，水生の植物や動物にとって重要なハビタットであるが直接的な改変と水位変動改変の影響を受けている〈第5章参照〉．（写真：西野麻知子）

口絵3　ダム湖水位変動帯（宮城県・釜房ダム）．

破線は平常時最高貯水位を示す．山間部に建設されたダム湖岸は急峻で土壌が堆積し難い．そのため，植物の生長に時間がかかり，また，バイオマスも小さいことから，ここには裸地帯が出現することが多い〈第1章およびコラム1参照〉．（写真：藤原宣夫）

2月18日（貯水位　標高 321.91 m）	5月3日（貯水位　標高 325.03 m）
7月9日（貯水位　標高 319.00 m）	11月3日（貯水位　標高 319.00 m）

口絵4　福島県・三春ダムの牛縊川前貯水池内景観の季節変化（2006年）．
ダム湖に前貯水池があると，細粒土砂が堆積しやすいなどの理由から植生が発達する．三春ダム牛縊川前貯水池内では，タチヤナギの群落が見られる〈第1, 3章参照〉．（写真：浅見和弘）

口絵5　タチヤナギの綿状の種子
三春ダム水位変動帯にはタチヤナギが多く生育している．周辺には複数のヤナギ類が生育しているが，種子散布時期，期間の違いにより優占種が決まると考えられる〈第3章参照〉．（写真：浅見和弘）

口絵6（上）　三春ダム蛇石川前貯水池のタチヤナギ林とマレーゼトラップ
干出時の水位変動帯のヤナギ林は，まるでマングローブ林のようである．調査のため飛翔性の昆虫を捕獲するマレーゼトラップが設置してある〈第7章参照〉．（写真：谷田一三）

口絵7（左）　三春ダム水位変動帯干出時に（同上地点）ピットホールトラップで捕獲された昆虫類
水位変動帯が干出すると比較的短い間に昆虫類が侵入する．写真は，アオゴミムシ（下4個体）とキンナガゴミムシ（上2個体）〈第7章参照〉．（写真：谷田一三）

口絵8　調査のため音波発信機が埋め込まれ，三春ダム湖に放流されるギンブナ（左），および浮遊物に付着するギンブナの卵（右）
ヤナギ林のような植生があると，ギンブナのような魚種の産卵・仔稚魚成育の場となる〈第8章参照〉．（写真：西田守一・浅見和弘）

口絵9　三春ダム湖水位変動帯の外来植物

水位変動帯は外来種の割合が比較的高く，その対策が課題となる．左上は水位変動帯に生育するイタチハギ，右上は平坦部で優占するオオオナモミ，左下は他の植物を覆うアレチウリ．イタチハギは湖岸裸地の緑化に使われたこともあった〈第1章，10章参照〉．（写真：浅枝　隆）

口絵10　侵略的外来種オオクチバスの駆除

三春ダム湖では水位変動特性を利用したさまざまな駆除の取り組みが行われている．右の写真は沖に出して吊り下げた産卵床と産卵したオオクチバス．卵を除去することで繁殖率を低下させる〈補遺参照〉．（写真：中井克樹）

口絵 11　ダム湖河川流入部に堆砂デルタが発達する山形県・寒河江ダム月山湖の水位変動帯の季節変化 (2012 年).
上写真において，黄色破線で囲んだ部分がダム建設以前の高水敷，青点線が河道内に形成された堆砂デルタ．河川は左から流入し，右側がダム堤体に近い．堆砂デルタでは，分級により表層の堆積土砂の粒度組成が場所によって異なり，そのことが植生の発達に影響する〈第2章参照〉．(写真：水源地生態研究会・周辺森林研究グループ)

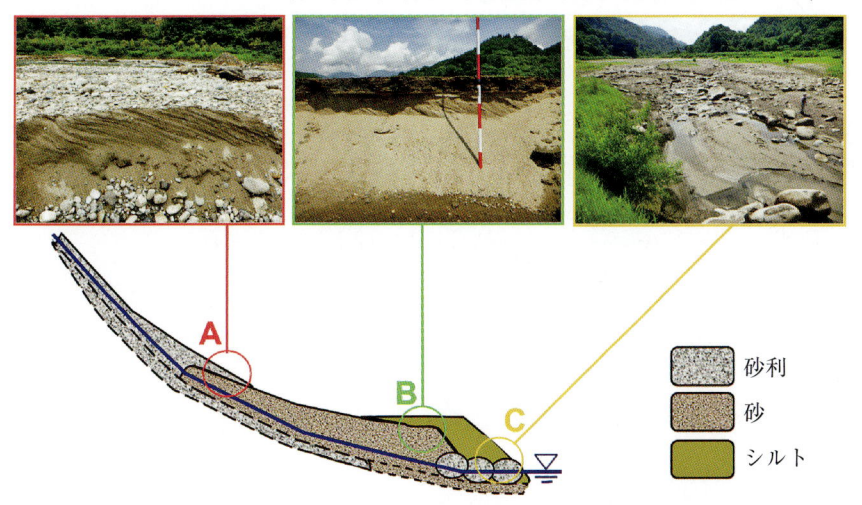

口絵 12　河原状堆砂デルタの分級特性を横から見たもの (寒河江ダム月山湖の河川流入部).
下の模式図において，黒実線は河原の分級，黒破線は水みちの分級を表す．Aの写真のみ，模式図と向きが合うように写真を左右反転させている．河川からダム湖に流入した土砂は，表面の材料とその下部にある主たる構成材料が異なっている領域が多い〈第4章参照〉．(写真・原図：知花武佳)

口絵13　佐賀県・嘉瀬川ダム水位変動帯の試験湛水後の状態
試験湛水時には，通常運用では稀にしか冠水しない平常時最高貯水位以上に水位が上がり，洪水時最高水位に達する．その際，洪水時最高水位以下の植物の多くは枯死する〈コラム2，第9章参照〉．（写真：荒井秋晴）

口絵15　アカネズミ
三春ダムでは水位変動帯が干出し一時的陸域となったとき，アカネズミのような多様な環境に生息できる種が侵入し，比較的高密度になる．しかし，その密度はダム間での変異が大きい〈第9章参照〉．（写真：一柳英隆）

口絵14　テン
試験湛水後，植物が枯死した水位変動帯は，テンのような哺乳類の利用頻度が低下する〈第9章参照〉．（写真：岡田　徹）

口絵16　岩手県・御所ダムの下久保地区に洪水貯留準備水位まで水位を下げる期間に出現する湿地

ダム湖水位変動帯に水位低下時も水分が保持される場合，希少な湿生植物の生育地となることも多い〈第12章参照〉．（写真：国土交通省東北地方整備局北上川ダム統合管理事務所）

口絵17　ダム湖水位変動帯に生育する希少植物

上は環境省第4次レッドリストで絶滅危惧Ⅱ類に指定されているミズマツバ，下は準絶滅危惧に指定されているミクリ〈第2章参照〉．（写真：野々山一彦）

口絵18 広島県・灰塚ダムの知和ウェットランドに再生した湿生植物群落
ダム建設以前の地形，水位変動，副ダムなどによる水位管理により，多様な湿地性生物が生息するビオトープが形成される場合もある〈第12章，コラム9参照〉．（写真：中越信和）

口絵19 知和ウェットランドに飛来し，採餌するコウノトリ〈コラム9参照〉（写真：上野吉雄）

口絵20 鹿児島県・西之谷ダムにおける湛水域内環境整備
通常時は湛水がなく，洪水時のみ水がたまる流水型ダムの湛水域は，広大な氾濫原と見立てた環境整備が可能である〈コラム10参照〉．（写真：鹿児島県）

口絵21 上の写真の環境整備の前に，地域住民・ダム事業者・大学関係者によって模型を囲んで行われたワークショップ
対話を重ねながら，環境整備の方向性を決定していく〈コラム10参照〉．（写真：鹿児島県）

はじめに

　現代の日本に，ダムのない大河川はほとんど存在しない．私たち日本人は，古より中小河川をせき止め，ため池を築き，農業利水を行ってきたが，近代における機械技術の発展とともに，大規模河川をせき止めることにより電源開発を行うとともに，下流住民を洪水被害から護る「治水ダム」を数多く建設するに至った．
　この治水ダムは，「洪水被害から人を護る」という本来の機能ゆえに，いわゆる「環境」に多大な負荷を与える宿命を誕生時から背負っている．日本列島はアジアモンスーン地帯の東端に位置し，大陸高気圧と太平洋高気圧のせめぎあいの中で季節が進行する．その結果生じるのが初夏の梅雨，秋の台風であり，また，脊梁山脈の頂に冬季蓄積された積雪が，春の雪解けとともに下流に一気に流れ出す．これらに起因する季節的洪水こそが，日本の自然の基盤をかたちづくっており，列島の生物たちは，この季節的洪水に適応して今日まで生き残ってきたのである．したがって日本の河川生態系とその機能を担う生物群集の健全性は，毎年繰り返される洪水という季節的大規模攪乱と切っても切れない関係にある．
　しかし，治水ダムの目的は「下流域への洪水の流出を緩和すること」にこそあり，したがって本来，下流域に大量の水と土砂が流れ出す季節にこそ，ダム湖に水を貯留し，逆に下流域に大量の水が流れ出さない季節に，ダム湖からの放流が積極的に行われることになる．つまり，ダム湖水位の季節変動パターンは本質的に自然湖沼と異なる宿命を有しており，生物とくに水生生物がこのような逆境のなかで如何に生活しているのかは，生態学者の大いなる興味をひくものである．一方，河川工学者や土木行政にたずさわる人にとってはこのことが，環境に配慮した河川づくり・ダムづくりを行うにあたって，必須の知見となるであろう．
　本書は，「ダムと環境の科学」のシリーズ第3弾として，こういった水位変動の影響を強く受けるダム湖岸の生態系を論じ，その環境整備を提案しよ

はじめに

うとするものである．生態学では，二つの異なった生態系の境界部を，推移帯＝エコトーンとよぶ（湖岸の空間に着目すると，水位が季節変動するので，「水位変動帯」と呼ぶこともできる）．自然湖沼においては，季節的な水位変動にともない，湖岸にはエコトーン特有の植生が発達する．代表的なものは，ヨシをはじめとする抽水植物であるが，これらは季節的な水没と干出を繰り返す条件下で優占する．そして日本最大の湖，琵琶湖の内湖に代表されるように，ヨシ群落を基本とするエコトーンは，その内部にエコトーン特有の植物種を抱えるだけでなく，エコトーン特有の動物種にも貴重なハビタットを提供してきた．例えば，普段は沖合に生息する各種魚類にとって湖岸の抽水植物群落は絶好の産卵場・稚魚の成育場として機能してきたのである．

さて，ダム湖の湖岸は水位低下期には植生のない裸地景観を呈しているのが普通である．日本のダムの多くが河川勾配の急な山間地につくられており，湖岸の傾斜が急勾配であるとともに，水位変動が自然湖沼に比して大きいことにより，植生の発達が妨げられるためだと考えられる．しかし，このような条件下にない湖岸では草本やヤナギ群落が発達することがある．特に，ダム湖の上流端には，当該地点の河川勾配・流況・水位変動パターン等の特性に起因して土砂が堆積しデルタが形成されることがある．あるいは副ダム等の設置が，土砂の堆積を促すこともある．そしてこういった場所には季節的あるいは永年的な植生が発達し，湿地植生が形成される．

ところで，河川を流れる流水がダム湖という止水に急激に置き換わるダム湖上流端は，人為的かつ季節的な水位変動に起因して水没と干出を繰り返すので，水域 vs. 陸域，つまり横方向のエコトーンであると同時に，流水 vs. 止水，つまり縦方向のエコトーンであるとも捉えることができる．このことは，ダム湖上流端では，大雨等の自然攪乱と水位変動という人為攪乱により，きわめて複雑な物理・生物作用と過程が繰り広げられていることを強く示唆する．本書はこのような複雑系を解き明かそうとする最初の試みである．そして，このことをもとに，ダム湖の湖岸整備が今後いかにあるべきかの試論を展開しようと思う．

むろん，ダム湖エコトーンの研究は始まったばかりであり，このような企ては無謀に思えるかもしれない．しかし，ダム湖の存在を前提として健全な

はじめに

河川生態系の復元・創出を急がねばならない現代においては，この新たな生態系に関して新たな理論を提示し，それにしたがって実践を試行し，その結果を評価して，理論を洗練させ，さらに実践を繰り返す**アダプティブ・マネジメント**＝適応修治（順応的管理）の手法こそが，強力な武器となりえるのである．そして，流域と水系全体のつながりを常に意識しながら，個々の生態系に関するケーススタディを積み重ねていくしか健全な生態系を実現する方法はないのだと考えられる．

本書は四つのパートからなるが，最初の3パートの主題は，Ⅰ）エコトーンの水・土砂および植生によるハビタット形成，Ⅱ）このハビタットに生息する動物群集，Ⅲ）ここで展開される物質循環，という具合に現代の生態学を構成する3分野からなる．そしてこれらを受けるかたちでダム湖岸の環境整備を，最終パートⅣで論じるという構成になっている．

本書の骨格となる成果は，「水源地生態研究会」でなされた諸研究が生み出したものである．この研究会においては，ダムが生みだす生態系を科学的に把握し，水源地域の保全のあり方を探求することを目的として，40名あまりの研究者が2008年から共同研究を行ってきた．現在も，ダム下流やダム湖内の生態系，あるいは水系の分断など，ダムをとりまく生態系について分野横断的な研究を進めているが，本書で扱うダム湖エコトーンの研究も主要なテーマであり，寒河江ダム（山形県），三春ダム（福島県），嘉瀬川ダム（佐賀県）などをフィールドとして取り組んできた．本書は，これらの成果を中心にしながらも，会に属さない研究者にも執筆を依頼し，全体をとりまとめたものである．

本書が，シリーズ第3弾としてダム湖生態系の理解にいっそう貢献するとともに，これまでダムとダム湖に興味をもたれてこなかった人々にも，「知の入口」となることを望む．

江崎保男

凡　例

　ダムの環境問題に関連する河川工学や河川生態学などの複数分野の相互理解のため，巻末に用語解説を付けた．用語解説ではキーワードおよび補足的に説明が必要な用語を扱った．掲載した用語は，本文中でゴシック体にしている（主に各章の初出時）．

目　　次

口絵
はじめに〔江崎保男〕 i
凡例 iv

序章　エコトーン再考：ダムの水位変動帯を考えるために
　　　〔谷田一三〕 ··· 1
　0.1　エコトーン（推移帯あるいは移行帯）とは　1
　0.2　水陸移行帯のエコトーン　3
　　0.2.1　エコトーンとしての汽水域　4
　　0.2.2　エコトーンとしての潮間帯　5
　　0.2.3　河川と周辺陸域のエコトーン　6
　　0.2.4　人為的な自然改変によるエコトーンの消失と創出　13
　　0.2.5　河川の工作物による河川エコトーンの破壊　14
　　0.2.6　ダム湖のエコトーン　15

Part I　ダム湖水位変動帯の基盤と植生

第1章　流入量の変動と地形植生形成〔浅枝　隆〕 ································ 21
　1.1　ダム湖内の植生域　21
　1.2　湖岸に形成される植生群落　26
　　1.2.1　ヤナギ林の形態　26
　　1.2.2　ヤナギ林の樹齢分布　30
　　1.2.3　水位変動が草本群落に与える影響　32

❖コラム1　ダム湖水位変動帯の裸地化とその緑化対策〔藤原宣夫〕 35

第2章　水位変動帯の草本群落：寒河江ダムを中心に
　　　〔一柳英隆・沼宮内信之・沖津二朗〕 ··· 41
　2.1　寒河江ダムの特徴　42
　　2.1.1　寒河江ダムの諸元と水位変動　42

目　次

　　2.1.2　ダム湖河川流入部水位変動帯の特徴　42
　2.2　寒河江ダム水位変動帯の景観変化　46
　2.3　寒河江ダム水位変動帯の植物相の特徴　48
　　2.3.1　堆砂デルタには一年生草本が多い　48
　　2.3.2　冠水日数と植物相の関係　50
　　2.3.3　水位変動帯の植物の由来　53
　2.4　他のダムの水位変動帯植物相と希少植物生育状況　56
　2.5　水位変動帯の植生とその保全　59

第3章　水位変動帯の木本群落〔浅見和弘・浅枝　隆〕……………………… 63
　3.1　湖畔の冠水日数と樹木　63
　3.2　流入部の樹木　70
　3.3　ダム湖の樹木管理　72

❖コラム2　植物の耐水性〔浅見和弘・白井明夫〕74

第4章　堆砂デルタの形成と物理特性〔知花武佳〕……………………………… 81
　4.1　ダム湖堆砂デルタの類型　81
　4.2　類型ごとに見る堆砂デルタの特徴　83
　　4.2.1　河原状堆砂デルタ（ダム湖流入部）の特徴　83
　　4.2.2　河原状堆砂デルタ（貯砂ダム下流部）の特徴　86
　　4.2.3　湿地状堆砂デルタの特徴　89
　　4.2.4　水面上に現れる堆砂デルタ無し　89
　4.3　各類型の堆砂デルタ形成に必要な条件　91
　4.4　構成材料を分ける要因　97
　4.5　堆砂デルタの類型と生態的機能を結ぶ　97

❖コラム3　水質保全ダムと貯砂ダム〔角　哲也〕100

第5章　琵琶湖における人為的水位操作と生態系への影響
　　　　〔西野麻知子〕………………………………………………………………… 103
　5.1　琵琶湖の生物多様性の特性　103
　5.2　琵琶湖水位の変動記録　104
　　5.2.1　江戸時代の水位　104
　　5.2.2　明治以降の水位　105
　5.3　びわ湖生物資源調査団の水位低下影響予測　107

 5.4 水位操作規則制定（1994 年）以降の生態系変化 110
  5.4.1 著しい水位低下の影響 111
  5.4.2 水位の季節変動リズムの変化 120
 5.5 生態系に配慮した水位操作試行の成果と課題 124

❖コラム 4 霞ヶ浦の水位操作と湖岸植生〔西廣 淳〕 129

Part Ⅱ ダム湖水位変動帯の動物群集

第 6 章 底生動物群集の動態〔吉村千洋〕 ……………………………… 139
 6.1 ダム湖水位変動帯に形成される底生動物の棲み場 140
 6.2 水位変動に対応した底生動物群集の変化 143
  6.2.1 底生動物の時空間分布 143
  6.2.2 底生動物はどのように移動したのか 146
  6.2.3 生活型に着目すると 148
 6.3 底生動物群集と食物網構造の変化 150
  6.3.1 安定同位体比から見る底生動物群集の食物網構造 150
  6.3.2 ダム湖から流入河川への影響を安定同位体比から探る 153
 6.4 更なるダム湖生態系の理解に向けて 155

第 7 章 ダム湖水位変動帯の陸上無脊椎動物〔谷田一三〕 …………… 159
 7.1 三春ダム水位変動帯の陸上無脊椎動物 161
  7.1.1 調査方法と地点の概要 161
  7.1.2 群集組成と特徴 164
 7.2 寒河江ダム水位変動帯の昆虫類の調査 169
  7.2.1 調査地点と方法の概要 169
  7.2.2 昆虫群集とその季節変化 170
 7.3 干出した水位変動帯の特性 172

第 8 章 ダム湖沿岸帯植生の魚類による利用
   〔浅見和弘・一柳英隆〕 ……………………………… 175
 8.1 ダム貯水池内の魚類相 175
  8.1.1 ダム貯水池で確認される魚類 175
  8.1.2 各地域のダム貯水池の魚類組成 179
 8.2 三春ダムにおける魚類の湖畔ヤナギ林利用 180

目　次

　　8.2.1　水位変動と魚類との関係　180
　　8.2.2　三春ダム貯水池のタチヤナギ群落と浮遊物の分布　182
　　8.2.3　ギンブナの移動状況　182
　　8.2.4　ギンブナの繁殖行動，卵の観察　184
　8.3　ダム湖水位変動態植生と魚類の保全　187

❖コラム5　ダム湖流入河川の魚類相と試験湛水〔鬼倉徳雄〕　190

補遺：ダム湖における外来魚問題とその対策
　　　　〔中井克樹・浅見和弘・大杉奉功・小山幸男〕……………………………195
　1. ダム湖における外来魚対策の必要性／2. 三春ダムの水位変動特性／3. 水位低下式定置網による外来魚の捕獲／4. 段階的水位低下によるオオクチバスの繁殖抑制／5. 吊り下げ式人工産卵装置による繁殖抑制／6. 人工的水域におけるバス・ギルの適正管理に向けて

第9章　ダム湖沿岸の哺乳類による利用
　　　　〔荒井秋晴・浅見和弘・一柳英隆〕………………………………………213
　9.1　ダムと哺乳類　213
　9.2　水位変動帯に現れる哺乳類　214
　9.3　ネズミ類の水位変動帯利用　217
　　9.3.1　ネズミ類の特徴　217
　　9.3.2　三春ダムのネズミ類　217
　　9.3.3　寒河江ダムのネズミ類　219
　　9.3.4　水位変動帯におけるネズミ類密度のダムによる違い　219
　9.4　試験湛水時のテンのダム湖沿岸帯利用　221
　　9.4.1　テンという動物　221
　　9.4.2　嘉瀬川ダム試験湛水前後のテンの動態　224
　　9.4.3　ダム事業，ダム湖とテン　228
　9.5　ダム湖水位変動帯と哺乳類　230

❖コラム6　山間地のダム湖および渓流の鳥類〔東　淳樹〕　233

Part Ⅲ　ダム湖水位変動帯の食物網と物質循環

第10章　植生がダム湖の物質循環に与える影響〔浅枝　隆〕……………239
　10.1　系外からの流入　240

10.2　物理過程に基づく働き　241
　10.2.1　機械的機構による有機物沈降促進効果　241
　10.2.2　日射の遮蔽効果　244
10.3　生物・化学過程による働き　245
　10.3.1　硝化・脱窒作用　245
　10.3.2　窒素固定　246
　10.3.3　形態に依存した栄養塩循環　246
　10.3.4　動物を介した栄養塩輸送　249
10.4　植生の生長を律速する栄養塩　249
10.5　ダム湖岸における栄養塩負荷源　250
10.6　樹木群落が発達した水位変動帯における窒素量　252

❖コラム7　堆砂デルタにおける有機物の堆積と変換プロセス〔吉村千洋〕　254

第11章　河川流入部の食物網構造〔関島恒夫・児玉大介〕 259
11.1　ダム湖上流端に形成される複雑な生態系　259
11.2　大きな水位変動をもつ寒河江ダム　261
11.3　季節的に構造が変わるダム湖上流端の食物網　262
11.4　水中堆積物の由来からダム湖上流端に出現する一時的陸域の機能を探る　269
11.5　ダム湖上流端とその周辺の水域環境とのつながり　270
11.6　ダム湖の生態系形成に重要な異地性流入　276

❖コラム8　魚類を介した栄養塩の拡散〔佐川志朗〕　279

Part IV　ダム湖岸の環境整備

第12章　ダムにおけるビオトープの造成〔大杉奉功・澁谷慎一〕 285
12.1　ダム事業における環境影響評価　285
12.2　ダム事業における環境保全措置　286
　12.2.1　代償措置と多様性オフセット　288
　12.2.2　代償措置としての湿地ビオトープの造成　290
12.3　ダム事業における湿地ビオトープ整備の現状　292
　12.3.1　湿地ビオトープ整備の全国的な状況　292
　12.3.2　ビオトープ整備の事例　292
12.4　湿地ビオトープ整備の考え方　297
　12.4.1　胆沢ダムにおける湿地ビオトープの検討　297

目　次

　　　12.4.2　今後のビオトープ整備とモニタリングの方向性　299
　　　12.4.3　湿地ビオトープの目標設定　300
❖コラム 9　灰塚ダムのビオトープと社会連携〔中越信和〕　302
❖コラム 10　流水型ダム湛水域の環境整備事例〔皆川朋子〕　306

終章　環境創出と流域生態系〔江崎保男・一柳英隆〕 ……………………… 311
　13.1　ダム湖エコトーン環境創出の時代　311
　13.2　これまでの環境保全対策　313
　13.3　維持労力をかけない湿地づくり　315
　13.4　湿地生態系創出とダム機能　316
　13.5　創出された生態系の健全性　318
　　　13.5.1　エコシステム・エンハンスメント　318
　　　13.5.2　新たな価値を求めて　320

あとがき〔谷田一三〕　323
用語解説〔谷田一三・江崎保男・一柳英隆〕　327
索引　341
編著者紹介　353

序　章
エコトーン再考：ダムの水位変動帯を考えるために

谷田一三

0.1 エコトーン（推移帯あるいは移行帯）とは

　生態学事典にはエコトーンについて，甲山隆司さんの短いが明解な解説がある（甲山 2003）．まず定義については，「空間的にあい接する植物群集，植生タイプ，あるいは生息地タイプの間の狭い移行帯もしくは推移帯（transition zone）を指す概念．環境傾度や地理分布の上でも，また時間的な遷移過程を反映する場合にも用いられる」とある．空間的に明解な区切りのある群集や生態系概念が流行らなくなってからは，エコトーンへの考究や研究は，やや下火になっていた感がある．しかし，空中写真や GIS（地理情報システム）の活用，さらに**景観生態学**の考え方の導入に伴い，エコトーンは再認識されるようになった．とくに，水域と陸域のエコトーン（水陸移行帯，ATTZ: aquatic terrestrial transition zone）については，生態学的にも応用生態工学的にも広く注目されている．

　エコトーンについて，甲山（2003）は次の 4 つの特性を指摘している．特性 1：二つの群集が供給源となることで，多様性が増加すること（図 0-1 左上）．特性 2：群集中心から離れることで，優占種の影響が薄くなり，それにより定着生存可能な種があること（図 0-1 右上）．特性 3：集団遺伝学的な視点からは，いわゆる周辺効果で，遺伝的組成の**ドリフト**が起こり，**種分化**や**遺伝的多様性**をもたらす地域となること（図 0-1 左下）．特性 4：また，そもそも空間的に多様（不均質）な棲み場（ハビタット）が形成され，均質な群

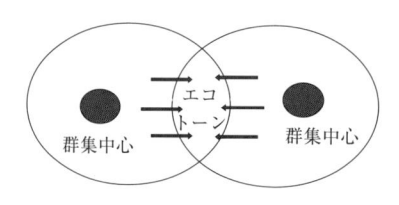

序章　エコトーン再考

特性 1
矢印は種，栄養塩，有機物などの流入を示す．
エコトーンで多様性や生産性が上昇する

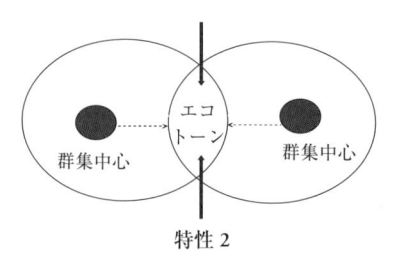

特性 2
点線矢印は弱い生物間相互作用を示す．
実線矢印は外部からの種の侵入と定着を示す

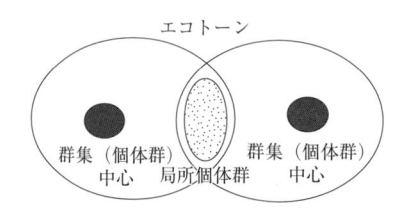

特性 3
群集（個体群）の中心から離れる．遺伝的交流の少ない局所個体群になり，遺伝的ドリフトが起き，種分化のポテンシャルが高くなる

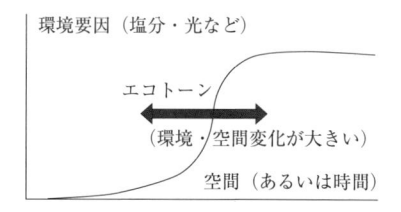

特性 4
環境あるいは棲み場空間の複雑化

図 0-1　エコトーンの特性

集中心では見られない群集が存在すること（図 0-1 右下）．この特性のうちの 2 と 3 については，単一の群集の周辺地域でも観測される特性（周辺効果）ではあるが，二つの群集のエコトーンにおいては，周辺効果の重複や干渉が見られ，周辺効果の多層化あるいは複雑化が見られる可能性もある．また，周辺では隔離効果や生物間相互作用が働き，遺伝的ドリフトが大きくなる可能性もある．

一方，環境庁（現 環境省）は「生物多様性国家戦略」の解説（環境庁 1996）のなかで，エコトーンの機能を次のように述べている．「森に囲まれた湖沼を見てみると，森の中と水中という二つの異なった生物の生息空間とそれら二つの空間が移りゆく場所を見ることができる．このような陸地と水面の境界，森林と草原の境界のように，どちらとも違った特徴を持った移行帯は「エコトーン」と呼ばれる．エコトーンでは，土壌の水分，日光の照度，温度，

空気の動き,湿度などが,比較的限られた空間の中で大きく変化するので,そこに育つ植物や動物の種類も豊かになり,隣接する二つの世界を結んで生物の活発な営みが繰り広げられ,その地域全体の生物多様性を高めるうえで重要な役割を果たしている」.エコトーンにおける環境要因群の大きな変動が,生物多様性を高めることを強調している.これは,甲山の特性 4 のエコトーン効果だろう.「隣接する二つの世界を結んで生物の活発な営みが繰り広げられ」と,やや意味の明瞭でない文学的表現ではあるが,これはエコトーンの特性 1 を示しているかもしれない.いずれにしも,環境庁の提示したエコトーンの説明は,一面的であるように思う.

あまり触れられていないが,エコトーンには,環境の変動下に成立するものと,比較的安定した環境の推移帯として成立するエコトーンがある.本書の主な対象であるダム湖エコトーンは,環境変動帯,それも人工的な変動帯に成立するものである.次に述べる汽水域や潮間帯は,自然現象である潮汐による変動帯に成立するエコトーンである.自然,人為を問わずこのような変動帯に成立するものは,ダイナミック・エコトーンと呼ばれている.それに対して,森林の辺縁や植生境界に成立するエコトーンなどは,比較的安定で,遷移過程などは別にして,短期的に見れば安定環境に成立するものと考えていいだろう.

0.2 水陸移行帯のエコトーン

本節では,最初に代表的な水陸移行帯である海域と陸域のエコトーンについて概説する.さらに,河川を中心にしたエコトーンについてはやや詳しく述べてみたい.そして,自然の水陸移行帯に形成されるエコトーンの特性を背景に,ダム湖の水位変動帯に形成されるエコトーンについても,研究は端緒に着いたばかりであるが,その特性を紹介することにする.ダム湖の水位変動域に成立するエコトーンは,その変動が治水・利水の目的に対応する人為的な変動である.人為的な変動は,予測不能なことも多いが,少なくとも日本の治水を主目的とするダム湖については,ダムの操作規則などで決まっ

ており，季節的な予測が可能である場合が多い．

　天然湖沼周辺に形成されるダイナミック・エコトーンは，降水の季節性など，自然のサイクルに対応する変動帯に成立している．そのために，そこに生息する魚類などは，その季節的予測性を利用して，生活史などを進化させてきた．その例としては，梅雨時期の増水時に，周辺の水域（氾濫原湖沼や**内湖**）や沿岸の植生帯に入って，産卵する魚類などがいる．湖沼をダムのように水位操作するときの問題は，この自然の水位サイクルが，治水や利水目的の水位サイクルと対応しない，ときには相反することである．ここにも人為的水位変動帯の課題があるが，これはまた章を改めて論じることにする．

0.2.1　エコトーンとしての汽水域

　エコトーンに**フラクタル構造**のあることは，先の甲山の生態学事典の概説でも示唆されている．この構造が，もっとも大規模から小規模まで見られるのが，海洋と陸域のエコトーンだろう．

　大スケールで見れば，大陸棚や沿岸海域は，海洋と陸域のエコトーンと考えられるかもしれない．それらはちょっと極端としても，内湾や内海それに汽水域などは，海洋と陸域（陸水である河川も含む）の接点，まさにエコトーンである．内湾や内海の生産性がそもそも高いことは，東京湾，伊勢湾，それに大阪湾などを見ても明らかである．環境劣化が進んだとはいえ，今も「江戸前」や「浪速もん」は健在である．潟湖においても，厚岸湖，津軽十三湖，小川原湖，浜名湖，中海など，多様な生物群集と高い生産性は，海洋群集としては群を抜いている．種のソースが海洋側と陸域側にあるだけでなく，栄養塩や有機物も，海域と陸域の両方から供給されるのが高い生産性の背景だろう．内湾や潟湖を，海域と陸域のエコトーンとする考え方には異論もあるだろうが，この水域の多様性や生産性の高さの説明には，エコトーンの考え方は非常に有効だろう．

　クロダイ *Acanthopagrus schlegelii* などの沿岸性の海水魚も淡水魚も，さらに汽水性魚類もが，同時に生息することで，汽水というエコトーンの生物多様性は確実に上昇している（国井 1999）．これは甲山の特性 1 のエコトーン効果である．ヤマトシジミ *Corbicula japonica* などの汽水性の生物のうち，特定

の種が多産する例は，汽水湖を中心によく知られている（中村 2000）．移動性の低い定着性の生物にとっては，汽水湖の塩分濃度の大きな変化に耐えうる種は限られているだろう．塩分濃度の変動に耐性をもつ定着性あるいは固着性の生物は限られていることから，その種が汽水エコトーンで多産することになる．これは，甲山のエコトーン効果の特性2にあたるだろう．ただし，汽水域に生息する生物は，海域，淡水域に対して適応した生物群から逃避した生物も見られるだろう．

特性4の環境構造の複雑化による棲み場の不均一性あるいは多様性の増加も，汽水エコトーンでは見られる．もっとも大きなものは環境中の塩分濃度の勾配であり，付随するものとしては底質環境や地形の複雑化がある．この二つの環境勾配によって多様性を増している生物群は少なくないが，淡水から海水域に分布する多様なカニ類群集はその最右翼であろう（大阪市立自然史博物館・大阪自然史センター 2008）．岩礁潮間帯群集の多様性も，このエコトーン特性による部分が多いが，それについては後に詳しく述べることにする．

0.2.2　エコトーンとしての潮間帯

海域と陸域のエコトーンとして，古くから注目を集めていたのが，いわゆる潮間帯である．岩礁，砂浜，干潟などの潮間帯は，生物多様性のホットスポットであること，だれにも異存はないだろう．この潮間帯は，潮汐という非常に予測性が高く，かつ日単位という短い周期的変動のもとに成立するダイナミック・エコトーンである（口絵1参照）．

潮間帯，とくに岩礁海岸の潮間帯が古くから注目されていたのは，そこに見事な生物の**帯状分布**（zonation）が見られることだった．固着性の海草やフジツボなどの甲殻類，貝類，それに低移動性の動物，それぞれのギルドのなかで，いずれの種も比較的境界の明瞭な帯状分布を示すように見える．古典的には，それらは干出にともなう乾燥，温度変動，それらに対する生物の生理的な耐性で説明されてきた．それの明瞭な境界が，固着あるいは定着サイトをめぐる生物種間の相互作用で決まっていることを，野外の操作実験も含めて明らかにしたのは，コンネルの偉大な業績である（Connell 1961）．甲山

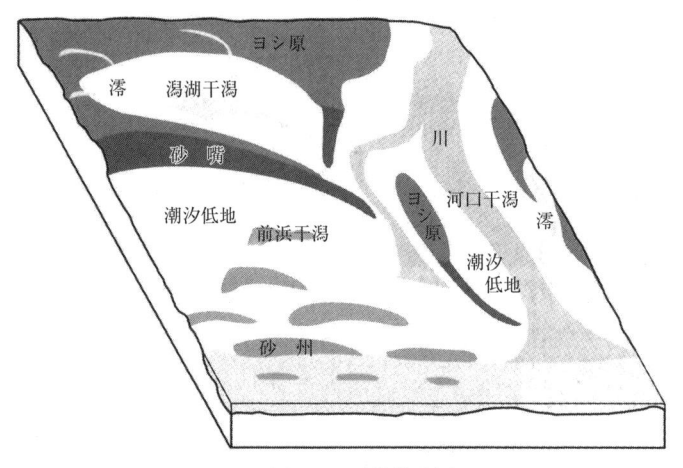

図 0-2　干潟模式図
潮汐変動に伴うダイナミック・エコトーン．潮汐変動のほか，河川，沿岸流，波浪などの影響により土砂が供給・堆積・侵食され，さまざまな小地形が形成される．(大阪市立自然史博物館・大阪自然史センター 2008 より転載)

(2003) も「種間に競争排除的なメカニズムが働いている場合，連続的な環境要因 [の変化] に対して，不連続な群集境界が形成されることになる」と述べている．種あるいは個体群 (異種) の明瞭な境界が見えることが多いのは，エコトーンの重要な特性である．

　干潟，砂浜など，岩礁に比べて緩勾配の潮間帯が形成されるときには，岩礁ほど生物の帯状分布は明瞭ではないようだ．やや大きなスケールで見ればカニ類などに帯状分布が認められるが，小スケールの明瞭な境界が見られることは少ない．これは，連続的な地形変化よりも，澪筋なども含めた小地形とそれぞれの堆積環境 (図 0-2) が，生物の分布を直接に規定しているのかもしれない (大阪市立自然史博物館・大阪自然史センター 2008)．

0.2.3　河川と周辺陸域のエコトーン

　海域と陸域のエコトーンについて，スケールを変化させながら検討してきた．ここからは，河川と周辺陸域のエコトーンについて考究する．

図 0-3　ロシア沿海州ウスリー川（アムール河の支流）の周辺に見られる三日月湖

図 0-4　アムール河の内湖であるシャルガ湖
内湖は地元民の漁労，交通の場である．アムール河の水位変動に応じて，10 m 以上水位変動する湖沼だという．

　大きなスケールで見れば，堤内地（河川外）に広がる**氾濫原**は，河川と陸域のエコトーンと考えていいだろう．原始的景観（wilderness）の大規模河川では，氾濫原には湿地帯だけでなく，恒久的あるいは一時的な，大小の湖沼群があり（図 0-3，0-4），これらは，いずれも河川群集と連関性の強い群集あるいは生態系を形成してきた．**洪水パルス仮説** flood pulse concept (Junk et

序章　エコトーン再考

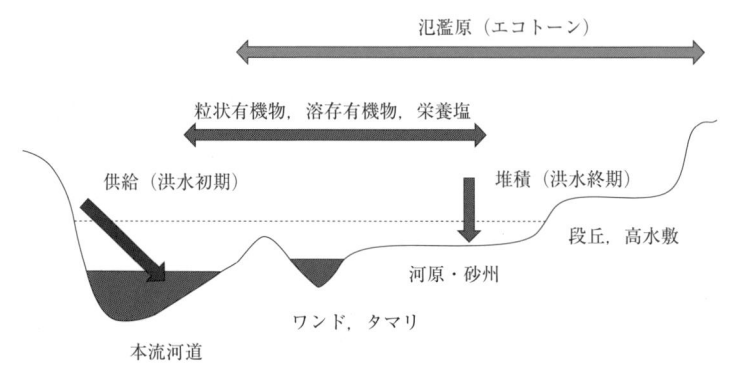

```
          氾濫原（エコトーン）
    ←――――――――――――――――→
     粒状有機物，溶存有機物，栄養塩
    ←――――――――――――→
  供給（洪水初期）    堆積（洪水終期）
                              段丘，高水敷
                   河原・砂州
           ワンド，タマリ
  本流河道
```

図 0-5　洪水パルス仮説　概念図
氾濫原は，洪水や低水に伴うダイナミック・エコトーン

al. 1989）によれば，この氾濫原と河川との，物質などの交換が，下流河川生態系が維持される要という（図 0-5）．もちろん，物質だけでなく，有機物，栄養塩，それに生物そのものの交換が，氾濫原エコトーンと河川との間には成立している．

　日本のように多くの河川の氾濫原が，住宅，農地などに高度に利用され，氾濫原に残った原野さえも捷水路と放水路によって，河川との連関が断ち切られたところでは，水田が氾濫原の代替機能を持っていた．水田は，浅くてフラットな水域が広がり，水位が変動する河川と陸域のエコトーンだった．人為的な水管理によって，冠水と干出を繰り返す点では，ダイナミック・エコトーンの性質も持っている．

　さらに小さなスケールで見ると，田を区切る畔と水田の境界も，エコトーンの特性を持つ．多くの水田雑草や水田動物は，カエルなどの両生類も含めてこの水陸移行帯に高度に依存した生物群だった．また，河川魚類にとっては，水田は河川周辺部のエコトーンとして産卵・繁殖・育児の場所にもなっていた（図 0-6）．移動性の大きな昆虫でも，トンボ類，タガメ *Lethocerus deyrollei*，あるいは谷津田ではゲンゴロウ類など，水陸を利用する水生昆虫，あるいは両生昆虫の貴重な棲み場となっていた．ただし，洪水から水田を守る治水工事によって，ダイナミック・エコトーンとしての水田の機能は失われた．さらに，用排水分離の圃場整備事業は，水田のエコトーン機能の大部

図 0-6　木曽川水系の水田水路
絶滅危惧種を含む多くの魚種が生息していることが調査でも確認されている．水田と陸域のエコトーン（水域側）．

分を消失させてしまった．

　氾濫原より小スケールの河川の水陸移行帯は，砂州や河原であろう．氾濫原が消失した後，河道内の砂州や河原は，そこに成立している恒久的，一時的水体であるワンドやタマリも含めて，氾濫原の代替機能を持っている．洪水パルスによる有機物や栄養塩の供給は，このエコトーンの維持には欠かせない．頻繁に洪水に曝される不安定環境に適応している河原生物群，すなわち攪乱に依存する生物群も多い．潮間帯ほど予測性は高くないが，頻繁な環境変動に曝されるダイナミック・エコトーンである．

　さらに小スケールで，具体的に見える水陸移行帯エコトーンは，岸辺あるいは河岸であろう．陸上側の植物群落は，渓畔植生あるいは川（河）辺植生であり，水域側のそれは河岸の**抽水植物**群落だろう．陸上側のフロントとしては，木本ではヤナギ類やハンノキ類 *Alnus* が，草本ではミゾソバ *Persicaria thunbergii* やタデ類，それにクサヨシ *Phalaris arundinacea* やヨシ *Phalaris australis* が，背後にはヤチダモ *Fraxinus mandshurica* var. *japonica*，ハルニレ *Ulmus japonica*，カツラ *Cercidiphyllum magnificum*，エノキ *Celtis sinensis* var. *japonica* などの樹木植生が成立する．河川側のフロントとしては，ツルヨシ

序章　エコトーン再考

図 0-7　日本屈指の砂河川である木津川の河原と河畔林
砂州河原は1年に数回冠水する．砂州や流路は，頻繁にその位置を変える．

Phalaris japonica，ヨシ，ガマ *Typha latifolia*，オモダカ *Sagittaria trifolia* などの抽水植物が河岸に生育する．植物群落の種類と組成は，水位，冠水頻度，土壌条件などの立地によって決まる．

　陸上側のエコトーンに依存する動物としては，ゴミムシ類やハネカクシ類などの豊かな地上徘徊性昆虫が見られ，それらを餌にするチドリ類やセキレイ類の重要な採餌場となっている．河川側のエコトーンに依存する動物には，抽水植物群落を棲み場とするものが多い．カワトンボ類の幼虫，トビイロトビケラ属 *Nothopsyche* の幼虫，それにコカゲロウ属 *Baetis* の一部には，この棲み場の専門家が多いようだ．それ以外の，水生無脊椎動物にとっても，棲み場，出水時の避難場として，重要なエコトーンである．この河川水辺のエコトーンも，河川水位の変動に伴って，冠水あるいは干出するダイナミック・エコトーンである．また，このエコトーンの重要な基盤である砂州は，1年か3年に1回程度の出水によって，その位置と構造を頻繁に変える（図0-7）．
　河川におけるもう一つ重要なエコトーンは，河床間隙である．河床間隙は，表流水の流れる河道，砂州などの下に広がるエコトーンである．さらに深い地下水の流れる空間と地上に見られる河川との推移帯である．伏流水の流れ

る空間であるとともに，栄養塩や有機物を貯留する装置でもある．河床の表面を流れる表流水に比べて，流速がうんと小さい，水温も含めた水質の変化が少ない，日照がほとんどないなど，多くのユニークな特性をもっている．有機物の貯留ということは，汚れのフィルター装置でもあるが，それだけではない．砂礫からなる間隙は，多くの砂泥の粒子からなり，その粒子の大きな表面積は細菌などの微小生物の棲み場となっている．酸素条件により，脱窒，あるいは硝化が起こり，強力な浄化装置として機能している．

　この伏流水の流れる河床間隙にも，専門の生物が生息しハイポレオ hyporheo と呼ばれている．ミズミミズ類や線虫類，それに微小甲殻類には，一生をこの間隙で生活するものが多い．なかにはムカシエビ *Bathynellacea* のように，目（眼点）を退化させた甲殻類もいる．ソコミジンコ Harpacticoida と呼ばれるミジンコは，間隙性で小型で人の目に触れることは少ないが，渓流で孵化するサケマス類の稚魚の重要な餌となる．

　成虫になると空中や陸上に出ていく川虫にも，幼虫時代を間隙生物として生活するものは少なくない（Williams 1984）．河床間隙は，小さな空間であり，多くの捕食者が入り込めない避難場である．また，流速も小さく，環境も安定しているので，若齢幼虫の保育場にもなっている．

　河床表面にも多い川虫であるカワゲラ類には，河床間隙を使う種が非常に多い．冬に成虫が出現するクロカワゲラ類 Capniidae は，冬のはじめに羽化し雪上などで有機物や死体を食べて早春に成熟し，川に戻って産卵する．孵化した幼虫はそのまま河床間隙に潜りこみ秋まで夏眠するという．かなり深い河床間隙に潜りこんでいるのだろうか．夏に水枯れや瀬切れが起こるような河川でも，幼虫時代に深い河床に生息するクロカワゲラ類は，冬には多くの種や個体が出現する．

　やはり小型で淡色のミドリカワゲラ類 Chloroperlidae も，幼虫時代のほとんどを河床間隙で生活するようだ．大型のカワゲラでも，目（眼点群）の小さなヤマトカワゲラ *Nipponiella limbatella* やコナガカワゲラ属 *Gibosia* などは，やはり幼虫時代の大部分を河床間隙で生活し，羽化直前の終齢幼虫が河床表面に出現する．幼虫が少ないのに，灯火採集などで多くの成虫が採集されるという謎は，この**生活環**ならば納得できる．

序章　エコトーン再考

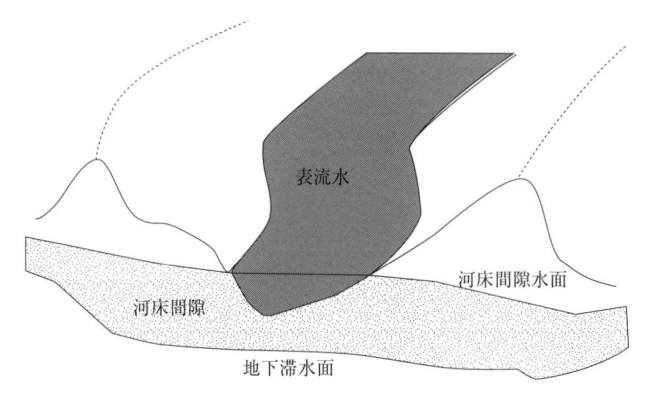

図0-8　河床間隙（エコトーン）とその水面などの模式図

　カゲロウ類には，幼虫時代に長い河床間隙生活を送る種は少ないようだが，孵化直後の若齢幼虫が河床間隙に出現する種は少なくない．砂州河川で調査をすると，キイロカワカゲロウ属 *Potamanthus* やヒメトビイロカゲロウ属 *Choroterpes* の若齢幼虫が，間隙から多数見つかる (Abdelsalam 2012)．運動・移動能力の少ない小さな孵化直後の幼虫が，わざわざ間隙に潜りこむとは考えにくい．親の産卵習性や産卵場所選択が，河床間隙性の若齢幼虫を生むのではないかと思われる．すなわち，表流水が河床に潜り込む付近（down-welling area）に産卵することで，伏流水に乗って，卵あるいは若齢幼虫が河床間隙に入り込むのではないかと思われる．

　この河床間隙（図0-8）は，河床表面よりは安定な環境とはいえ，河川の表面構造の変動や水位の変動などによって，間隙環境は大きく変動する．河床間隙も河川流況を主な変動要因とするダイナミック・エコトーンである（笠原 2013）．河川の横断スケールを広く捉えたときには，河床間隙より河川間隙のほうが適切な用語という意見もあるかもしれない（笠原 2013）．しかし，河川域を氾濫原まで横断的に広く捉え，その河川域の河床と考え，鉛直的な棲み場の印象を強調するために，河床間隙の述語を使うことを提案したい．

0.2.4 人為的な自然改変によるエコトーンの消失と創出

　海岸や河川は，防災や利用のために，多くの人為的改変の加えられてきた場である．

　海岸の防災や利用の工作物の多くは，海域と陸域のエコトーンを消滅させるものとして建設されてきた．港湾施設は，船舶の接岸を目的に垂直的に作られ，鉛直方向のエコトーンが多少は残るかもしれないが，横断方向のエコトーンは完全に消滅する．海岸堤防も，海域と陸域のエコトーンの中央部に大きな障害物を作り，エコトーンのダイナミクスを消滅させるとともに，生物の移動や有機物や栄養塩の交換の断絶を産み出している．

　最近作られることの多くなった離岸堤，さらに堤防を保護する消波ブロックについては，エコトーンとしての生態機能の評価が必要だろう．人工的な海岸工作物が，すべて陸－海エコトーンの破壊につながるわけではない．岩礁海岸の持つエコトーン機能の代置としての漁礁は，古くから沿岸海域に設置され，水産的効果だけではなく生態的効果もあげてきた．砂浜エコトーンの海岸側のフロントであるアマモ場についても，その機能が評価され，藻場の保全や人工藻場の造成も進められている．

　1994年に開港した関西国際空港は，大阪湾の泉州沖合に完全に人工的に造成された島である．漁場を奪われる漁民や組合には，多額の補償金が支払われたという．現在は，保安上の理由で島の周辺は漁業禁止，一般船舶の立ち入り禁止の海域になっている．この人工島の一つの特徴は，島周辺に緩傾斜石積護岸を造ったことである．もちろん，垂直護岸と消波ブロックの組み合わせよりは，多くのコストはかかった．しかし，今では岩礁海岸の少ない大阪湾の貴重な岩礁エコトーンとなり，ホンダワラ類を中心とする見事なガラモ場が成立している．陸側のエコトーンがないのが寂しいが，海側には見事なエコトーンが創出され，魚介類の仔稚魚の棲み場となり，期せずして保護水域となり，大阪湾の水産資源のソースともなっているという（関西国際空港のウェブサイト）．

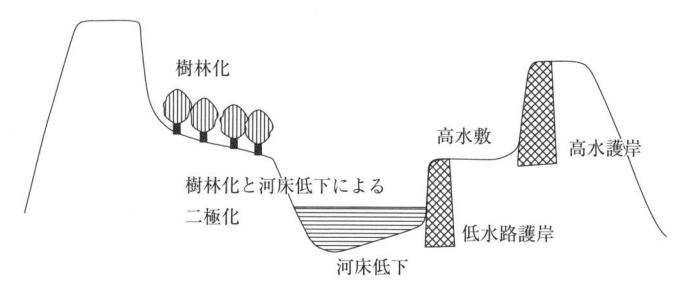

図 0-9 河川のエコトーンを破壊する低水路護岸と樹林化・河道洗掘による二極化

0.2.5 河川の工作物による河川エコトーンの破壊

　汽水域が，海と陸，あるいは海と河川の貴重なエコトーン，しかも潮汐や河川高水などを変動因とするダイナミック・エコトーンであることは，すでに述べた．このエコトーンも，人為的で大規模な改変や破壊を受けてきた．河川水を取水するために，古くから潮止堰が作られ，近代から現在は，利根川，淀川，長良川などに，大規模な河口堰が建設されてきた．海水—汽水—淡水の推移帯（河川縦断方向）を断絶する人工工作物である．

　河川の横断方向を見ると，堤防は防災のために必要ではあるが，氾濫原と河川の連続性を断ち切り，氾濫原エコトーンを破壊してきた工作物である．一定の氾濫を許容しながら防災を図る古典的な技術である**霞堤**は，その開口部を中心にエコトーンが残る技術としても評価できる．日本のような人口密度，資産集積の大きな河川の中下流では，堤防による防災の必要性は高い．堤防で氾濫原と断絶された河川では，河原や中州などが河川エコトーンとして重要になる．ワンドやタマリも含めた河川内の地形要素は，氾濫原の持っていた河川エコトーンの生態機能を，一定程度補っている．

　このエコトーンの連続性を破壊するものの第一は，低水路護岸である．全国一律に類似した規格で作られた複断面構造は，河川エコトーンとその生態機能を，完全に破壊してきた（図 0-9）．低水路護岸が人為的に作られていない河川でも，砂利採取や土砂供給の減少と高水敷の樹林化などによる地形変化が起こっている．低水路の河道の侵食が進み，高い位置の河原は洪水攪乱

を受にくくなり，さらに樹林が繁茂し固定化される．いわゆる，河道と高水敷の二極化である．これも，低水路に急斜面の河岸を産み出し，河川エコトーンの規模は小さくなる．いずれも，人為影響による河川エコトーンの破壊である．

0.2.6 ダム湖のエコトーン

　ダムは，河川の連続性を断ち切る構造物ではあるが，上流から下流へと流程方向で見る限りエコトーンそのものの破壊はないようだ．日本では山地河川に作られることの多いダムは，ダム湖の周辺に長い湖岸線を形成する．急斜面の湖岸では植生の発達は悪く，目につくようなエコトーンが形成されることは少ない．しかし，河川がダム湖に流入する緩傾斜部や，そこに形成される小規模なデルタ地形，ダム湖への土砂や栄養塩の過剰な流入を制御するために作られる**前ダム**や**副ダム**の堆積部などには，かなりの幅と面積を持ったダム湖岸エコトーンが形成されることがある．

　このエコトーンは，人為的操作による水位変動を主要因とするダイナミック・エコトーンである．小規模な発電ダムでは，一日のうちに大きく水位が変動する（ハイドロピーキング）こともあるという．しかし，少なくとも日本ではあまり問題になっていない（谷田・竹門 1999）．日本の多くのダムでは，秋から初夏にかけて貯水し，梅雨期，台風期の出水のために水位を下げる（**制限水位方式**）．この水位操作によって，ダムによっては数 10 m に及ぶ水位変動帯（ダム湖エコトーン）が生まれる．もちろん，治水を主眼とした水位操作だけでなく，用水，発電などの利水が続き，流入水による補給を上回れば，水位が大規模に低下し，さらに大きな変動帯が生まれる．しかし，水位の変動に伴い，冠水と干出を繰り返すゾーンができることと，そこに生物群集を伴うエコトーンが成立することは別のようだ．

　冠水と干出の繰り返すダム湖エコトーンでは，そこに残れる樹木は多くはない．浅見など（2004）によれば，長期の冠水に耐えうる期間は，樹種によって大きく異なるという（第3章，コラム2も参照のこと）．長期の冠水に耐えうる樹種は限られており，また一般的にダム湖岸は勾配が大きいために，ダム湖の水位変動帯に植生が発達することは少なく，裸地がむき出しになった

図0-10 日本最大のアースダム熊本県・清願寺ダム湖の
広大なエコトーン（陸域）．
干出期間に対応する植生が見られることも多い（写真：一柳英隆）

湖岸は，景観障害ともなっている．

　筆者らが調査している東北のダム湖では，ダム湖エコトーンが比較的広い面積にわたって形成されているダム湖が少なくない．広い面積のダム湖エコトーンが形成されるには，二つの要因が関係する．一つは水位の変動帯に緩斜面があること，もう一つは水位の変動の大きいことである．変動帯に，前ダムや副ダムと言われる流入する汚濁や土砂をコントロールするダムがあると，そのダムの背面（上流側）に広い面積のダム湖エコトーンが形成されることが多い．

　また，前ダムも含めて小規模なダムの場合には，満砂に近い状態になると，ダム堤体の上流側に広い平坦地あるいは緩斜面の部分ができる（図0-10）．ここには，広い湿地（水陸移行帯）が形成され，水辺林や水辺植生が見られることがあり，ときには保護区になっている例もある（米国カリフォルニア・ハンセンダムなど）．ダム建設にともなう環境影響緩和などを目的として，ダム湖内やその周辺に「**ビオトープ**」が建設されることが多かった．しかし，その中にはその後の維持管理が不十分で，本来の在来植生が残らず，所期の目的を果たしていないものも少なくない．例えば，本来はダイナミック・エコ

トーンに成立する湿生植物群落を**浮島**などに植栽しても，水中，陸上，いずれかの安定環境では維持されることはない．

前ダムや河川流入部の平坦地，あるいは緩斜面のダム湖エコトーンに，自然の遷移やダイナミクスを利用しながら，湿生植物などからなる水辺ビオトープの形成を助けるのは，有効なダムの環境管理あるいは環境創出の手法のように思われる．この場合にも，エコトーンの基本特性と，それが変動帯にあるダイナミック・エコトーンであることは，常に念頭に置かなければならない．

しかし，それぞれのダム湖の水位変動帯に形成されるダイナミック・エコトーンは，その特性を十分に把握し，さらにダムの水位変動を工夫すれば，地域の生物多様性の保全だけではなく，新たなウェットランド環境の創出につながる可能性がある．ダムの建設によって失われたであろう水田エコトーン，湿地，河川氾濫原などの生態系は，ダム湖のダイナミック・エコトーンの活用で創出・回復が可能かもしれない．このような視点での，ダム計画や管理も検討すべきだろう．

参照文献

Abdelsalam, K. M. (2012) Benthic macro- and meso-invertebrates of a sandy riverbed in a mountain stream, central Japan. *Limnology* 13: 171–179.
浅見和弘・影山奈美子・小泉国士・伊藤尚敬（2004）三春ダムの試験湛水において冠水した湖岸の樹木の成長量の変化と枯死．『応用生態工学』6: 131–143.
Connell, J. H. (1961) The influence of interspecific competition and other factors on the distribution of the barnacle *Chthamalus stellatus*. *Ecology* 42: 710–723.
Junk, W. J., Bayley, P. B. and Sparks, R. E. (1989) The flood pulse concept in river-floodplain systems. *Canadian Special Publications on Fishery and Aquatic Sciences* 106: 110–127.
笠原玉青（2013）河川間隙水域．中村太士編『河川生態学』pp. 198–205．講談社．
環境庁（1996）『平成8年版環境白書』 https://www.env.go.jp/policy/hakusyo/honbun.php3?kid=208&bflg=1&serial=10009
関西国際空港のウェブサイト　http://www.kansai-airport.or.jp/otanoshimi/explor/object/07/ 2014年閲覧
甲山隆司（2003）エコトーン．巌佐　庸ほか編『生態学事典』p. 35．共立出版．
国井秀伸編著（1999）『中海本庄工区の生物と自然』たたら書房．

中村幹雄編著（2000）『日本のシジミ漁業　その現状と問題点』たたら書房．
大阪市立自然史博物館・大阪自然史センター（2008）『干潟を考える　干潟を遊ぶ』東海大学出版会．
谷田一三・竹門康弘（1999）ダムが河川の底生動物に与える影響．『応用生態工学』2: 153-164.
Williams, D. D. (1984) The hyporheic zone as a habitat for aquatic insects and associated arthropods. In: Resh, V. H. and D. M. Rosenberg eds., *The Ecology of Aquatic Insects*, pp. 430-455. Greenwood Publishing Group.

ダム湖水位変動帯の基盤と植生

　ダム湖の水位変動帯は裸地化する傾向があり，しばしば景観面などでダム管理上の問題とされる．多様な生物が生息するダム湖水位変動帯はありえないのだろうか．ダム湖は自然湖沼よりも水位変動が大きく，河川から流入する土砂の量も多い．河川から運ばれてきた土砂はダム湖に堆積し，水位変動帯では堆積土砂の特性と水位変動に応じて植生が発達する．Part I では，ダム湖水位変動帯，とくに河川流入部の物理基盤と植生について，複数ダムの現状と植生発達の要因について紹介し，ハビタットとしてのダム湖水位変動帯の特性を論じる．さらに，ダム湖のように運用されている自然湖沼の水位変動帯の問題から学ぶべく，琵琶湖と霞ヶ浦の事例を紹介する．

[前頁の写真]

寒河江ダム(さがえ)(山形県,最上川水系)
　国土交通省東北地方整備局管理.1990年竣工.堤高112 m.ロックフィルダム.流域面積231 km^2.総貯水容量109,000千m^3.制限水位方式.目的:洪水調節,不特定利水,かんがい,上水道,発電.
　集水域からの流入土砂量が多く,堆砂デルタが見られる.年間の水位変動が国内で最も大きなダムである.(写真:国土交通省東北地方整備局最上川ダム統合管理事務所)

第1章
流入量の変動と地形植生形成

浅枝　隆

1.1 ダム湖内の植生域

　ダム湖内には，流入河川からの土砂が粗いものから徐々に沈降していくことから，一般に，流入端では粗粒土砂が堆積し，堆積層を構成する粒子は，湖内の下流方向に向かって徐々に細粒分が堆積していくことが知られている．ところがこうした傾向は，比較的深いダムで長い年月の間に生ずる一般的な傾向であって，実際には，流入量の変動や地形特性に応じてさまざまな様相が見られる．

　例えば，神奈川県の相模ダムのように，流入河川が広く比較的浅い水域に流入する場合には，ダム湖内では，河川流入水の経路に沿ってむしろ深くなっているのに対し，流入経路の周辺部は土砂が堆積して浅くなっている．このように，ダム湖内の地形は安定なものでも，必ずしも一方向に遷移していくものでもなく，元々の地形と洪水時の流入流量に伴いさまざまに変動する．

　さて，わが国のダムの多くは山岳地帯の谷地形に建設されるために，湖岸は概ね急な勾配になる．また，ダムを建設する際には掘削を行って貯水容量を増加させる場合も多く，湖岸の土壌も礫質であったり深い位置にあった貧栄養な土壌が露出していることも多い．さらに，ダム湖が出来上がった後も，ダム湖の水質は通常の河川や山林の土壌と比較すると貧栄養であることから，水位の上下に伴う栄養塩の土壌への供給は限られる．また，斜面が急で

あることから，新しく生成される土壌が湖岸に堆積することもなく，ダム湖内の波浪に伴って土壌の流失も生ずる．こうしたことから，ダム湖の湖岸のうち，定期的に冠水する標高以下には，植生は発達しないことが多い．

　治水目的で建設されたわが国のダムの場合，主に6月から10月までの**洪水期**の**洪水貯留準備水位**と，非洪水期の**平常時最高貯水位**との間には数メートルの水位差が存在する．湖岸が急峻で土壌の堆積がないこと，土壌水分も不足することから，水位の低い洪水貯留準備水位が保たれている間も，ここに植生が生えることはない．そのため，ここに裸地面の帯が形成される（口絵3）．洪水貯留準備水位の時期には，平常時最高貯水位との標高差の間に裸地面が発生する．湖岸にイタチハギ *Amorpha fruitcosa*（口絵9左上）等を高さを変えて植え，湛水後の生存率を測定する等の群落を発達させる実験等も行われたが，景観上問題になることが多く，好ましい成果は得られていない．

　一方，多くのダムでは，流入端には，洪水期に流入河川によって運搬されてきた土砂が堆積し，平坦な地形が形作られる（第4章参照）．勾配が比較的小さい地形であることから，上記の水位変化が生ずると，洪水貯留準備水位を保っている時期には，ここに広大な陸地が出現することになる（浅見ほか2007）．

　ダム流入端に堆積する土砂は，一般に，上流で粗く，下流に行くにつれて微細になる．他方，植物の生長は土壌が微細であるほど速く，バイオマス（現存量）も大きくなる．図1-1は，いくつかの河川で観測されたデータを基に，土壌粒径と草本植物のバイオマスとの関係を示したものである．土壌粒径が大きくなると，ここに生える草本群落のバイオマスは低く抑えられる．ところが，草本類は本書第10章に示すように，微細な浮遊土壌を捕捉する効果が高い．そのため，ダム流入端に堆積した土砂上で草本類のバイオマスが増加すると，植物の生長にとって有利な微細な土壌の層をさらに発達しやすくする．そのため，草本群落が成立することが引き金になって，徐々に植生のバイオマスが増加することもある．すなわち，正のフィードバックが起ることになる．

　こうした場所においても，河川の流入部が急勾配であれば，上流端では土壌の構成粒子の粒径が大きく植生群落は発達し難い．貯水池が流入河川の中

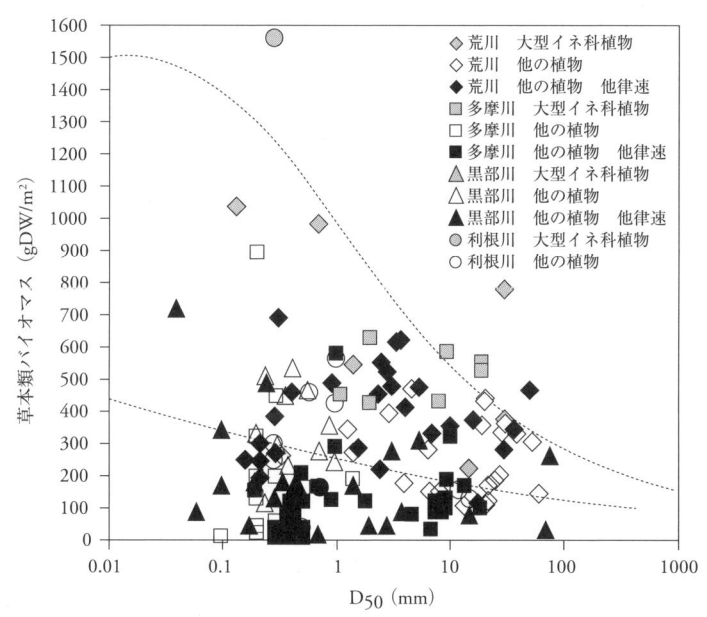

図 1-1　いくつかの河川で観測された土壌粒径（D_{50}）と草本類バイオマスの関係

図中では，ヨシ，オギ等のバイオマスが大きい大型イネ科植物による群落（灰色印）と他の植物の群落（白抜印），および，貧栄養や樹木の陰になっている等，明らかに他の影響で生長が律速され，バイオマスが低い群落（黒印）については分けて示してある．上の破線は大型イネ科植物，下の破線は他の植物の土壌粒径とバイオマスの関係（経験式）を示す．

に深く入り込んでいるダム湖では，勾配もきつく，川幅も狭いために洪水時の流速も速くなり，緩やかで微細な土壌で構成される平坦な場所は発達し難い．

しかし，河川の流入部の幅が広く，勾配が緩い場合には，流入部においても微細な土壌が堆積し，広く平坦な場所を形成する．こうした場所では，洪水貯留準備水位が保たれている間は，流入河川はその間を旧河道に沿って流れる．そのため，河道にならない露出した場所には，湛水に対して耐性の高い植物や，生長の速い草本類の群落が形成されやすくなる．

図 1-2 は，埼玉県の浦山ダムと広島県の渡ノ瀬ダムの上流部の空中写真

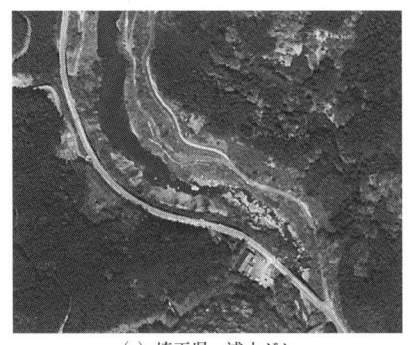

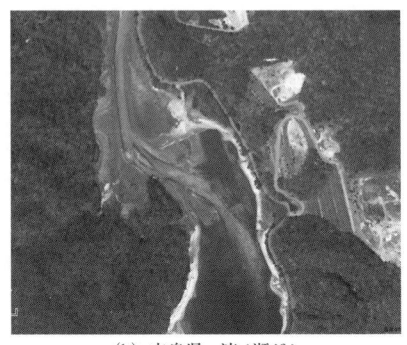

Part I　ダム湖水位変動帯の基盤と植生

(a) 埼玉県・浦山ダム　　　　　　　　(b) 広島県・渡ノ瀬ダム

図 1-2　ダム上流端の地形

ダム湖への流入端が急勾配な場合には河床の土壌は礫質となり，洪水貯留準備水位の時期に水位が低下しても，植生は生えにくい (a)．他方，流入端が緩やかであれば，微細な土砂が堆積，水位の低下と共に急激に植生が発達する (b)．

である．浦山ダムでは，貯水池は河道内にまで入り込んでいる．そのため上流部は，川幅が狭く，河川の流入端は礫質の河床で構成されている．ゆえに，洪水貯留準備水位が保たれる時期においてもここが植生で覆われることはない．一方，渡ノ瀬ダムの場合には，流入河川の上流部は比較的広く，微細土壌が堆積しやすい．そのため，水位低下後は，時間の経過とともに植生群落で覆われる．

　この顕著な例として，福島県の三春ダムの場合を示す．三春ダムは，阿武隈川の支流，大滝根川に洪水制御や利水の目的で 1998 年に完成した多目的ダムである．三春ダムでは，当初から周囲からの栄養塩負荷が高いことが予想され，その緩和策として流入河川に**副ダム**が建設され，**前貯水池**がつくられた（図 1-3）．こうした前貯水池の一つである牛縊川(うしくびりがわ)前貯水池内で洪水貯留準備水位期に形成された渓流と周辺に発達した植物群落を口絵 4 に示す．

　前貯水池内は勾配が小さく，比較的浅いことから，洪水時には流入する微細な土砂が堆積しやすい．また，前貯水池内の水面積は限られていることから，風波等の攪乱は抑制され，堆積した土壌も流失し難く，植生の生えやすい環境をつくる．そのため，洪水貯留準備水位が保たれている時期には，この場所に小水路が出現，周辺には図 1-4 に示されるように，オオオナモミ

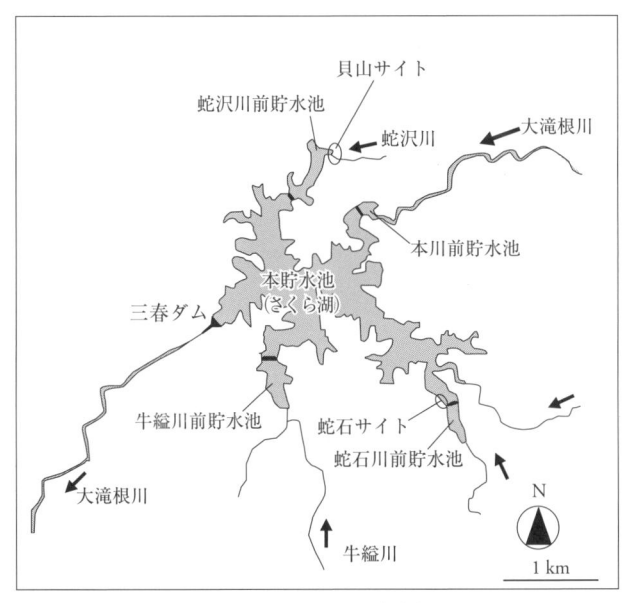

第 1 章　流入量の変動と地形植生形成

図 1-3　三春ダムと前貯水池
矢印は河川の流れの方向を示す（作図：浅見和弘）

図 1-4　洪水貯留準備水位期に出現する小水路と周辺の植物群
　　　　落（三春ダム）

(a) 水際周辺の流路　　　　　　　(b) 植生に囲まれた流路

図 1-5　水位低下直後の状況（三春ダム）

水際周辺には水位の低下とともに新しく流路が形成される (a)．草本植物は前年度の場所に早期に生育し流路を固定する (b)．

Xanthium occidentale（口絵 9 右上）やアレチウリ *Sicyos angulatus*（口絵 9 左下）等の生長の速い草本類，ヨシ *Phragmites australis* のような**多年生草本類**のほか，半年程度の冠水にも耐えるタチヤナギ *Salix subfragilis*（口絵 5）を中心としたヤナギ類，イタチハギの大量の繁茂が見られる（Azami et al. 2012a）．

　他方，こうした場所は，洪水期には，洪水流の影響を受けやすい場所でもある．洪水が生ずると，それまで平坦な場所に形成されていた小水路の周辺では洗掘や堆積が生じ，平坦部の形状も大きく変化する．そのため，流路の経路も変化することも多い．さらに，非洪水期に一度湛水し，図 1-5 に示されるように，翌年水位が低下する際にも流路は拡大し，表面には大量のシルト分の堆積がみられる．そのため，周辺の植生も大きくその影響を受ける．

1.2　湖岸に形成される植生群落

1.2.1　ヤナギ林の形態

筆者らはダム湖岸に生えるヤナギ林の影響を把握する目的で，2011 年か

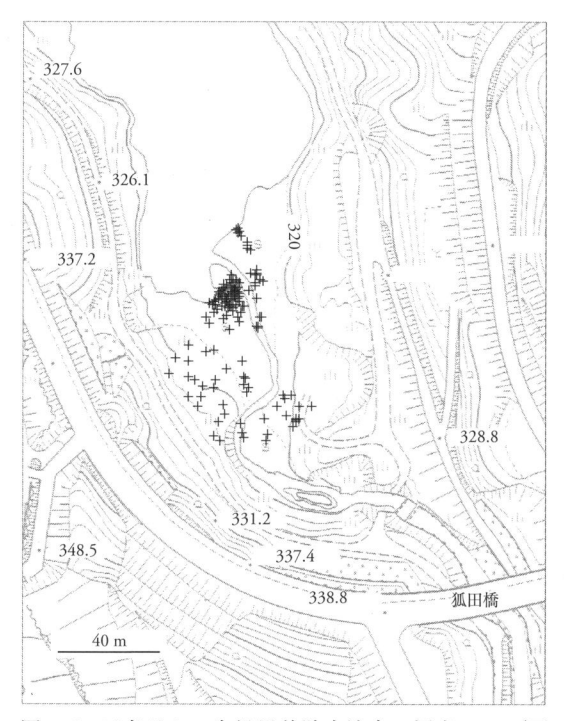

図1-6 三春ダムの牛縊川前貯水池内の標高326m（平常時最高貯水位）以下の領域でのタチヤナギの分布（2013年）

ら2015年にかけ，三春ダムの前貯水池でヤナギ群落の調査を行った．図1-6は，2011年の9月に観測された三春ダム牛縊川前貯水池のヤナギ類の個体の分布を示す．

ところが，これらの群落のヤナギは必ずしも同じ樹形を有しているわけではない．場所によっては，図1-7（a）に示されるように，幹の細い個体が密に生えており，また，場所によっては，(b)のように個体の幹は太いものの分布は疎らになっている．このような分布が生ずる理由を考えてみよう．

ダム建設以前のデータでは，ダムが建設された場所には，ヤナギ類は観察されていない（齋藤ほか2001）．ヤナギ類の樹齢から見積もると，ヤナギ類はダム竣工前の**試験湛水**時以降に湿った土壌ができて，侵入してきたと考えら

(a) 密で細いヤナギ　　　　　　　　　　　(b) 疎で太いヤナギ
図 1-7　前貯水池内にみられるタチヤナギ群落の二つの形態 (三春ダム)

れる (新山 1987；Niiyama 1990). ヤナギ類は，春に，綿毛のように軽く風で運ばれる種子を散布する (口絵 5). 初めはたくさんの実生が発芽するものの，**自己間引き**と攪乱による枯死によって，徐々に数が減少していく (Sennerby-Forsse and Zsuffa 1995).

そうしたなか，三春ダムでは竣工年にあたる 1998 年および 2002 年に大洪水を経験している．流入河川に大規模な流れが生じた場合，普段は堆積が生ずる場所においても洗掘が生ずる．これらの洪水の際にも，前貯水池内にはさまざまな場所で土砂が流失したと考えられる．ヤナギ類は根が深く，通常，攪乱に強い植物ではあるが，それでも若齢時は比較的小規模な洪水でも流失する (Asaeda et al. 2011a). この時も多くの個体が流失したと考えられる．その結果，流失した個体の割合が多かった場所では，個体密度が疎らになり，日射条件が良好で太い幹に生長したものの，残存した個体の割合が多かった場所では日射条件が悪く，全体に細い幹になったと考えられる．そのため，その後の生長後にも，樹木密度と胸高直径との間には明瞭な逆相関が

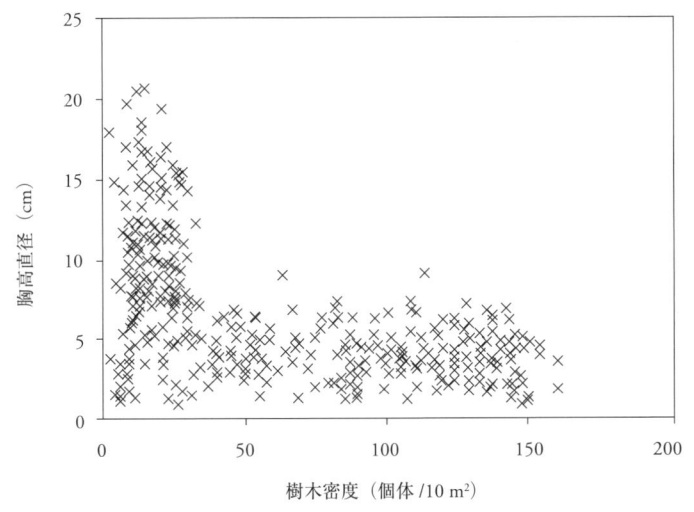

(a) 牛縊川前貯水池（三春ダム）のタチヤナギの樹木密度と胸高直径の関係

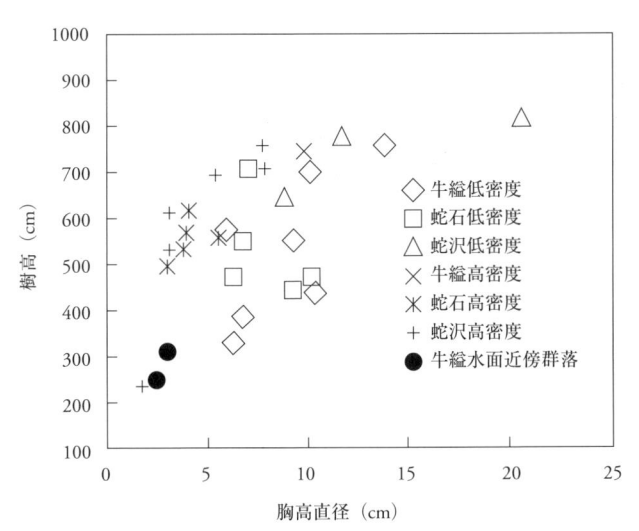

(b) 高密度（>1 個体 /m^2）と低密度（<1 個体 /m^2）の群落の胸高直径と樹高の関係の差

図 1-8　三春ダムの前貯水池のヤナギ林の形態特性

みられるようになったと考えられる (図 1-8 参照).

1.2.2 ヤナギ林の樹齢分布

図 1-9 は，樹高と胸高直径より見積もった牛縊川前貯水池のタチヤナギとイタチハギの樹齢の分布である．前述のように，ヤナギ類はダム建設直後に生え初めているが，タチヤナギもほとんどの場所で樹齢 10 年前後の個体が大半を占めているものの，樹齢 5 年以下のものはみられなかった．このことから，タチヤナギは，ほぼ同時期に生えたことがわかる．タチヤナギは河岸等の攪乱性の土壌に他に先んじて生えることから，実生の生長時には十分な日射を必要とする．そのため，ダム建設後，すでにヤナギ群落が成立した場所には，新しく実生が生長することは難しかったものと考えられる．わずかに，河川流入部の砂州の前縁部 (標高 319 m) では，新しく細砂が堆積し，その上には，タチヤナギの幼木が大量に生えていた．

そうしたなか，すでに成立した群落内では，枯死に伴って徐々に個体密度が低下している．しかも，発芽・生長を開始した時期がほぼ同じであることから，枯死の時期もほぼ似た時期になる．特に，2008 年ぐらいから，工事のために非洪水期に入っても水位を上昇させる時期が遅れている．ダム湖岸の土壌は微細で窒素も豊富なことから，特定外来種のアレチウリの生育に極めて適した環境にある (Asaeda et al. 2011b)．水位上昇の時期が遅くなって，アレチウリの結実が可能になったため，水位変動帯がアレチウリで覆われるようになった．アレチウリはヤナギ林を覆って枯らすことから，その後，ヤナギ林の倒木が急増した (図 1-10 参照).

一方，タチヤナギの群落自体は常に新しい場所に伸びていく．ところが，河川と異なり，ダム湖の場合には下流に行くに従って徐々に深くなっている．そのため，常に同じ量の土砂流入がある場合には，流入土砂による平坦な場所の形成は深くなればなるほど難しくなる．そのため，ヤナギ群落が長期間にわたり存続し続けることも難しく，牛縊川前貯水池においても，5 歳より若いヤナギ個体はほとんどみられない．こうしたことから，いったん，ヤナギ林の群落が成立した場所においても，その場所の群落を維持していくことは難しく，ある時間が経過した後，消滅していく可能性が考えられる．

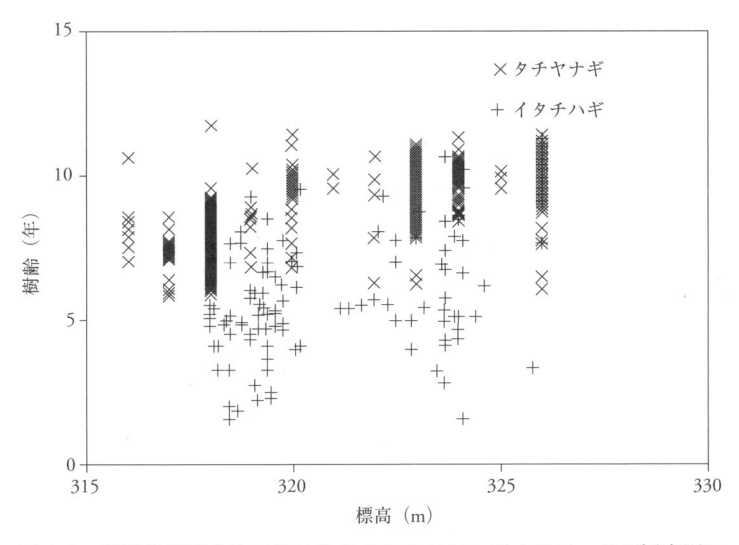

第 1 章　流入量の変動と地形植生形成

図 1-9　牛縊川前貯水池におけるタチヤナギおよびイタチハギの標高別の樹齢

図 1-10　アレチウリによって倒されたヤナギ（牛縊川前貯水池）

ヤナギ林の密度が下がる中で，個体数を増加させているのがイタチハギである．イタチハギは，非洪水期の工事に伴い水位変動帯の冠水する期間が短くなって急速に個体数を増してきた．ヤナギと比較して，比較的暗い場所でも実生が生長しており，ヤナギ群落の内部にも侵入がみられる．さらに，周辺の陸域にも多数生えており，活発に種子生産が行われていることから，短い冠水期間が現状のまま続けば，今後，水位変動帯で更に増加することが考えられる．

ダムの建設直後，水位変動帯にはヤナギが侵入してきた．しかし，その後の侵入はみられず，ダムの水位管理が変化することで，それに応じた種が優占してきている．今後も水位管理に応じて，優占種が代わることも考えられる．

1.2.3 水位変動が草本群落に与える影響

ヤナギ群落と異なり，草本群落は秋には地上部はすべて枯死し，非洪水期の冠水によって水没，洪水期に入る5月末に地面が再び露出後に芽吹く．そのため，地面が露出した直後には，地表面には植生は見られない．ところが，この時期には，すでに，ヤナギの葉は芽吹いており，露出した土壌面には影ができる．また，通常の草本類がもっとも生長する時期は，4月から5月であり，多くの植物にとって生長がもっとも盛んな時期を過ぎており，他と比較して遅くから生長を始めるアレチウリ等にのみ有利な時期となっている．そのため，以後の草本類のバイオマスにも大きく影響する．

図1-11 (b) は (a) の地図に示される各観測点における6～10月までの草本類バイオマスの変化である．この中で，St. 2～St. 7は水位変動の影響を受けるが，草本類のバイオマスが突出して高いSt. 1は，平常時最高貯水位よりも標高が高く，通常の時期から草本類の生長が可能な場所である．またダム湖岸にあたるSt. 2～St. 4はヤナギ群落の中であり，図1-11 (b) の天空率でもわかるように常に陰になっている．そのため，地面が干出後も草本類の生長はほとんどみられない．流入端に比較的近いSt. 5～St. 7では，日射条件は良好なものの，6月時点では，地面が干出した直後であり，草本類は存在せず，その後，徐々に生長するにとどまっている．このように，水位変動帯

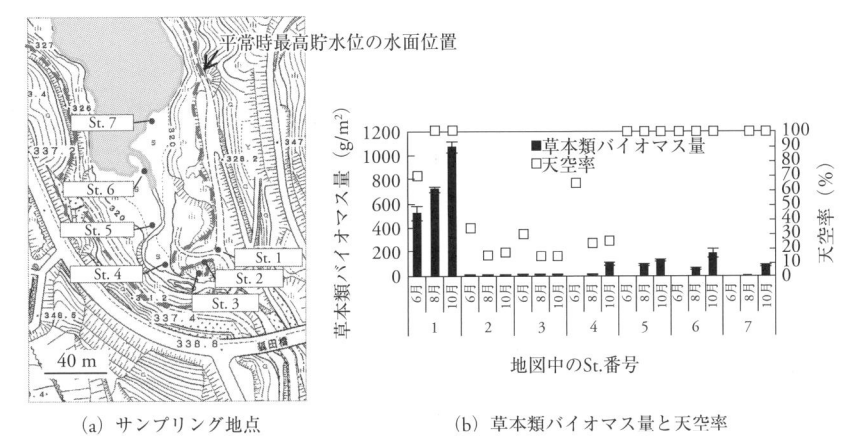

第 1 章　流入量の変動と地形植生形成

(a) サンプリング地点　　　　(b) 草本類バイオマス量と天空率

図 1-11　牛縊川前貯水池で観測された草本類バイオマスの量
St. 1〜6 は 6 月，8 月，10 月に，St. 7 は 8 月，10 月に調査した．

においては，地面の干出が遅れるために，草本バイオマスに対して大きな影響を及ぼす．

　このように，ダム湖の湖岸の植生は安定で変化がないわけではない．ダム完成後においても，洪水流や流入土砂の蓄積や流入土砂量の変化だけでなく，一定の条件の下でさえ河川流入部の地形は常に変化し，影響を受けている．また，湛水期間の変化は植物群落に大きく影響を与える．そのため，河川流入部の植生の遷移は一方向なものではなく，こうした状況の変化によって常に変化していくことになる (Azami et al. 2012b)．

　以上の現象から，以下のようなことが示唆される．

　多くのダムでは植物群落の形成は極めて限られた状態にある．しかしながら，三春ダムの前貯水池のように，水位変動帯に勾配が小さい場所がつくられれば，水を好む植物の大きな群落が形成される可能性は十分にある．一方で，ダム貯水池では土砂の流入のために河川の流入部の地形は徐々に変化しており，それに伴って，そこに形成される群落も徐々に遷移する．これまであまり注意を払ってこなかった流入部の**デルタ**地形の変遷の過程の予測等も必要になると考えられる．

参照文献

Asaeda, T., Gomes, P. I. A., Sakamoto, K. and Rashid, Md H. (2011a) Tree colonization trends on a sediment bar after a major flood. *River Research and Applications* 27: 976-984.

Asaeda, T., Rashid, Md H., Kotagiri, S. and Uchida, T. (2011b) The role of soil characteristics in the succession of two herbaceous lianas in a modified river flood plain. *River Research and Applications* 27: 591-601.

Azami, K., Fukuyama, A., Asaeda, T., Takechi, Y., Nakazawa, S. and Tanida, K. (2012a) Conditions of establishment for the *Salix* community at lower-than-normal water levels along a dam reservoir shoreline. *Landscape and Ecological Engineering* 9: 227-238.

浅見和弘・丸谷　成・田野弘明・酒井　進 (2007) 江川ダムの貯水池上流端堆砂部にみられたヤナギ群落の生育環境と発達条件.『ダム工学』17: 116-124.

Azami, K., Takemoto, M., Otsuka, Y., Yamagishi, S. and Nakazawa, S. (2012b) Meteorology and species composition of plant communities, birds and fishes before and after initial impoundment of Miharu Dam Reservoir, Japan. *Landscape and Ecological Engineering* 8: 81-105.

新山　馨 (1987) 石狩川に沿ったヤナギ科植物の分布と生育地の土壌の土性.『日本生態学会誌』37: 163-174.

Niiyama, K. (1990) The role of seed dispersal and seedling traits in colonization and coexistence of *Salix* species in a seasonally flooded habitat. *Ecological Research* 5: 317-331.

齋藤　大, 浅見和弘, 渡邊　勝 (2001) 三春ダム貯水池末端部の植生遷移.『応用生態工学』4: 65-72.

Sennerby-Forsse, L. and Zsuffa, L. (1995) Bud structure and resprouting in coppiced stools of *Salix viminalis* L., *S. eriocephala* Michx., and *S. amygdaloides* Anders. *Trees* 9: 224-234.

コラム1　ダム湖水位変動帯の裸地化とその緑化対策

藤原　宣夫

どこに何を植えるべきか

　ダム湖岸の水位変動帯では，植生が失われ裸地が出現する場合が多い．中でも，**洪水貯留準備水位**を設ける**制限水位方式**のダム湖では，水位変動の幅が大きく，豪雨による増水に備える夏期には，**平常時最高貯水位**より数メートルも低い位置に水位が下げられるため，広範囲に渡り裸地が見られることが多くなっている（口絵3参照）．

　このような裸地化は，従来より，景観悪化，斜面崩壊や土砂の巻き上げによる濁水発生などの観点から問題とされ，緑化が必要とされてきた．裸地化の主な原因は，「侵食による表土の流出」と「冠水による植物への生理的な障害」と考えられ，これらへの対処を目的とした技術開発が古くから行われてきた．しかし，開発された技術の多くは，表土の流出を阻止する土木的な処置に，市場流通する造園植物の中から耐冠水性の高い植物を選抜して組み合わせたものであり，緑化ができればよいといった短絡的な考えからイタチハギ *Amorpha fruitcosa* のような外来種が緑化植物として検討され，実際に使われもした．

　こういった技術を用いて行われた水位変動帯の緑化は，景観的にも生態的にもあまりよい成績を残していないようである．とはいえ技術者の失敗を責める気にはなれない．なぜなら急傾斜の冠水護岸の緑化は極めて困難な問題であるからである．

　一方，ダム湖岸においても，傾斜が緩い場所では自然に成立した植生が観察される（図C1-1）．湖岸の傾斜を緩やかにすることが緑化の成功に寄与することは明らかであり，特に出現頻度の高い夏期の洪水貯留準備水位付近の湖岸の傾斜を緩やかにすることができれば，湿地生の植物の生育環境を形成できそうである．その上で，水位変動条件に適合する植物種を，地域に自生する植物の中から見いだし，緑化材料として用いれば，地域の生物多様性に配慮した緑化が実現できる．

Part I　ダム湖水位変動帯の基盤と植生

図 C1-1　水位変動帯の緩傾斜湖岸に自然成立した植生（釜房湖）

緑化植物のための水位変動条件の把握

　ダム湖岸緑化に用いる植物の選抜が，冠水に対する耐性という観点から行われてきたこともあり，湖岸の植物の生育環境は，年間の冠水日数や連続冠水日数を指標として把握されることが多い．しかし，制限水位方式のダムでは，湖岸は，主に植物が休眠状態にある冬期に冠水し，植物が生育する夏期には連続して非冠水の時期があることが特徴となっている．このような水位変動条件において生育する植物にとっては，夏期の非冠水期において，生育と繁殖に必要な温度，水分，日数を確保できるかが重要となる．そこで，釜房湖（釜房ダムの貯水池，宮城県）岸において，植物が生育するに十分な温度（月平均気温が5℃以上の月）と陸地としての出現が連続して得られる5〜11月を対象に，水位（図C1-2）の観測頻度と，陸地としての出現日数を整理してみたものが図C1-3である．図から，任意の標高の場所で植物の生育可能な日数が何日間あるかがわかる．

水位変動条件に応じた緑化植物の選定

　夏期の陸地出現日数と植物の生育との関係を調べた例はあまりない．し

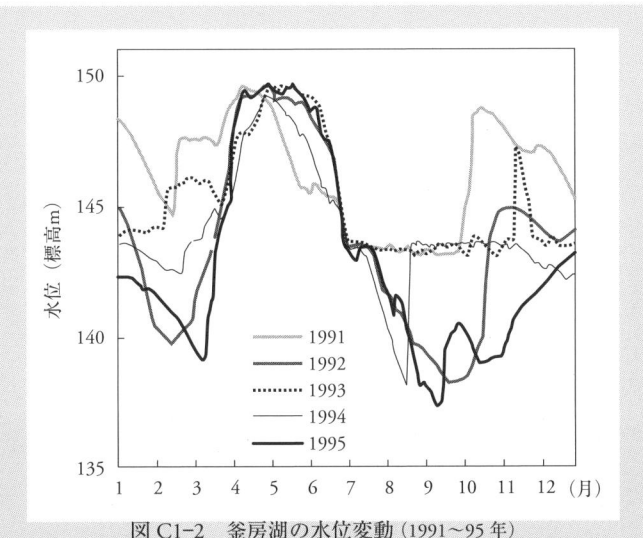

図C1-2 釜房湖の水位変動（1991〜95年）
洪水貯留準備水位143.8 m. 融雪期に備え3月までに低下した水位は，4〜5月に雪解け水を集めて上昇，夏期の水位低下は5月の下旬から始まり，7月には洪水貯留準備水位に達し，9月末まで洪水貯留準備水位以下に維持される．10月に入ると水位は上昇し，冬期間は比較的高水位が維持される．なお92，95年は異常渇水により洪水貯留準備水位以下の期間が長期に及んだ．（藤原・井本 1999）

たがって，緑化植物を選定するには，対象とするダム湖や近傍のダム湖で，植生調査を独自に行う必要がある．調査は湖岸の上から下まで幅1m程度のベルト状の調査区を設定して，出現する植物群落の範囲と群落を構成する植物種を記録していくとよい．そして**レベル測量**との結果と合わせると図C1-4のような断面図が描け，別に個々の植物群落の植物リストが作成される．

　このようなベルトを何本か設置して調査結果を重ねると，標高や陸地出現日数と植物の分布の関係が整理される．図C1-5は釜房湖について3本，御所湖（御所ダムの貯水池，岩手県）について2本のベルトの調査結果を重ねて表示したものである．この図では二つのダム湖の調査結果を，平常時最高貯水位を基準標高（0 m）として整理しており，両ダム湖とも洪水貯留準備水位は比高−6 mとなっている．ただし，ダム湖により同一の比高で

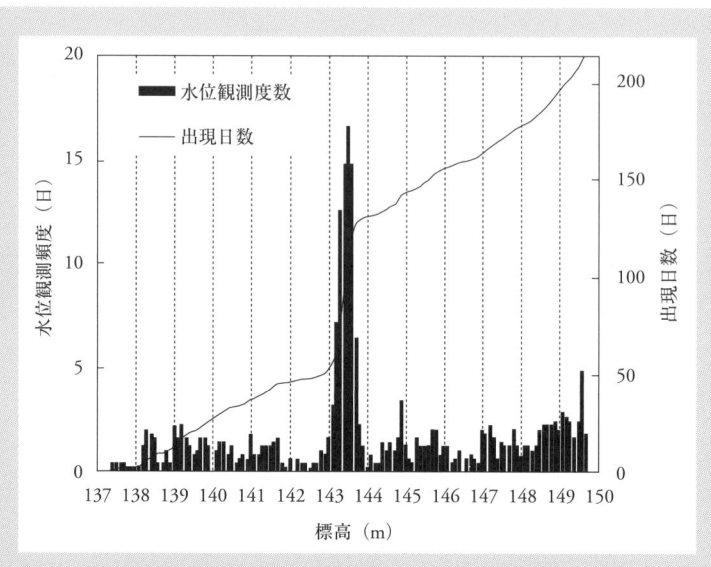

図 C1-3　釜房湖の水位観測頻度と陸地出現日数 (5〜11 月の 5 年間平均値)
（藤原・井本 1999）

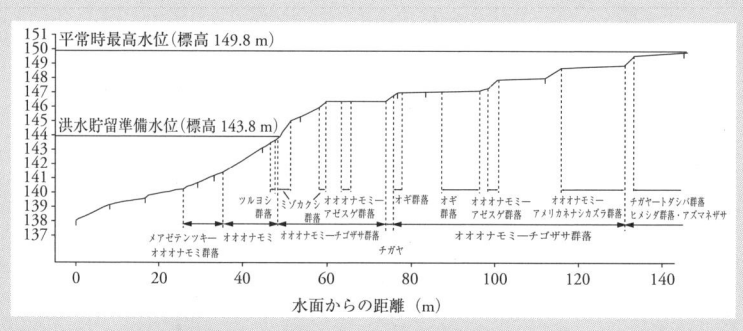

図 C1-4　平常時最高貯水位付近から洪水貯留準備水位付近への植物群落の分布（釜房湖のベルトの一つ）（藤原・井本 1999）

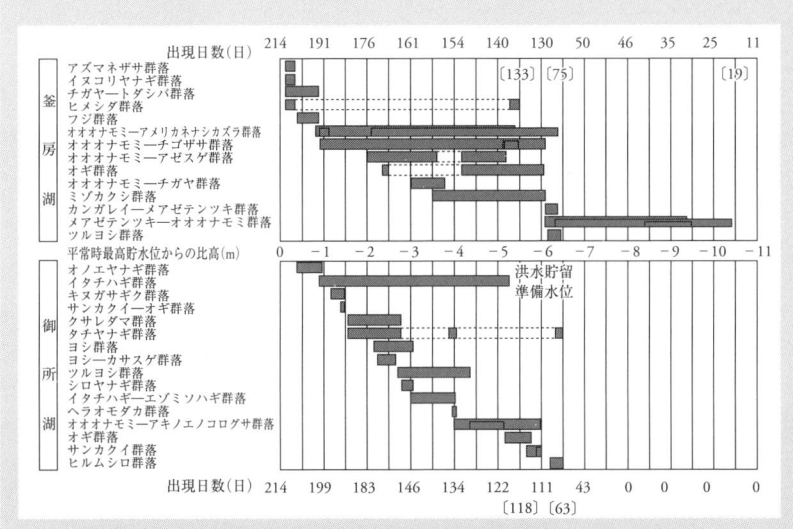

図 C1-5 植物群落の分布標高と陸地出現日数（釜房湖，御所湖）
破線で結ばれた出現範囲は同一のベルトであることを表しており，例えば，釜房湖のヒメシダ群落は基準標高のやや下（陸地出現日数約 200 日）と比高 −5.5 m（同 135 日）のあたりに見られた．また，重ねて表示された出現範囲は，異なるベルト上のものである．例えば，釜房湖のオオオナモミーチゴザサ群落は，あるベルトで比高 −1 m（陸地出現日数 191 日）から −6 m（同 130 m）まで見られ，別のベルトでは −5 m よりやや低いところにも少し見られた．なお，釜房湖で洪水貯留準備水位以下 −10 m 付近まで群落が分布しているのは調査を行った 1996 年に渇水があったためである．（藤原・井本 1999）

も陸地出現日数は異なる値となるので注意してほしい．
後は，緑化対象地と冠水条件が一致する群落の植物リストから，外来種以外で緑化材料として取扱いが可能な種を選択することとなる．こう書いてくると簡単なようだが，種子の採取や移植用の苗の育成など，緑化の実施までに，やるべきことはまだ沢山ある．

参照文献

藤原宣夫・井本郁子（1999）ダム緑化のための湖岸環境区分と適応自生植物の選定．『ダム技術』153: 12-18．

第2章
水位変動帯の草本群落：寒河江ダムを中心に

一柳英隆・沼宮内信之・沖津二朗

　日本のダム湖では山間地に作られ湖岸が急傾斜であること，洪水調整や水供給による水位変動によって冠水と干出を繰り返すことなどの理由によって水位変動帯が裸地化しやすい．この水位変動帯において，それぞれのダム湖の河川流入部は比較的傾斜が緩やかなために植生が発達することがしばしばある．しかし，ダム湖河川流入部は，河川の運搬により土砂が堆積し，分級によって空間的に異質性をもつことも多く（本書第4章参照），ダム湖によっても，地形の違いや流入する河川が運搬する土砂の量や質の違いのために変異が大きい．ダム湖水位変動帯に出現する植物の種や量は，冠水の期間や維持される貯水位などに影響を受けるだけでなく（Nilsson and Keddy 1988；井本ほか 1998），水の流れや，それによって堆積した土砂の質（粒度等）にも影響を受ける（本書第1章参照）．空間的に複雑で，さらに水位変動によって時間的にも環境が変動するダム湖河川流入部では，どのような生態系ができあがるのだろうか．本章では，山形県にある寒河江ダムのダム湖河川流入部水位変動帯を中心に，植生とくに草本群落の時間的・空間的な変動をみていく．また，東北地方の近隣ダム湖の水位変動帯には，どのような植物が生育しているのかを概観する．

2.1 寒河江ダムの特徴

2.1.1 寒河江ダムの諸元と水位変動

寒河江ダムは，最上川水系寒河江川にある国土交通省が管理する1990年竣工のロックフィルダムである（図2-1）．東北地方の日本海側に位置し，月山や朝日連峰に囲まれた冬季の積雪が多い地域である．集水面積は231 km^2 であり，地質は花崗岩が卓越し，土砂生産量が多い．堤高112 m，**総貯水容量** 1億900万 m^3，**有効貯水容量** 9800万 m^3 である．ダム湖は近隣の月山にちなんで月山湖と名付けられている．

寒河江ダムは，洪水調節とともに，利水として，発電，灌漑，上水，それに流水の正常な機能の維持に使われる多目的ダムである．このダムは発電を目的に持つ東北日本海側の多目的ダムに典型的な年間水位変動を示す（図2-2）．冬季には，主に発電に水が使われ，春先4月には**最低水位**である標高341.5 m 近くまで水位が下がる．その後，融雪出水により増加した流入水をため込み，5月には**平常時最高貯水位**である398.5 m 近くまで一気に水位が上昇する．夏季（**洪水期**）には，洪水を受け入れる容量を確保するために，**洪水貯留準備水位**（387 m）が設けられており（設定期間6月16日～10月10日），6月になると387 m 程度まで水位が下げられる．夏季には，出水により洪水貯留準備水位を短期間超えることがあるものの（**洪水時最高水位**は400 m で，ここまでは水位が上がりうる），出水がなければ，8月くらいから利水によって徐々に水位は低下していくことになる．その後秋季は降水の状況により，水位が上がる年と低下を続ける年がある．つまり，1年の間に水位は50 m ほど変動することになる．この水位変動の幅は，全国の国土交通省および水資源機構が管理する104ダムの中で，最大である（図2-3）．

2.1.2 ダム湖河川流入部水位変動帯の特徴

寒河江ダム月山湖は山間部の谷間に沿う形で細長い形をしている（図2-1）．ダムの堤体からダム湖上流端まで，谷に沿って7 km 近くある．大雑把に，

第 2 章　水位変動帯の草本群落

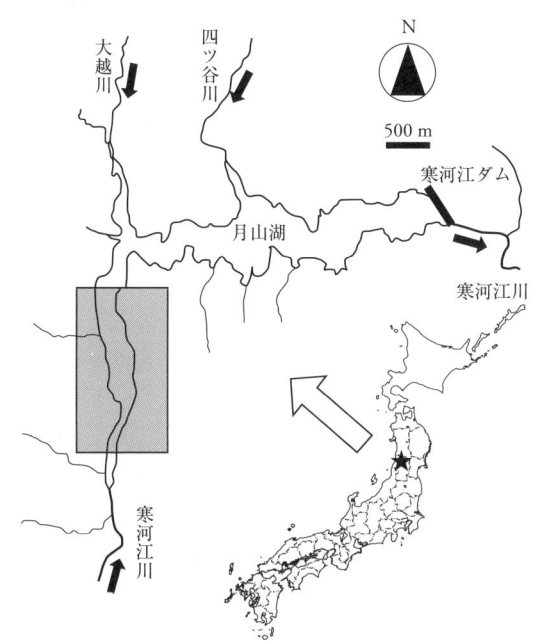

図 2-1　寒河江ダムの位置（右下）とダム湖形状
黒矢印は河川の流れの方向を示す．網掛けは，この章で着目した水位変動帯の位置を示す．

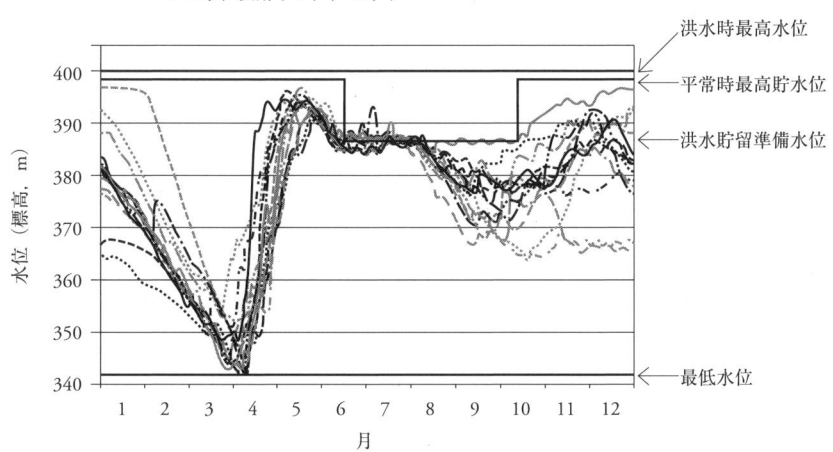

図 2-2　寒河江ダムの水位変動
1993〜2007 年の各年を 1 ラインとして示した．

Part I　ダム湖水位変動帯の基盤と植生

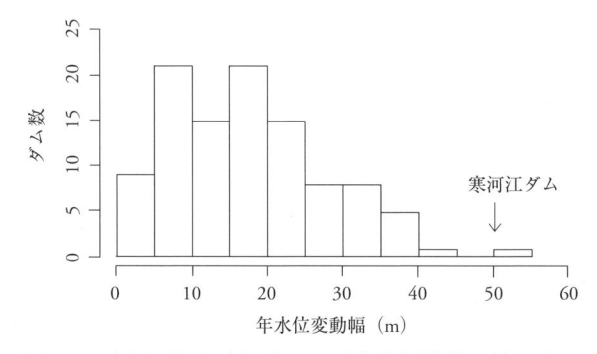

図 2-3　全国の国土交通省および水資源機構が管理する
104 ダムの年水位変動幅
水位変動幅は，それぞれ 1993〜2007 年の水変動幅の中央値をダムの代表値とした．水位変動の整理は，水源地生態研究会として吉村千洋ほかにより行われたものである．

　ダム堤体部近くの最大水深が 100 m でこの間の勾配が均一と仮定した場合，50 m の水位変動では上流端から 3.5 km の範囲が冠水と，干出を繰り返すことになる．面積でみると，洪水時最高水位の湛水面積は約 344 ha，最低水位のそれは約 62 ha のため，約 282 ha が冠水と干出を繰り返しうる．平常時最高貯水位の約 327 ha と洪水貯留準備水位の約 240 ha との間でも約 87 ha の違いがある．

　ダム湖のなかで，洪水貯留準備水位近くの標高で谷部がひろがっており，冠水・干出がまとまった広い面積で毎年繰り返されるのが，図 2-1 の網掛けの部分である．この部分（図 2-4）には，左岸側に一段高くなったダム建設以前の河川高水敷がある（我々はここを「テラス」と呼んでいる）．また，旧河川区域は，河川から運ばれた土砂が堆積し，**堆砂デルタ**を形成している（ここを「中州」と呼んでいる）．中州では，上流側には比較的粒度の大きな粗い土砂が，ダム湖に近い下流側では粒度の小さな細かな土砂が堆積している（増山ほか 2011）．つまり，寒河江ダム月山湖の河川流入部水位変動帯は，テラスと中州，中州の中でも粒度の大小という，植物の生育基盤として異質なものがこの水位変動帯の中に分布していることになる．

　テラスと中州の水位変動を，図 2-4 の横断測量図と，図 2-2 の水位変動

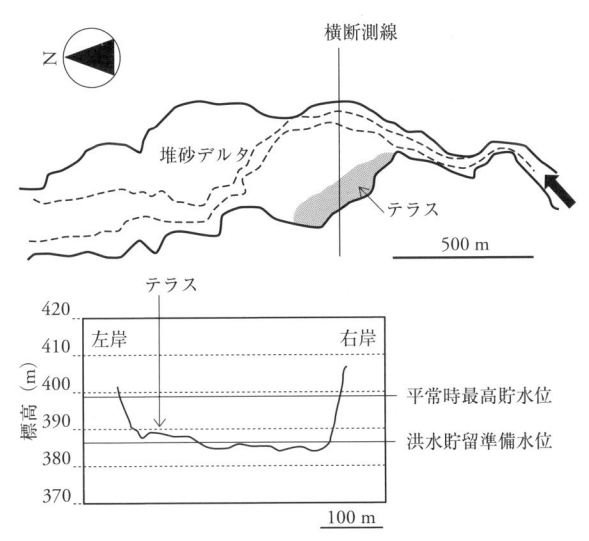

図 2-4　寒河江ダム月山湖河川流入部の平面図（上）と横断測量図（下）
平面図において，実線は満水時の水際線を，破線は水位低下時の水際線を，太矢印は流れの方向を示す（ダム水源地環境整備センター2003）のデータより作図．

図をあわせてみていきたい．4月，水位がもっとも下がった時には，テラスも中州も干出している．しかし，多雪地帯であるこの地域では，深い雪の下である．5月に水位があがると，テラスも中州も水没する．6月になり，洪水貯留準備水位まで下げられると，テラスの標高は洪水貯留準備水位の387 m よりも高い 388〜389 m なので，干出することになる．このとき，中州は水面下ぎりぎりのところにある．その後，夏の間に利水により水位が下がると中州も基本的には干出する（しかし，出水があれば，テラスも中州も一時的に水没する）．テラスも中州も，冠水期間の長短はあるものの，積雪下→冠水→干出（ただし，出水により一時的に冠水することあり）→積雪下という 1 年のサイクルを繰り返していることになる．

2.2 寒河江ダム水位変動帯の景観変化

「テラス」や「中州」の景観は，冠水や干出によりどのように変化するのだろうか．右岸側のこの場所が一望できる場所に定点撮影カメラを設置し，2009～2012年の積雪がない期間（5月初旬～11月初旬）に稼働させ，毎日正午に撮影し，継続観測を行った．

2012年におけるこの場所の定点写真の抜粋が，口絵11である．5月には水位が高く，中州はもちろん，テラスも水面下である．水位が低下すると，まずテラスが顔を出す．テラスの植物は，草本が主体であるため，干出直後は枯死した草本で覆われている．そのため，テラスは茶色く見える．しかし，そこは干出直後から草本の成長が始まり，緑に覆われる．中州も，水面からでると一部はすぐに緑に色づく．時間がたつと，中州もある程度の面積が緑になる．しかし，秋になっても裸地のままである場所も多い．

2009～2012年の秋の定点写真を示したのが図2-5である．テラスはどの年も植物に覆われる．中州は，下流側の土砂粒径が細かな場所で植生が発達するが，その面積や場所は年によってやや異なることがわかるだろう．

テラスや中州の下流側を見る限り，干出後，比較的短期間のうちに緑になる．これは水位変動帯の比較的長く冠水する場所であっても，条件さえ整えば速やかに植物は生育することを示している．しかし，ほぼ同じ冠水期間の中州において，ダム湖に近い下流側は植生が発達するものの，上流側はそうはならないことが多い．これは主に堆積している土砂の粒度やその移動によるものであろう．先に述べたように，中州では下流側に比較的細かな粒度の土砂が堆積し，上流側は比較的粒度が粗い（増山ほか 2011）．本書第1章で見てきたように，植生の発達に堆積土砂の粒度は強く関係し，細かな土砂の場所では，その水分保持のために植生が発達することが多い（図1-1参照）．実際，寒河江ダムにおいても，中州の上流側では土壌水分量が少ない（中島拓ほか 未発表データ）．

また，中州においては経年的に，植生が発達する場所に違いが見られた．デルタに堆積する土砂の粒度組成は，洪水の大きさや継続時間により堆積傾

図 2-5　寒河江ダム月山湖河川流入部景観の経年変化（2009〜2012 年の 9 月下旬〜10 月初旬）
河川は左から流入し，右側がダム堤体に近い（写真：水源地生態研究会・周辺森林研究グループ）

向が異なるだろう（本書第 4 章参照）．この違いが植生の発達に影響し，年によって植生が発達する場所が異なると考えられる．

　テラスは，水没時も流心からはなれた場所にあり，砂や大きな河床材料が堆積しない．ダム建設以前の地形としての比較的固い地盤の上に，うっすらと比較的粒子の小さな材料や植物遺骸が乗り，土砂の流入や移動の影響を強く受けない．植物が安定的に生育するためには，このように基盤が攪乱されない条件が重要である．

2.3 寒河江ダム水位変動帯の植物相の特徴

テラスや中州に生育する植物相はどのような特徴があるのだろうか．この場所での現地調査は，2001年・2002年（ダム水源地環境整備センター 2002; 2003）および2010年・2011年（沼宮内ほか 未発表データ）に行われている．その調査結果から，水位変動帯の植物相について見ていくことにしよう．

2.3.1 堆砂デルタには一年生草本が多い

まず，2010年・2011年の調査から見てみよう．このとき，植物相調査は，テラスでは2011年10月に，中州では2010年10月に調査が行われている．テラスではヤナギ林（ハビタットA），草地（B），湿地（C）の3ハビタットに，中州では湿地（D）および砂礫地（E）に分割し，それぞれのハビタットにおいて1 m×1 m〜3 m×3 mの方形枠（コドラート）を3〜5個設置し，植物相を調査した．植物相調査では，ヤナギ類などの木本が大きくなり低木層を作り，その下に草本層が認められる場合は，階層を低木層と草本層の2層に分け，それぞれの階層に出現する維管束植物の種類が記録されている．

コドラートの面積が異なるので，単純に多様性の比較はできないもののある程度の傾向は読み取れる（図2-6）．ヤナギ林の有無でハビタット類型をしているので，もちろんハビタットAには低木層としての木本が確認できる．テラス（ハビタットA〜C）では，草本層の中に木本（実生や稚樹）が確認できるものの，中州（ハビタットD）では木本が確認されない．中州は，草本のみで構成され，テラスに比べて，**多年生草本**の種数が少なく，**一年生草本**が多い．水位変動帯において，標高の低いところから，標高の高いところにかけて，一年生草本群落，多年生草本群落，木本群落というゾーンになることは，他のダムでもしばしば観察されている（例えば，菅原ほか 2002）．主にこのゾーンは，冠水日数とそれに対する耐性の関係により決まっていると考えられるが，寒河江ダムにおいては，もう一つ，冠水日数の長い中州の土砂移動による攪乱の影響もあるのかもしれない．

中州の比較的堆積土砂の粒径が粗い場所に目を向けよう．ここは，ほとん

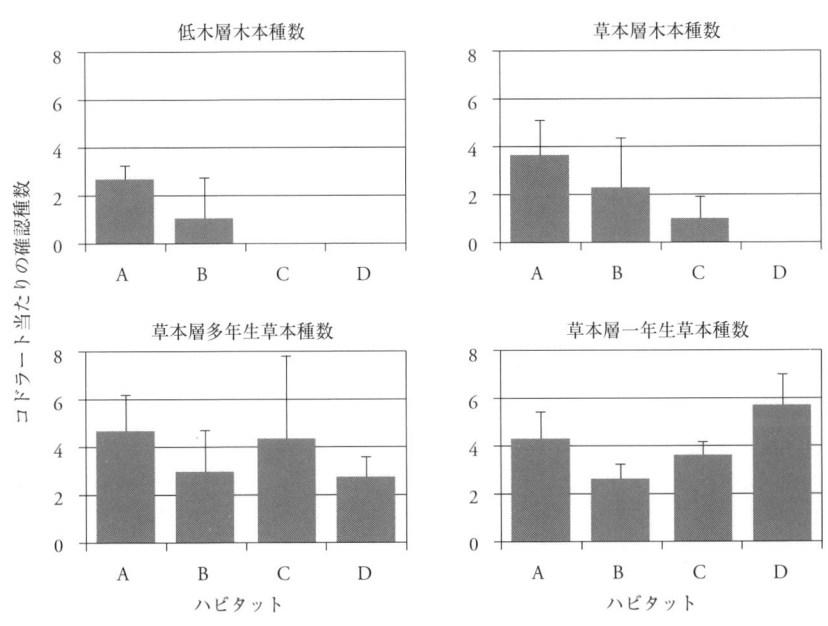

図 2-6　テラスと中州のコドラートごとの生活型別の植物種数（平均値 ± 標準偏差）ハビタットAはヤナギ林，Bは草地，Cは湿地（以上テラス），Dは湿地およびEは砂礫地（以上中州）．なお，ハビタットEは1種も確認されていないので，ここでは図示しなかった．

ど植物が生えないものの，全体を見渡すと，一部に緑を見つけることができる．図2-7の左上は，水位が低下してから約1か月後，テラスが顔をだしたときの写真である．このとき，それ以前は完全に水没していた植物が水の中から頭を出す（図中の矢印）．ヤナギ属 *Salix* である．水位が低下した後の写真が図2-7左下であるが，比較的粗く乾燥した中州が広がるなか，ぽつんとヤナギが生育しているのがわかる．この場所は図2-7の写真撮影の2009年の秋に土砂の掘削が行われ（詳細は後述），その際にこのヤナギは除去されてしまったが，その後も図2-7右図のような中州に流れ着いたヤナギの倒木から萌芽枝が成長しているものをしばしば観察した．この中州の，とくに堆積土砂粒径の粗い場所は，ヤナギの種子が発芽し，その実生が定着するには，（乾燥などのために）あまり適さない場所だと考えられる．この中州にヤナギ類を含む木本植物が定着するとすれば，おそらく，上流から流れ

図2-7 ハビタットEにおける流木から萌芽するヤナギ類
左写真で矢印は流木の位置を示す.（左写真：水源地生態研究会・周辺森林研究グループ，右写真：一柳英隆）

てきた幹や枝から萌芽した栄養繁殖によって生育する場合が多いと考えられる．

2.3.2 冠水日数と植物相の関係

今度は，2001年・2002年の調査を見てみたい．この調査では，テラス，中州を含めて，横断で**ベルト・トランセクト**が5本設定され，そのなかを2m×2mのコドラートに分割し，秋に陸上だった部分において2001年には410コドラート，2002年には412コドラートで植物相の調査が行われている．同時に横断測量が行われているので，標高と植物相の対応が解析可能である．このとき，標高と水位データから，それぞれの場所の冠水日数を計算し，対応させた．

まず，冠水日数が短い場所ではヤナギ林になることが多く，冠水日数が長

第 2 章　水位変動帯の草本群落

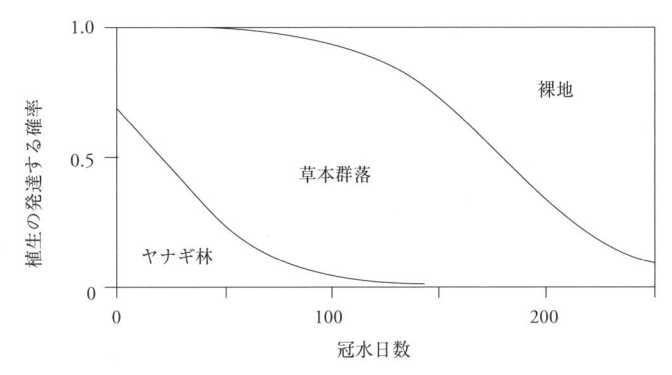

図 2-8　寒河江ダム水位変動帯における植生の発達と冠水日数の関係
植物がコドラート内に生えるかどうか，あるいは木本が生えるかどうかをロジスティック回帰で解析した結果．（ダム水源地環境整備センター 2003）を改変．

い場所（干出がごく短い場所）では，植物は生えない（図2-8）．その間は草本群落になる．たとえば，冠水日数が 200 日ほどでは，草本群落になるのは 3 割ほどである．しかし，このデータに中州の粒度の大きな乾燥する場所も含まれていることを考えると，もし粒度が小さく十分に水分を保てる場所であれば，この程度の期間で草本群落になると考えられる．干出している期間の一部は積雪期間である．冠水日数200日の干出時の**積算温度**を計算すると（**発育零点**は 5 度（吉良 1945 参照）として計算），500 日度程度である．もし，20 度くらいの平均温度であれば，1 か月強陸上にあれば草本は発達できることになる．

　種ごとにみると，生育している場所には違いがある（図2-9）．カサスゲ *Carex dispalata*，ススキ *Miscanthus sinensis*，アゼスゲ *Carex thunbergii*，ギシギシ *Rumex japonicus* は水位変動帯で多くの場所に見つかる種であるが，冠水日数が多い場所では見られない．オナモミ属 *Xanthium*，エノコログサ属 *Setaria* は，比較的冠水日数の多い場所で多くみられる．ヨモギ *Artemisia indica* var. *maximowiczii* やスギナ *Equisetum arvense*，イヌビエ *Echinochloa crus-galli* は，広範囲に観察される．

　外来種としては，アメリカセンダングサ *Bidens frondosa* やアメリカアゼナ

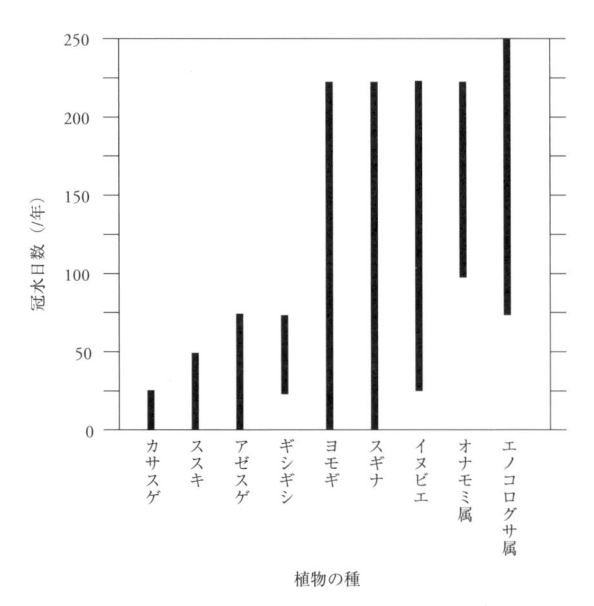

図2-9 寒河江ダム水位変動帯に生育する代表的な植物と確認される冠水日数
(ダム水源地環境整備センター 2003) のデータより作図.

Lindernia dubia が多く確認されている．外来種は，さまざまな冠水日数のところで確認されるが，コドラートごとの植物の種のうちの外来種の割合は冠水日数が多いほど高くなる傾向が認められる (図2-10)．

　冠水日数はダムの水位管理によってコントロールできる変数であり，今後ダム水位変動帯の植生管理を考えるうえで，冠水日数と植生の関係は重要な情報である．しかし，水位変動帯の植物は，冠水日数のみに依存して生育するわけではない．寒河江ダムの場合，中州の植生発達は堆積土砂の攪乱が頻繁で粒度の大きな場所を含むために，冠水日数と堆積土砂の粒度の影響が交絡している可能性が高い．今後は，これらの要因を分離していくことで，植生管理により適切な情報が得られると期待される．

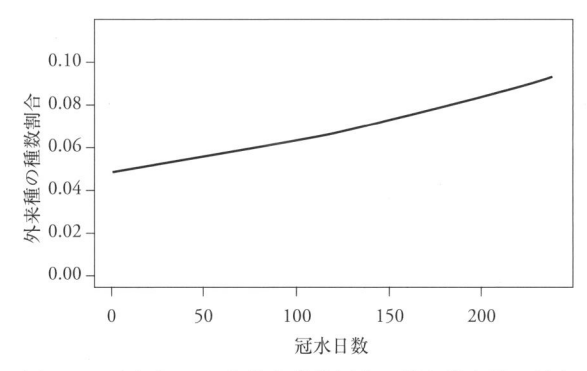

図 2-10　寒河江ダム水位変動帯冠水日数と外来種の割合の関係
合計 822 コドラートそれぞれの出現種中の外来種の割合を二項分布を仮定して平滑化した（ダム水源地環境整備センター 2003 のデータより再解析・作図）．

2.3.3　水位変動帯の植物の由来

　ところで，水位変動帯の植物はどこからくるのだろうか．可能性としては，大きく二つに分離される．一つは，水に沈むその場所に種子および**栄養器官**（枝，根等）があり，そこから芽生えるものである．もう一つは，干出するたびに周りから種子などが飛来し，それが芽生えるものである．ダムの水位変動帯の植生では，毎年運ばれてきた種子が発芽して形成されると考えられることもあり，また一年生草本が多いこともその結果であるとされることもある（例えば，国土交通省河川局河川環境課 2006）．もし，そうだとすると，水位変動帯では，周りに多く存在し，干出時に種子散布するような植物が多く生育し，水位変動帯のみで**生活環**を回すわけではないことになる．

　幸い，寒河江ダムでは，我々の調査中にそれを確認する機会に恵まれた．2009 年 10〜11 月にダムの管理者によって中州の土砂が除去された．これは，上流域からの流入土砂量が多く，それに対してダムの貯水容量を確保するためのダムの管理としての方策である．このダム湖堆積土砂から芽生える植物を記録するとともに，同じ場所に植物の種子などが含まれていない土を設置

し，そこに飛来して生える植物を記録し，その比較をするということを行った．具体的には，2009年11月9日に，中州から除去された土砂の一部をダム湖畔の日当たりの良い場所（洪水時最高水位よりも上部の冠水しない場所）に搬入し，厚さ1m程度に均一に敷きならし，1m×1mのコドラートを36個設定した．そのうち30個はダム湖堆積土砂のままとし（試験区），36個のうちランダムに選んだ6個はダム湖堆積土砂を除去し培養土に置き換えて，種子等の分散で定着し生育する植物を把握するための対照区とした．対照区は周辺区域の土砂と混ざらないため，また地下茎由来の植物が入らないため土砂の境はネットで仕切った．上部には覆いをしなかった．つまり，試験区においては，堆積物中に含まれる**埋土種子**から発芽するもの，設置した土砂の下から芽生えるもの，飛来種子により芽生えるものが確認されるはずで，一方対照区では，設置した土砂の下から芽生えるもの，飛来種子により芽生えるもののみが確認されるはずである．試験区および対照区に出現する維管束植物は，目視による現地同定で記録された．現地調査は，土砂設置の翌年春（融雪直後）から秋（積雪直前）までに6回（5月16日，6月13日，7月17日，8月8日，9月18日，10月30日），ほぼ1か月間隔に行った．

　試験地で確認された植物は，試験区60種，対照区22種，全体で67種であった．確認された植物種の詳細については，沼宮内ほか（2011）を参照してほしい．コドラートごとの確認種数および植被率の季節変化を図2-11に示した．ダム湖堆積土砂（試験区）からは早くに数種が芽生え，7月には平均で12種，植被率で90％と雪解けから2か月で急速に植生が発達した．対照区では，確認種数は秋になっても平均5種程度であり，植被率も50％程度であった．

　今回の堆積土砂から芽生える植物の試験では，先に述べたように，試験区においては，堆積物中に含まれる埋土種子から発芽するもの，設置した土砂の下から芽生えるもの，飛来種子により芽生えるものが確認されるはずで，一方対照区では，設置した土砂の下から芽生えるもの，飛来種子により芽生えるもののみが確認されるはずである．つまり，試験区と対照区の植生の発達の違いは，堆積土砂中に含まれているものからの発芽量の違いによる可能性が高い．試験区では，融雪後，すぐに芽生え，2か月で植被率が90％を

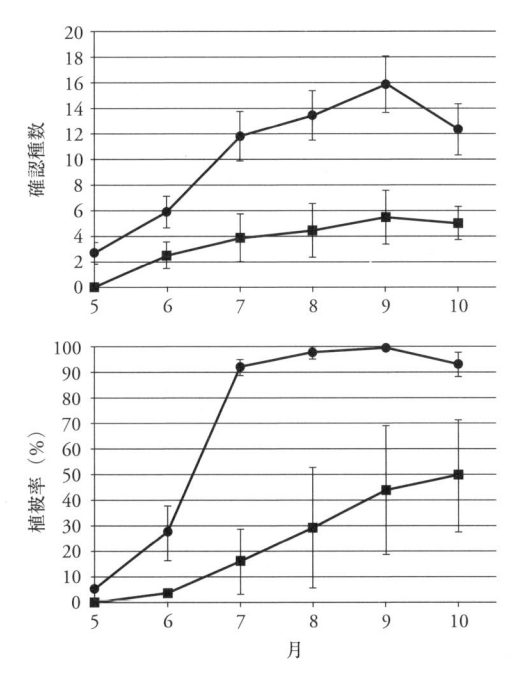

図2-11 堆積土砂から芽生えた植物の方形区ごとの種数(上)と植被率(下)
●は試験区，■は対照区の平均値と標準偏差を示す．

超えた．これは中州のダム湖側の粒度が小さい場所の傾向と比較的近いものである．一方，対照区では秋になっても低いままであった．ここでの結果で対照区よりも試験区で植物がよく茂ることは，その場の土中にすでに種子および栄養器官があり，そこから芽生える場合が多いことを示している．つまり，水位変動帯では，水位変動帯で生産された種子が残り(あるいは河川上流から運ばれてきているかもしれない)，そこから発芽しているものが多いと思われる．今回実験に用いた土砂は，秋に採集し，その後(ダムであれば冠水する期間にも)陸上におかれている．そのため，春までの植物の生残率に違いがあるかもしれない．しかし，多くの湿生植物の埋土種子が(水に浸ったとしても)何年も発芽能力があることを考えると，堆積土砂中の種子も冠水後でも発芽能力を持つことも十分ありえるだろう．つまり，ダムの水位低

下後，毎年毎年，周辺の非冠水地から植物が供給されることがなくても，水位変動帯のこの中のみで，植物のいろいろな種が生活環を回すことが可能であるということである．

2.4 他のダムの水位変動帯植物相と希少植物生育状況

前節までは，寒河江ダムの水位変動帯の植物について概観し，比較的平坦な場所さえあれば（冠水日数や堆積土砂の特性の影響もあるが）植生が発達することをみてきた．東北地方には，水位変動帯に平坦な場所をもったダム湖がいくつか存在する．たとえば，御所ダム（岩手県）の下久保地区に広がるような，南北 700 m 以上，東西 700 m 以上にもなる大規模な湿地が形成される場合もある（口絵 16）．また，このような湿地では湿生の希少植物の生育が見られる場合があり，水位変動帯は，希少植物の**棲み場**としても機能していると考えられる．この節では，国土交通省東北地方整備局管内の直轄ダムにおける**河川水辺の国勢調査**（植物調査）の調査結果を利用して，ダム湖の水位変動帯が実際に希少植物の棲み場となっているかどうかを確認したい．河川水辺の国勢調査は，国土交通省が全国の河川やダムおよびその周辺で行っている調査で，そのなかには生物の分布調査なども含まれている．なお，河川水辺の国勢調査の結果が公開されている**河川環境データベース**（国土交通省）では希少種の保護の観点から環境省**レッドリスト**該当種の確認地区などは公表されていないが，今回は一般に公開されていないデータも活用して整理を行った．

国土交通省東北地方整備局管内では，2013 年 3 月時点で，直轄の管理段階のダムが 16 ダムある．このうちの 13 ダムでは洪水期に洪水貯留準備水位を設定しており，6〜10 月頃にダム湖岸の水位変動帯が干出する．13 ダムのうち河川水辺の国勢調査のなかで植物調査が実施されており，かつダム湖岸の水位変動帯に限定した調査地区を設定しているダムの諸元と調査内容を表 2-1 に示す．ダム湖岸の水位変動帯に限定した地区で調査が行われているのは，浅瀬石川ダム，四十四田ダム，御所ダム，湯田ダム，田瀬ダム，

表 2-1　調査した東北地方の 7 ダムの諸元と水位変動帯植物出現種数

		浅瀬石川ダム	四十四田ダム	御所ダム	湯田ダム	田瀬ダム	釜房ダム	三春ダム
諸元	位置	青森県	岩手県	岩手県	岩手県	岩手県	宮城県	福島県
	竣工年	1988 年	1968 年	1981 年	1964 年	1954 年	1970 年	1998 年
	湛水面積（km^2）	2.2	3.9	6.4	6.3	6.0	3.9	2.9
	洪水期	7/1-9/30	7/1-9/30	7/1-9/30	7/1-9/30	7/1-9/30	7/1-9/30	6/11-10/10
	平常時最高貯水位（標高, m）	196.0	170.0	182.0	236.5	215.0	149.8	326.0
	洪水貯留準備水位（標高, m）	184.5	159.0	174.0	222.0	196.5	143.8	318.0
	非洪水期と洪水期の貯水位の差 (m)	11.5	11.0	8.0	14.5	18.5	6.0	8.0
河川水辺の国勢調査（植物）	調査年月	2005 年 7, 9 月	2009 年 7, 9 月	2009 年 7, 9 月	2009 年 5, 7, 9 月	2009 年 4, 6, 9 月	2004 年 7, 10 月	2007 年 5, 7, 10 月
	調査地区数（水位変動帯）[*1]	2	2	3	2	3	2	3
	出現種数（7 ダム合計 500 種）	184	101	112	215	225	162	206
	希少種の種数（7 ダム合計 20 種）[*2]	0	4	8	1	10	2	2
	外来種の種数（7 ダム合計 68 種）[*3]	31	18	14	13	28	22	35
	特定外来生物（植物）の種数（7 ダム合計 3 種）	2	2	2	1	3	1	2

[*1]：水位変動帯の調査地区には，水位変動帯内に位置する前貯水池の調査地区も含めた．
[*2]：希少種は，環境省とダム湖が位置する県のレッドリスト（最新版）に基づき選定した．
[*3]：外来種は，宮脇（1994）に基づき選定した．また，栽培や植栽種の逸出も外来種とした．

釜房ダムおよび三春ダムの 7 ダムである．7 ダムにおける非洪水期と洪水期の貯水位の差，つまり水位変動帯の標高差は 6.0〜18.5 m である．洪水期は約 3〜4 か月で，その前後の貯水位の水位操作も勘案すると，水位変動帯では約 4〜5 か月の間，一時的な陸地が出現すると考えられる．

　7 ダムのダム湖岸での植物の出現種は 101〜225 種で，合計 500 種であった．環境省およびダムが位置する県のレッドリストに該当する希少植物は 0〜10 種で，合計 20 種であった．出現した希少植物のうち，環境省第 4 次レッドリストに該当する種は 11 種であった（表 2-2）．絶滅危惧 II 類に指定されて

表 2-2 ダム湖岸で出現した環境省第 4 次レッドリスト該当種

科 名	種 名	学 名	環境省第 4 次レッドリストカテゴリー	出現ダム数 (n＝7ダム)	生活形	棲み場
ミズニラ科	ミズニラ	Isoetes japonica	準絶滅危惧 (NT)	1	多年草	山地―池沼, 流水中
イラクサ科	トキホコリ	Elatostema densiflorum	絶滅危惧 II 類 (VU)	1	一年草	低地―湿地
タデ科	ノダイオウ	Rumex longifolius	絶滅危惧 II 類 (VU)	1	多年草	山地―水湿地, 草地
ユキノシタ科	タコノアシ	Penthorum chinense	準絶滅危惧 (NT)	1	多年草	低地―河畔, 泥湿地
ミソハギ科	ミズマツバ	Rotala pusilla	絶滅危惧 II 類 (VU)	1	一年草	低地―水田, 湿地
ゴマノハグサ科	マルバノサワトウガラシ	Deinostema adenocaulum	絶滅危惧 II 類 (VU)	3	一年草	低地―水田, 湿地
オモダカ科	アギナシ	Sagittaria aginashi	準絶滅危惧 (NT)	1	多年草	低地―湿地
トチカガミ科	ミズオオバコ	Ottelia japonica	絶滅危惧 II 類 (VU)	1	一年草	低地―池沼, 水田
ヒルムシロ科	イトモ	Potamogeton pusillus	準絶滅危惧 (NT)	1	多年草	低地―池沼
イバラモ科	イトトリゲモ	Najas japonica	準絶滅危惧 (NT)	1	一年草	低地―池中, 水田
ミクリ科	ミクリ	Sparganium erectum ssp. stoloniferum	準絶滅危惧 (NT)	1	多年草	水辺

*1: 科名・種名・学名は,「河川水辺の国勢調査のための生物リスト 平成 24 年度生物リスト」
http://mizukoku.nilim.go.jp/ksnkankyo/mizukokuweb/system/seibutsuListfile.htm に準拠した.
*2: 生活形および棲み場は, 宮脇 (1994) に基づく.

いるマルバノサワトウガラシ Deinostema adenocaulum は 3 ダムで出現し, その他の 10 種はそれぞれ 1 ダムにのみ出現していた. ミクリ Sparganium erectum ssp. stoloniferum (口絵 17) は, 確認されたダム湖の湖岸の植生図の凡例としても区分されるほどの群落を形成していた. 11 種の希少植物は, いずれも湿地, 水田, 水辺など, 湿生の環境を一般的な棲み場とする種であった. 希少植物 20 種のうち県レッドリストにのみ該当する残りの 9 種も, 同様に湿生環境に生育する種であり, ダム湖岸が湿生の希少植物の棲み場となっていることが明示された. 希少植物が多く確認された上位 3 ダム (田瀬

ダム・御所ダム・四十四田ダム）に共通するのは調査地区内に湿地が存在することである．田瀬ダム・四十四田ダムでは水田跡地が，御所ダムではダムコンクリート骨材やフィルター材料の採取跡地の平坦地（建設省東北地方整備局御所ダム工事事務所 1982）が湿地となっており（口絵 16），湿地の存在が希少植物の種数の多さに関連しているものと推察される．

なお，ダム湖岸では外来植物も確認され，外来植物は 7 ダムでそれぞれ 13～35 種，合計 68 種であった（表 2-1）．この中には，**特定外来生物**のアレチウリ *Sicyos angulatus*，オオカワヂシャ *Veronica anagallisaquatica*，およびオオハンゴンソウ *Rudbeckia laciniata* の 3 種も含まれていた．残念なことに，アレチウリは 7 ダムの全てで，オオハンゴンソウは 4 ダムで確認された．アレチウリは，東北の多くのダムで，ダム湖岸で普通に見られる．洪水期の終盤の 9～10 月上旬には，ダム湖岸の水位変動帯の斜面をアレチウリが覆い尽くす光景がみられるダム湖もある（本書第 1 章参照）．冠水と干出を繰り返すダム湖岸の水位変動帯の斜面は，外来種が容易に侵入・定着し易い場所になっているともいえるだろう．

2.5 水位変動帯の植生とその保全

2.3 節までに寒河江ダムで見てきたことを整理すると，以下の①から⑥になる．①水位変動帯が干出した場合，条件が整えばすぐに植物が芽生え，2 か月程度もあれば草本群落に覆われる．②植生の発達状況は水位変動帯内で空間的な変異がある．ダム湖形成以前の高水敷（テラス）は比較的安定的であり，経年変化が小さいものの，堆砂デルタ（中州）は比較的不安定で年変化も大きい．③堆砂デルタでは一年生草本が多い．④植物相の相違に，冠水日数は重要な環境要因であるが，堆積土砂の攪乱や粒度も重要であり，粒径が大きな場所では植生が発達しにくい．⑤外来種の割合は，冠水日数の多い場所ほど高い．⑥水位変動帯の植生が，短期間で多種および高植被率にいたるためには，土砂に含まれる種子（あるいは栄養器官）に依存するところが大きい．

また，2.4節で東北地方のダムを横断的にみて，以下の⑦から⑨が明らかになった．⑦平坦な場所さえあれば，多くの植物が出現し，そのなかにはいくつかの希少植物が含まれる．⑧希少種の生育場としては，水田跡地や骨材採取跡地のように「湿地」ができる場所が重要である．⑨水位変動帯は外来種も多く出現するのは少なくとも東北地方に普遍的な傾向である．

　多目的ダムで洪水貯留準備水位が設定されている場合，降水が多い時期に水位が下がるという，自然の湖沼と異なった水位変動をする．しかし，それでも，多くの植物が生育し，希少種もそこに含まれる．注目するのは，水田跡地や骨材採取跡地で，「水が溜る」場合に，湿地性の希少植物が生育することである．基盤よりもダム湖水位が低下しても，窪地があれば水が溜り，そこが湿地性植物の重要な生育地になる．これを積極的に利用してビオトープにして管理しようとする例も最近ではしばしば見られる（例えば，佐賀県に2012年竣工した嘉瀬川ダム）．冠水の頻度や河床材の堆積・攪乱などとの関係がより明確になれば，積極的に希少種の保全場所として利用できる可能性は高いだろう．

謝辞

　寒河江ダムの定点撮影は，水源地生態研究会・周辺森林研究グループの研究の一環として行われたものである．とくに水源地環境センターの白井明夫氏の労力に負うところが大きい．また沼宮内ほかが中心になった寒河江ダム水位変動態の植物相調査の未発表データの取得に関しては，西川町大井沢自然博物館（当時）の武浪秀子氏にお世話になった．これらの方々に感謝申し上げる．

参照文献

ダム水源地環境整備センター（2002）『平成13年度ダム管理総合評価検討業務報告書』．
ダム水源地環境整備センター（2003）『平成14年度ダム管理総合評価検討業務報告書』．
井本郁子・藤原宣夫・三瀬章裕・大江栄三・麻生　薫・北川淑子（1998）ダム湖における水位変動による水辺の環境区分と植物群落に関する研究．『環境システム研究』26: 623-633.

環境省（2012）環境省報道発表資料『第4次レッドリストの公表について』http://www.env. go.jp/press/press.php?serial=15619
建設省東北地方整備局御所ダム工事事務所（1982）『御所ダム工事誌』．
吉良竜夫（1945）『東西南方圏の新気候区分16』京都帝国大学農学部園芸学研究室．
国土交通省　河川環境データベース．http://mizukoku.nilim.go.jp/ksnkankyo/
国土交通省河川局河川環境課（2006）『ダム湖岸緑化の手引き（案）』
増山貴明・吉村千洋・藤井　学・伊藤　潤・大谷絵利佳（2011）寒河江ダム貯水池と流入河川のエコトーンにおける堆積土砂と土壌環境特性の空間分布．『応用生態工学』14: 103-114.
宮脇　昭（総編集）（1994）『改訂新版日本植生便覧』至文堂．
Nilsson, C. and Keddy, P. A. (1988) Predictability of change in shoreline vegetation in a hydroelectric reservoir, northern Sweden. *Canadian Journal of Fisheries and Aquatic Sciences* 45: 1896-1904.
沼宮内信之・武浪秀子・白井明夫・江崎保男（2011）寒河江ダムの上流端で初夏に干出する湿地土砂から芽生えた植物の種組成．『東北植物研究』16: 53-58.
菅原亀悦・竹原明秀・北上川ダム統合管理事務所（2002）『湯田ダム湛水地域の植物群落』北上川ダム統合管理資料．

第3章
水位変動帯の木本群落

浅見和弘・浅枝　隆

3.1 湖畔の冠水日数と樹木

　日本の**制限水位方式**のダムは，アジアモンスーンの気候に合わせた運用を行っており，非洪水期（10月〜翌年6月頃）は降雨が少なく渇水のリスクが高いため，貯水位を高く設定しておく．春には水田などで水が必要となるため灌漑用に放流し，かつ，**洪水期**（6月〜10月頃）には，梅雨や台風などの大雨に備え，貯水位を低めに設定している．これを，毎年同じように運用するため，ダム貯水位はほぼ同じ時期に同じ水位となり，洪水期の開始時期までに低下させることになる．洪水期は**洪水貯留準備水位**を超えないよう，非洪水期は**平常時最高貯水位**を超えないように運用されており，この水位差の見られる範囲が水位変動帯である．水位変動帯は貯水位が低下する洪水期は陸地となり，貯水位が上がる非洪水期には冠水する（口絵 4, 11, 図 3-1〜3-3）．

　水位変動帯のうち，地形が急峻なところや波浪が強いところは，表土がはげ落ち，露岩が見えたりすることがあるが，傾斜が緩く，波浪の弱いところは植物が生育する．

　ダムの**試験湛水**時の冠水日数と樹木の生存を調べた例によると，コナラ *Quercus serrata*，クリ *Castanea crenata* などは根元の冠水日数が概ね 30〜50 日程度まで生育可能であり，スギ *Cryptomeria japonica* は 46 日以上であった（浅見ほか 2004；及川・菊池 2001）．水位変動帯はそれより冠水日数が長いことが多く，コナラやクリは生育しにくく，耐水性の高いヤナギ *Salix* 等が生育す

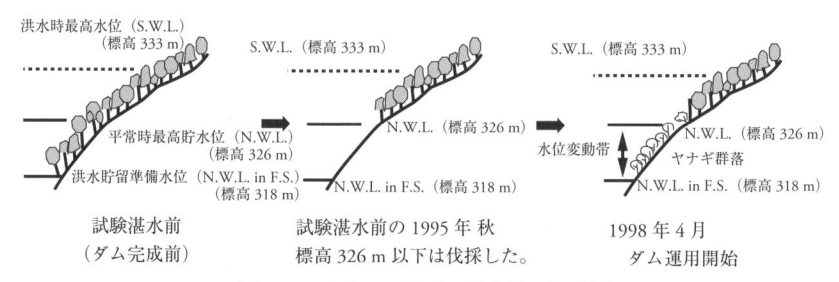

Part I　ダム湖水位変動帯の基盤と植生

図 3-1　三春ダム湖畔の貯水位の概念図
試験湛水前に平常時最高貯水位（標高 326 m）より斜面下部の樹木を伐採．試験湛水では貯水位は洪水時最高水位（標高 333 m）まで到達．ダム運用開始後は，洪水期と非洪水期で貯水位が異なり，水位変動帯が生じる（Azami et al. 2013 より）

図 3-2　三春ダム水位変動帯のヤナギ群落定着斜面と自然裸地の斜面
画面右は波浪の強いエリアでヤナギ類は定着していない．画面左は波浪が弱く，ヤナギをはじめとする植生が繁茂している（Azami et al. 2013 より）

る．
　豊平峡ダム（北海道），御所ダム（岩手県），一庫(ひとくら)ダム（兵庫県）等の水位変動帯に生育する樹木をみると，イタチハギ Amorpha fruticosa，ヤナギ類が多く，

第3章　水位変動帯の木本群落

非洪水期2006年5月3日（水位325.03 m）　　洪水期2006年6月11日（水位318.52 m）
図3-3　三春ダム水位変動帯（緩傾斜部）の貯水位変化に伴う景観の変化
矢印は流れの方向を示す（Azami et al. 2013 より）

　いずれも 100 日以上冠水する範囲にも定着している（東ほか 1991；藤原・井本 1999；古川ほか 1998）．筆者らが研究フィールドとした三春ダムの場合，水位変動帯はもともとクリ―コナラ群落であった．しかし，クリ―コナラ群落の構成種は 100 日を超える冠水に耐えられる種がほとんどない．試験湛水前に，水位変動帯の範囲にある樹木を伐採したが，ダム運用後は，クリ―コナラ群落が回復することはなく，耐水性のある種が新たに定着してきた（Azami et al. 2012）．

　三春ダムの湖畔では，平常時最高貯水位（標高 326 m）を境に植生が明らかに異なっている．平常時最高貯水位以下は水位変動帯であり，毎年，非洪水期に最大で 7 か月に及び冠水する．その範囲に，木本類では，タチヤナギ *Salix subfragilis*，イタチハギが各々群落を形成しており，草本類も，オオオナモミ *Xanthium occidentale*，ヒメシダ *Thelypteris palustris* などが群落を形成している．タチヤナギ，イタチハギとも，根元の冠水日数が 200 日を超えても生育できる種である．オオオナモミは一年生草本であるが，ヒメシダは多年生草本であり，根茎は耐水性が高いと考えられる．このうちタチヤナギについては，樹齢解析から試験湛水終了後，すみやかに定着したことを確認している．

　ところで，クリやコナラは耐水性が低く，ヤナギ類が高いのはなぜだろうか．水中でのヤナギ類を観察すると，図 3-4 のような根があった．冠水す

図3-4 ヤナギ類の水中で見られた不定根
三春ダムで撮影したオノエヤナギ *Salix sachalinensis*（Azami et al. 2013 より）

ることにより，もともと地面にあった根茎は湖底に沈み，酸素が少ない状態となった．そのため，酸素が多い水中に幹から新たに根を伸ばし，酸素を吸収しやすくしたと考えている．このような根は不定根という（東 1979，山本 2002）．

　三春ダムの周辺には，8種のヤナギが存在し，水位変動帯には数種のヤナギが見られるが，このなかでタチヤナギが群落として優占している．三春ダムの流入河川，湖畔周辺には，バッコヤナギ *Salix bakko*，ジャヤナギ *S. eriocarpa*，カワヤナギ *S. gilgiana*，ネコヤナギ *S. gracilistyla*，イヌコリヤナギ *S. integra*，シロヤナギ *S. jessoensis*，オノエヤナギ *S. sachalinensis*，タチヤナギの 8種を確認しているが，水位変動帯にはタチヤナギが最も多い．では，なぜ，水位変動帯にタチヤナギが多いのか，筆者らは三春ダムをフィールドに追跡してみた（Azami et al. 2013）．

　当初，思いついた理由は耐水性である．ヤナギ8種の根元位置の標高と，ダム運用後から10か年の冠水日数を整理した（表3-1）．三春ダムにおけるヤナギの根元の冠水日数をみると，イヌコリヤナギ，シロヤナギ，オノエヤナギ，タチヤナギは，標高318 m 以上，10か年平均で238日程度冠水する斜面まで見られた．一方，ネコヤナギは水位変動帯（標高326 m 未満）では確認できず，バッコヤナギ，ジャヤナギ，カワヤナギは冠水日数の少ない斜面上部での確認が多かった．

　豊平峡ダムでは，タチヤナギが168日の冠水に耐えたとの記録があり，

表 3-1　洪水貯留準備水位（標高 318 m）以上で確認されたヤナギ 8 種の根元標高別の個体数と 10 か年の冠水日数

標高	バッコヤナギ S. bakko	ジャヤナギ S. eriocarpa	カワヤナギ S. gilgiana	ネコヤナギ S. gracilistyla	イヌコリヤナギ S. integra	シロヤナギ S. jessoensis	オノエヤナギ S. sachalinensis	タチヤナギ S. subfragilis	年あたり根元の冠水日数 (1998.10〜2008.6) 平均	最大	最小
326 m 以上	6	10	13	3	23	34	42	+++	0	0	0
324 m〜	2	5	2	0	15	30	27	+++	107	188	40
322 m〜	0	3	0	0	10	32	31	+++	145	219	78
320 m〜	0	0	0	0	0	25	5	+++	175	240	93
318 m〜	0	0	0	0	1	25	2	+++	238	273	171
318 m 未満	0	0	0	0	0	0	0	—	—	—	—
個体数（計）	8	18	15	3	49	146	107	+++			

タチヤナギは群生していたため，+++ で表記した．

　御所ダムではシロヤナギが 158 日以上，カワヤナギが 114 日以上，イヌコリヤナギが 97 日以上，オノエヤナギが 102 日以上である（東ほか 1991，藤原・井本 1999）．三春ダムでは，シロヤナギ，オノエヤナギ，タチヤナギが標高 318 m〜320 m の範囲，すなわち，冠水日数は 10 か年平均で 238 日（標高 318 m）〜175 日（標高 320 m），最大で 273 日（標高 318 m）〜240 日（標高 320 m）であった（表 3-1）．これらの樹種はすべて耐水性があることになり，タチヤナギのみが優占する理由にはならない．

　次に目を着けたのは，分布拡大のメカニズムである．ヤナギの分布拡大は，種子により発芽・定着する有性生殖と，落枝などから芽が出て，定着する無性生殖がある．三春ダム周辺には 8 種のヤナギが生育しており，このうち，日本ではメス個体しかなく種子生産をしないジャナヤギを除く 7 種は，種子散布による分布拡大は可能である．種子散布以外にも，落枝や流木からの定着も可能であるが，ヤナギ類は種子を風や流水で散布させるため，分布拡大は種子散布が効率的である．

　念のため，7 種のヤナギが三春ダムで発芽可能であるかを確かめた．三春ダム貯水池内の土砂を用いた発芽試験（表 3-2）では，カワヤナギの発芽率が低いものの，いずれのヤナギも発芽し，貯水池内でも種子が散布されれば，発芽は可能なことが分かった．

　次に，種子散布時期をみた（図 3-5）．2009 年 3 月〜6 月，概ね週 1 回の割合で，計 13 回，冬芽，開花，結実，種子散布の状況を観察した．2009 年 5

Part I　ダム湖水位変動帯の基盤と植生

表3-2　ヤナギ8種の発芽試験結果数

		脱脂綿		貯水池内土壌	
		n	(%)	n	(%)
1	バッコヤナギ	72	58.3	72	16.7
2	ジャヤナギ		—		—
3	カワヤナギ	200	39.5	200	1.5
4	ネコヤナギ	200	12.5	200	16.0
5	イヌコリヤナギ	200	48.0	200	32.0
6	シロヤナギ	51	78.4	38	39.5
7	オノエヤナギ	200	29.0	200	11.5
8	タチヤナギ	200	54.5	200	34.5

n：種子数

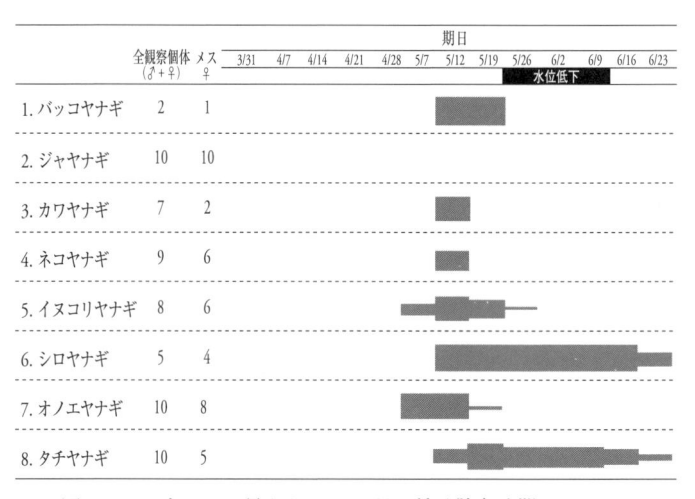

図3-5　三春ダムに見られるヤナギの種子散布時期（2009年）
グレーのバーの縦の厚さは，種子散布樹木数／メスの樹木数を示し，厚いバーは多くの個体が種子散布していることを示す（Azami et al. 2013 より）

月12日には，7種すべてのヤナギの種子散布が見られたが，三春ダムの水位低下中にはイヌコリヤナギ，シロヤナギ，タチヤナギのみの種子散布となり，水位低下した後まで種子散布を続けたのはシロヤナギとタチヤナギの2種のみであった。このうち，シロヤナギは種子が生産されるものの，他のヤナギに比べ，種子をつけている枝が少なく，全体の種子生産量が少なかった。

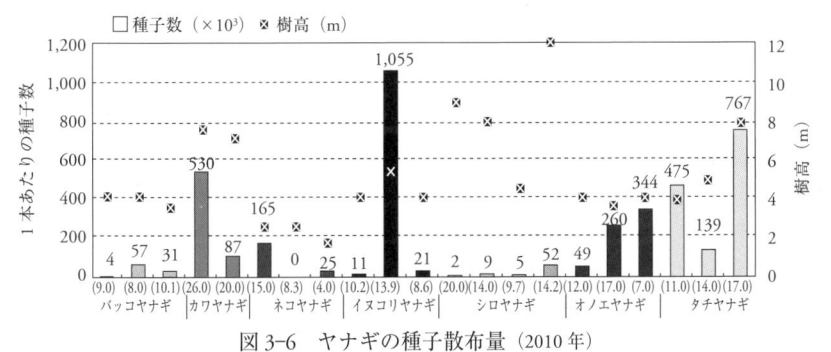

図3-6 ヤナギの種子散布量（2010年）
カラムの上の数値は種子数（×10^3）を, （ ）内の数値は根元の直径cmを示す（Azami et al. 2013より）

メス個体について複数個体観察したヤナギは，400粒の種子を集めることができたが，シロヤナギだけは100粒未満しか集めることができなかった（表3-2）．

ヤナギの種子は散布してからの寿命は短い．また，種子は日当たりのよい立地を好み，樹林下など日陰では育たない．しかし，水位低下後に出現する裸地に，ヤナギの種子が定着すれば発芽可能であり，この時期に種子散布を続けているヤナギは，三春ダムの場合，タチヤナギとシロヤナギの2種だけである．そのため，この2種は，他のヤナギより，分布を拡大する機会が多かったと考えられる．

三春ダムではシロヤナギは分布しているものの，タチヤナギのほうが圧倒的に多い．2010年に，ジャヤナギを除くヤナギ7種のメス個体を対象に，1個体あたりの種子散布量を観察した．その結果を図3-6に示す．このうち，シロヤナギとタチヤナギに着目すると，タチヤナギが1個体あたり139×10^3〜767×10^3粒（n=3）に対して，シロヤナギは2×10^3〜52×10^3粒（n=4）であり1/8程度と少ない．現地の観察でもタチヤナギは白い綿状の種子を散布している個体を多く見かけるのに対し（口絵5），シロヤナギはタチヤナギに比べ個体数が少ない上，1個体あたりの種子量が少なかった．

種子生産を開始する個体サイズや樹齢については，東北地方で観察事例（Takehara 1989）があり，タチヤナギ，オノエヤナギ，カワヤナギは樹齢が3

～4年で基部直径2 cm以下の個体から開花し，シロヤナギは樹齢が7～8年以上で基部直径が6 cmを超えないと開花しない．また，花序あたりの子房数や胚珠数は種間差があり，大きく成長した同じサイズの個体が生産する種子数は，研究対象としたヤナギ属5種の中ではタチヤナギが最も多いとされている．そのため，タチヤナギは，若いうちから種子生産が行え，種子散布が水位低下後まで続き，かつ，生産する種子数も多かったため，ダム運用開始直後から分布域を急速に拡大でき，優占したと考えている．

3.2 流入部の樹木

　ダム貯水池の湖畔の特徴は，水位変動のみではない．ダム貯水池のうち，流入部は河川からの流入水のほか，出水時には土砂が運搬されるため，土砂の堆積が起こりやすい．

　九州の江川ダムでは，ダム完成後に貯水池流入部で堆砂が進み，平坦地ができた．そこに，上流などからオオタチヤナギ *Salix pierotii* の種子が供給され，定着・成長した（図3-7，浅見ら 2007）．2003年12月の調査で観察されたオオタチヤナギの樹齢は最大17年であり，運用開始13年目からの定着であるが，定着後は，年平均66日，少ない年で0日，多い年で連続200日，根元から1 m程度の範囲が冠水した．さらに出水に伴う土砂の堆積があり，植物にとっては厳しい条件下にある．

　土壌断面をみると，ここのオオタチヤナギは何回も土砂をかぶっていることがわかる（図3-8）．〈No. 2〉の場合，地表付近に水平方向の根の広がりがあり，地表から38 cmの深さでも，水平に伸びた根がある．この38 cm厚さの土は，出水により堆積したものと考えている．その下の根の広がりと土の厚さも同様である．この図から解釈すると，ある時期の出水でこのオオタチヤナギは，土砂をかぶった．その結果，オオタチヤナギは酸欠になり，酸素のある地表付近に根を水平に張り，酸欠状態になるのを防いだ．その後，何年かして，また土砂をかぶり，酸素の多い地表面近くに再度，根を張り，酸欠に対応したと解釈できる．

第 3 章　水位変動帯の木本群落

図 3-7　江川ダム貯水池流入部のオオタチヤナギ *Salix pierotii* 群落
（2003 年 5 月 1 日撮影）（浅見ほか 2004 より）

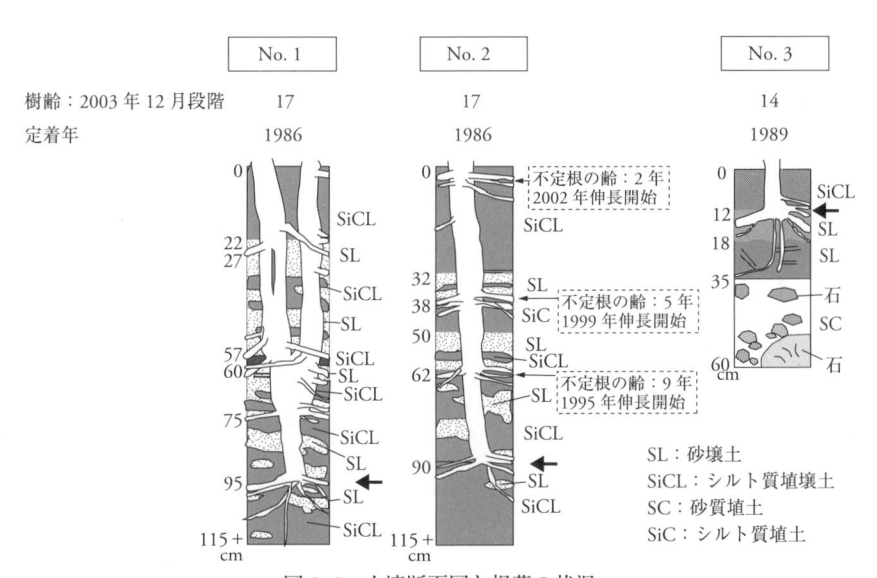

	No. 1	No. 2	No. 3
樹齢：2003 年 12 月段階	17	17	14
定着年	1986	1986	1989

不定根の齢：2 年　2002 年伸長開始
不定根の齢：5 年　1999 年伸長開始
不定根の齢：9 年　1995 年伸長開始

SL：砂壌土
SiCL：シルト質埴壌土
SC：砂質埴土
SiC：シルト質埴土

図 3-8　土壌断面図と根茎の状況

矢印は，オオタチヤナギ *Salix pierotii* の定着面を示す．土壌断面図における色の濃淡は土色を反映させている（浅見ほか 2004 より）．砂壌土は砂の感じが強く，ねばり気はわずかしかない．埴壌土はわずかに砂を感じるが，かなりねばる．埴土は砂は感じないか，ほとんど感じないで，よくまたは非常にねばる（日本ペドロジー学会編 1997）．

この不定根には堆砂の時期を示す年輪が残されている．不定根をのこぎりで切ると，地表面にもっとも近い不定根は2歳だった．つまり，2年前に出水で38 cm程度の土砂が溜まり，その影響で，酸欠防止のため地表面付近に根を張ったと解釈している．さらにその下の不定根を切ると，5歳だったため，この不定根があった場所から下は5年前に堆積したことになる．最後に，それより下の不定根を切ると9歳であり，9年前の1995年頃にも土砂が堆積しただろうということになる．
　オオタチヤナギは，不定根があるから冠水にも土砂堆積に対しても強く，貯水池に適応できるわけである．貯水池内でヤナギが繁茂できるのは，不定根を発達させ，酸欠に耐えられるからだと考えている．

3.3　ダム湖の樹木管理

　制限水位方式のダムは，水位変動帯に裸地が発達しやすく，土砂流出防止，景観保全などの観点から緑化試験を行っているダムが複数ある（国土交通省 2006）．湖岸に植生が発達すると，侵食防止などのほか，生物の生息生育環境として機能することも考えられる．制限水位方式のダムの中には，御所ダム，四十四田ダム，鳴子ダム，三春ダムをはじめとしたダム湖において，平常時最高貯水位〜洪水貯留準備水位の水位変動帯に，全域ではないものの，ヤナギ群落が発達している．これは，条件が合えば，植栽を行わなくとも，群落が発達することを意味している．他のダムでも，水位低下期に種子散布するヤナギがダム周辺に存在し，かつ，定着可能な立地があれば，ヤナギ群落は形成される．
　三春ダムでは，水位低下期に種子散布するタチヤナギが存在するため，裸地になる範囲が少なく，むき出しの斜面が連続している貯水池より，緑が多く景観的に優れている．また，「Part II　ダム湖水位変動帯の動物群集」で紹介するように，生態的な機能も高いと考えられる．これは植栽ではなく，貯水池の運用によってもたらされたものであり，緩やかな傾斜の水位変動帯では，水位低下時期をコントロールすることで，自然に誘導することも可能

である．

参照文献

Azami, K., Fukuyama, A., Asaeda, T., Takechi, Y., Nakazawa, S. and Tanida, K. (2013) Conditions of establishment for the *Salix* community at lower than normal water levels along a dam reservoir shoreline. *Landscape and Ecological Engineering* 9: 227-238.

浅見和弘・影山奈美子・小泉国士・伊藤尚敬 (2004) 三春ダムの試験湛水において冠水した湖岸の樹木の成長量の変化と枯死．『応用生態工学』6: 131-143.

浅見和弘・丸谷　成・田野弘明・酒井　進 (2007) 江川ダムの貯水池上流端堆砂部に見られたヤナギ群落の生育環境と発達過程．『ダム工学』17(2): 116-124.

Azami, K., Takemoto, M., Oostuka, Y., Yamagishi, S. and Nakazawa, S. (2012) Meteorology and species composition of vegetation, birds, and fishes before and after initial impoundment of the Miharu Dam reservoir, Japan. *Landscape and Ecological Engineering* 8: 81-105.

藤原宣夫・井本郁子 (1999) ダム緑化のための湖岸環境区分と適応自生植物の選定．『ダム技術』153: 12-18.

古川保典・赤瀬川勝彦・猿楽義信・鵜飼裕士 (1998) 一庫ダム変動水域の植生状況について．『ダム技術』138: 70-78.

東　三郎 (1979) 『地表変動論：植生判別による環境把握』北海道大学図書刊行会．

東　三郎・沖谷賢児・武田　実 (1991) 耐水没植生工の材料と適用．『日本林学会北海道支部論文集』39: 150-152.

国土交通省河川局河川環境課 (2006)「ダム湖岸緑化の手引き（案）」．http://www.mlit.go.jp/river/shishin_guideline/dam6/pdf/koganryokuka_tebiki.pdf

日本ペドロジー学会編 (1997)『土壌調査ハンドブック　改訂版』博友社．

及川　隆・菊池　孝 (2001) 早池峰ダムの試験湛水と貯水池内樹木の枯死状況．『ダム技術』181: 101-108.

Takehara, A. (1989) Flowering size, flowering age and sex ratio of willow population along the Hirose River, northeast Japan. *Ecological Review* 21: 265-266.

山本福壽 (2002) 湿地林樹木の適応戦略．崎尾　均・山本福壽編『水辺林の生態学』pp. 139-167．東京大学出版会．

コラム2　植物の耐水性

浅見和弘・白井明夫

　冠水による植物への影響は，種によって異なる．森林が冠水すると根圏の溶存酸素が急速に失われ，酸化還元電位が低下し，土壌は還元状態になり，根系のさまざまな生理的プロセスに影響を及ぼす（山本 2002）．とくに冠水耐性をもたない樹種では，根の機能不全や成長停止，あるいは壊死などが引き起こされる（Kozlowski 1997, 2000）．ヤナギなど水辺で生育する樹種は，さまざまな形態的あるいは組織構造的な適応能を発揮することによって，土壌の酸素欠乏に起因する根系の機能不全を回避している．山本（2002）によると，湿地で耐性をもつ樹木に現れる形態的特性として，①不定根の形成，②膝根の形成，③萌芽，④肥大皮目の発達，⑤樹皮の肥厚と通気組織の発達，⑥形成層活動の昂進と地際部の過剰肥大などがあげられる．これらの構造変化は，水辺に適応する多くの樹種に共通して認められる現象であるが，膝根の形成はマングローブ類 Rhizophoraceae 等，ヌマスギ *Taxodium distichum* などに特異的であり，萌芽はハンノキ属 *Alnus* で認められる（山本 2002）とされている．ここでは詳述しないが，詳しく知りたい方は『水辺林の生態学』（崎尾・山本 2002）を参照されたい．

　さて，一般には水辺に生育する植物は耐水性があり，山地や丘陵地の斜面などに生育する植物は耐水性が低いと考えられる．ダム湖周辺の斜面は，降雨時に含水比が高くなるものの，それを除くと水に浸ることはめったにない．ダム湖では，平常時最高貯水位から洪水時最高水位までの標高に生育している植物は，試験湛水時には冠水する．また，平常時最高貯水位より低い標高に生育する植物はそれより高い頻度で，水位の変化に応じて冠水する．冠水日数が多いほど，植物が枯死する可能性が高くなることが想定され，その程度は種により異なると考えられる．

　樹木の冠水日数と生育状況の事例を表 C2-1 にまとめた．ヤナギ類 *Salix*，イタチハギ *Amorpha fruticosa*，ヤマグワ *Morus australis* の耐水性が高く，それと比較すると，二次林を形成するコナラ *Quercus serrata*，ヤマザクラ *Prunus jamasakura*，クリ *Castanea crenata* は低い．このうち，ヤマグワについては面白い事例がある．Zhang et al.（2012）によると，2009 年に竣工し

表 C2-1　木本と生育可能な冠水日数

種	学名	ダム	冠水期間	生育可能な冠水日数
ヤナギ類				
アカメヤナギ	Salix chaenomeloides	一庫	11月～6月	234
ネコヤナギ	Salix gracilistyla	一庫	11月～6月	234
タチヤナギ	Salix subfragilis	豊平峡	9月～3月	168
		三春	10月～6月	238
オオタチヤナギ	Salix pierotii	江川	11月～7月	200
イヌコリヤナギ	Salix integra	御所	11月～6月	97
		豊平峡	9月～3月	＜153
シロヤナギ	Salix jessoensis	御所	11月～6月	158
		三春	10月～6月	238
カワヤナギ	Salix gilgiana	御所	11月～6月	114
		三春	10月～6月	107
オノエヤナギ	Salix sachalinensis	御所	11月～6月	102
		三春	10月～6月	238
ジャヤナギ	Salix eriocarpa	三春	10月～6月	145
バッコヤナギ	Salix bakko	三春	10月～6月	107
その他広葉樹				
イタチハギ	Amorpha fruticosa	一庫	11月～6月	248
ヤマグワ	Morus australis	一庫	11月～6月	203
カキノキ	Diospyros kaki	一庫	11月～6月	177
ヤブツバキ	Camellia japonica	一庫	11月～6月	153
ケヤキ	Zelkova serrata	早池峰	4月～5月	＜38
		一庫	11月～6月	60～120
エゴノキ	Styrax japonicus	早池峰	4月～5月	46
		一庫	11月～6月	60～120
ナラガシワ	Quercus aliena	一庫	11月～6月	63～98
コナラ	Quercus serrata	早池峰	4月～5月	14～38
		三春	9月～12月	30～50
		一庫	11月～6月	63～97
クヌギ	Quercus acutissima	一庫	11月～6月	63～97
ネムノキ	Albizia julibrissin	一庫	11月～6月	50
アカメガシワ	Mallotus japonicus	一庫	11月～6月	50
アカシデ	Carpinus laxiflora	早池峰	4月～5月	46
ホオノキ	Magnolia hypoleuca	早池峰	4月～5月	14～46
アワブキ	Meliosma myriantha	早池峰	4月～5月	14～46
イタヤカエデ	Acer mono	早池峰	4月～5月	14～46
ヤマザクラ	Prunus jamasakura	三春	9月～12月	19～76
カスミザクラ	Prunus verecunda	早池峰	4月～5月	38～46
ウワミズザクラ	Prunus grayana	早池峰	4月～5月	38
イヌザクラ	Prunus buergeriana	三春	9月～12月	19
クリ	Castanea crenata	早池峰	4月～5月	14
		三春	9月～12月	30～37
針葉樹				
スギ	Cryptomeria japonica	早池峰	4月～5月	46

注）生育可能な冠水日数は，各植物種の生育していた根元部の年間の最長冠水日数を示す．"38"は38日冠水に耐え，"＜153"は，153日では耐えられなかったことを示す．一庫：古川ほか（1998），豊平峡：東ほか（1991），三春：浅見ほか（2004），Azami et al.（2013），江川：浅見ほか（2007），御所：藤原・井本（1999），早池峰：及川・菊池（2001）をもとに作成．

表 C2-2　草本と生育可能な冠水日数

種	学名	ダム	冠水期間	生育可能な冠水日数
多年生草本				
エゾミソハギ	Lythrum salicaria	豊平峡	9月～3月	168
サンカクイ	Scirpus triqueter	御所	11月～6月	193
カンガレイ	Scirpus triangulatus	御所	11月～6月	197
ヨシ	Phragmites australis	御所	11月～6月	158
		三春	10月～6月	193
ツルヨシ	Phragmites japonica	御所	11月～6月	174
		三春	10月～6月	193
オギ	Miscanthus sacchariflorus	御所	11月～6月	189
		三春	10月～6月	106～138
ヘラオモダカ	Alisma canaliculatum	御所	11月～6月	170
ヒメシダ	Thelypteris palustris	三春	10月～6月	153
クサレダマ	Lysimachia vulgaris var. davurica	御所	11月～6月	149
クズ	Pueraria lobata	三春	9月～12月	68
ススキ	Miscanthus sinensis	三春	9月～12月	56
フクジュソウ	Adonis ramosa	三春	9月～12月	18
一年生草本				
オオオナモミ	Xanthium occidentale	一庫		242
		御所		170
		三春		193
メヒシバ	Digitaria ciliaris	一庫		242
メアゼテンツキ	Fimbristylis velata	御所		176
イヌビエ	Echinochloa crus-galli	三春		193
オオクサキビ	Panicum dichotomiflorum	三春		193
アキノエノコログサ	Setaria faberi	御所		193
		三春		193
ヒシ	Trapa japonica	三春		193

注）　生育可能な冠水日数は，各植物の生育していた箇所の年間の最長冠水日数を示す．"168" は 168 日冠水に耐えたことを示す．一年生草本の場合，何日冠水する範囲に出現するかを示す．
多年生草本，一年生草本の区別は，宮脇ほか（1994）にならった．豊平峡：東ほか（1991），御所：藤原・井本（1999），三春：Azami et al.（2012），齋藤ほか（2001），浅見ほか（2009），一庫：古川ほか（1998）をもとに作成．

た三峡ダムでも水位変動帯があり，夏と冬では 30 m の水位差があり，水位変動帯の面積は 350 km² にも達する．夏に貯水位が下がり，10月～4月に水没し，水没すると植物は死亡するとのことである．ちなみに，350 km² は，総貯水容量日本最大級の徳山ダムの湛水面積 13 km² の約 27 倍であり，徳山ダムの集水面積 254.5 km² よりも広い．三峡ダムは，湖水面を除いた水位変動帯の面積が徳山ダム集水域より広いことになり，そのスケールは壮大である．三峡ダムでは，水位変動帯にクワ類（原文は「桑樹」

第 3 章　水位変動帯の木本群落

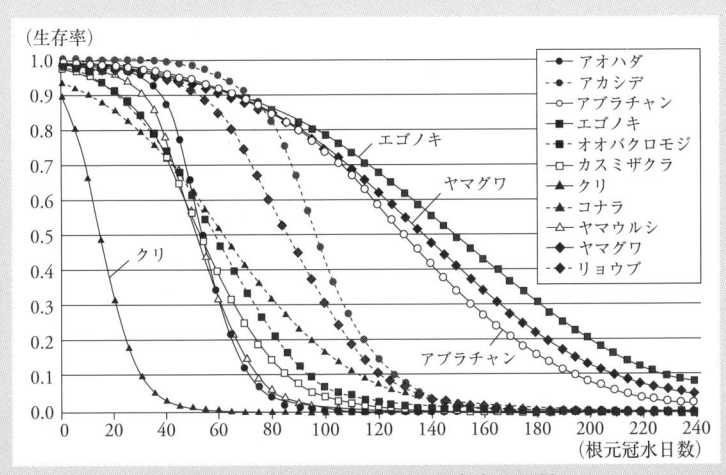

図 C2-1　樹木の冠水日数と生存率の関係

根元冠水日数を説明変数とし，生存率を目的変数としてロジスティック回帰分析を行った結果を示す．データ数が 100 以上の種（ヤマグワについては 30）を対象とした．有意確率は，ヤマグワ以外の樹種については＜0.0001，ヤマグワでも 0.0034 であり，いずれの樹種についても有意という結果が得られた．

　で学名の記載なし）を植える試験をしており，120 日を超える冠水でも耐え，クワ類は牛や豚の飼料になり，農民の収入源になるとのことであった．日本では，ダムの水位変動帯で農地利用はしていないが，三峡ダムのように広大になると，有効な土地利用の一つと考えられる．
　草本については表 C2-2 に示した．ここでは，多年生草本，一年生草本に区分した．多年生草本は，地上部が枯れても根茎が冠水することになる．水際で見かけるサンカクイ Scirpus triqueter は 193 日，カンガレイ Scirpus triangulatus は 197 日，ヨシ Phragmites australis，ツルヨシ Phragmites japonica は 193 日の冠水で生育可能であり，水辺で紫の花を咲かせるエゾミソハギ Lythrum salicaria も 168 日と長い．一方，落葉樹林下に生え，普段は冠水することのないフクジュソウ Adonis ramosa は 18 日であり，耐水性は低い．
　一年生植物は，水が引き，自然裸地になったところに種子が供給されれば，発芽し定着するが，オオオナモミ Xanthium occidentale やメヒシバ

Digitaria ciliaris は年間 242 日冠水する場所でも生育できる．これは夏季に約4か月だけ陸地になる場所でも生育できるということであり，庭や畑での雑草のすさまじい繁茂を想像すれば，頷ける現象である．

　なお，近年では，試験湛水に伴い冠水する樹木の生育状況について各ダム事務所で調査が実施されており，樹種別のデータが蓄積され，統計的な解析が可能な状況になってきている．データが 100 以上収集されている樹種を対象として，根元冠水日数と生存率との関係をロジスティック回帰分析により解析した結果を図 C2-1 に示した．また，前述のヤマグワについても，データ数は 30 と少ないもののあわせて示した．エゴノキ *Styrax japonicus*，ヤマグワ，アブラチャン *Parabenzoin praecox* の耐水性が高く，クリの耐水性が低いことがうかがえる．

参照文献

Azami, K., Fukuyama, A., Asaeda, T., Takechi, Y., Nakazawa, S. and Tanida, K. (2013) Conditions of establishment for the *Salix* community at lower than normal water levels along a dam reservoir shoreline. *Landscape and Ecological Engineering* 9: 227–238.

浅見和弘・影山奈美子・小泉国士・伊藤尚敬（2004）三春ダムの試験湛水において冠水した湖岸の樹木の成長量の変化と枯死．『応用生態工学』6: 131-143.

浅見和弘・丸谷　成・田野弘明・酒井　進（2007）江川ダムの貯水池上流端堆砂部に見られたヤナギ群落の生育環境と発達過程．『ダム工学』17: 116-124.

浅見和弘・沖津二朗・齋藤　大・影山奈美子（2009）試験湛水時に冠水したフクジュソウ群落の 12 年間の変遷．『応用生態工学』12: 13-20.

Azami, K., Takemoto, M., Oostuka, Y., Yamagishi, S. and Nakazawa, S. (2012) Meteorology and species composition of vegetation, birds, and fishes before and after initial impoundment of the Miharu Dam reservoir, Japan. *Landscape and Ecological Engineering* 8: 81-105.

藤原宣夫・井本郁子（1999）ダム緑化のための湖岸環境区分と適応自生植物の選定．『ダム技術』153: 12-18.

古川保典・赤瀬川勝彦・猿楽義信・鵜飼裕士（1998）一庫ダム変動水域の植生状況について．『ダム技術』138: 70-78.

東　三郎・沖谷賢児・武田　実（1991）耐水没植生工の材料と適用．『日本林学

会北海道支部論文集』39: 150-152.
Kozlowski, T. T. (1997) Responses of woody plants to flooding and salinity. *Tree Physiology Monograph* 1: 1-29.
Kozlowski, T. T. (2000) Responses of woody plants to human-induced environmental stresses: issues, problems, and strategies for alleviating stress. *Critical Reviews in Plant Sciences* 19: 91-170.
及川　隆・菊池　孝（2001）早池峰ダムの試験湛水と貯水池内樹木の枯死状況.『ダム技術』181: 101-108.
齋藤　大・浅見和弘・渡邊　勝（2001）三春ダム貯水池末端部の植生変遷.『応用生態工学』4: 65-72.
崎尾　均・山本福壽編（2002）『水辺林の生態学』東京大学出版会.
白井明夫・岩見洋一（2011）植物の耐冠水性について（続報）.『平成22年度ダム水源地環境技術研究所所報』pp. 35-40.
宮脇　昭・奥田重俊・藤原睦夫編（1994）『日本植生便覧』至文堂.
山本福壽（2002）湿地林樹木の適応戦略. 崎尾　均・山本福壽編『水辺林の生態学』pp. 139-167. 東京大学出版会.
Zhang, J., Ren, R., Zhu, J., Song, C., Liu, J., Fu, J., Hu, H., Wang, J., Li, H. and Xu, J. (2012) Preliminary experimentation on flooding resistance of mulberry trees along the water-fluctuation belt of the Three Gorges Reservoir. *Scientia Silvae Sinicae* 48: 154-158.

第4章
堆砂デルタの形成と物理特性

知花武佳

4.1 ダム湖堆砂デルタの類型

　山地河川にダムが建設された場合，急勾配で流れてきた河川の水はその湛水域で急に減速させられ，流送されて来た土砂がダム湖への流入部に堆積する（口絵11参照）．Morris and Fan (2010) は，この時の堆積形状を次の4パターンに分類した．①掃流砂に粗粒分が多く含まれる場合の**堆砂デルタ**，②細粒土砂の流入が多い小規模貯水池や，洪水時に低水位で運用される大規模な貯水池に見られるようなくさび形堆砂，③高い水位が保たれる長い貯水池に見られるテーパー堆砂，④細粒土砂の量が少なく水位が頻繁に変動する狭い貯水池に見られる均一堆砂である（図4-1）．

　これらの中で，ダム湖への流入部に堆砂デルタ型の堆積が生じている場合や，後述するように貯砂ダム下流に堆砂が生じている場合には，ダム湖の水位を低下させた際に堆積した土砂が水面上に現れ，その一部を流水が侵食することで水みちが形成され，水面からの比高が高い河原状の空間が見られることがある．しかし，一方では，上述した堆積パターンが堆砂デルタでない場合や，堆砂デルタであってもダム湖の水位変動が小さいなどの理由で，年間を通して水面上に目立った堆砂域が見られにくいものもある．また，両者の中間的なもので，河原と呼ぶほど比高は高くないものの，水面の少し上に広い堆砂域が現れ，いわば湿地状の空間が見られることもある．

　このように，ダム湖の水位が低下している時期にダム湖畔から流入部を眺

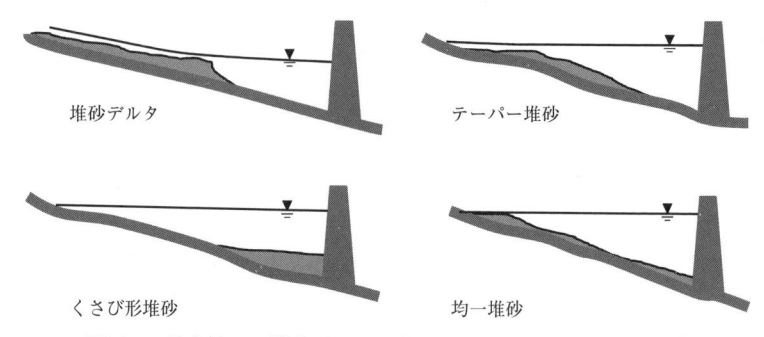

Part I　ダム湖水位変動帯の基盤と植生

図 4-1　貯水池での堆砂パターン（Morris and Fan 2010 をもとに作図）

めると，その景観はダム湖によってさまざまである．これは，そこに棲む生物も，この空間が物質循環に果たす機能も異なっていることを示唆している．ただし，日本の多くのダムでは，急勾配の山地河川からもたらされる粗粒分の多い土砂が堆積するという特徴に加え，洪水が多い時期であっても利水容量の観点から大きく水位を下げられないことが多く，極端な水位変化を頻繁に繰り返すものは少ないという特徴は共通している．そのため，図 4-1 中の堆砂デルタとテーパー堆砂が主な堆砂パターンであると考えられる．このうち，水面上あるいは水面付近に堆砂面を形成するのが堆砂デルタであり，これをその状態によってさらに分類すると，河原状，湿地状，および水面上に見られないの 3 タイプに大別できる．換言すれば，堆砂面の標高（比高）と水位低下期の水位の差の大小で 3 タイプに分けていることになる．ただし，貯砂ダム下流に形成される比高の高いデルタは，後述するとおり形成メカニズムが異なり，いわゆるデルタではないのだが，これも一種の堆砂デルタとして分類しておくと，ダム湖流入部に形成される環境は以下の 4 タイプとなる．

・河原状堆砂デルタ（ダム湖流入部）
・河原状堆砂デルタ（貯砂ダム下流部）
・湿地状堆砂デルタ
・水面上に現れる堆砂デルタ無し

河原状堆砂デルタは，その堆砂面が水面より 2〜3 m 程度以上高く裸地であることが多く，湿地状堆砂デルタは，その堆砂面が水面とさほど変わら

ず，流れが幾筋にも分かれ，低木を含む植生で覆われていることが多い．

　Morris and Fan (2010) により分類された図 4-1 の 4 パターンのうち，各ダムがどの堆砂形態になるのかは，ダムにおける土砂管理を効率的に行う上での重要な視点である．一方，ここで分類した景観タイプの違いは，ダム湖流入部という特異な場所に形成されるハビタットの構造と機能にとって重要だと考えられる．すなわち，ダム湖デルタをその景観タイプにより分類し，各タイプが生態系において果たす機能を解明すると共に，それらの形成条件を明らかにできれば，これをうまく操作することで，必要となる生態的機能を発揮する場を形成できるはずである．こうした背景を踏まえ，全国のダムに見られる堆砂デルタの特徴を比較しつつ，ダム湖デルタの形状特性を規定する要因について考察してみる．なお，堆砂デルタは，大雨直後を除き 8～9 月の水位低下時に現れることが多いため，この時期の状況を視察して以下の解析を行った．

4.2 類型ごとに見る堆砂デルタの特徴

4.2.1　河原状堆砂デルタ（ダム湖流入部）の特徴

　ダム湖デルタにおける河床材料は，堆砂デルタの形状と対応するように分級する．図 4-1 左上に示す堆砂デルタの模式図を参照しつつ上流側から順に見ていくと，まず頂部堆積層と呼ばれる堆砂デルタ上部の平坦面では，上流側が礫と砂利主体，下流側が砂主体で，下流端に近づくとシルトの割合が増えてくる．頂部堆積層の下流端には堆砂の肩が形成され，これを境に下流側が前部堆積層と呼ばれる急勾配区間となるが，ここも砂とシルト中心である．そして，それより下流側のダム湖湖底の平坦面に形成されるのが底部堆積層であり，ここはシルトと粘土主体となる (Vanoni 1975；大矢ほか 2002)．河原状堆砂デルタの場合，河原となっているのは洪水時の流水環境下における頂部堆積層であるため，洪水時の水面勾配と対応するように分級するが，洪水後のダム湖の水位低下時には，この堆砂域の一部を水みちが削りこむた

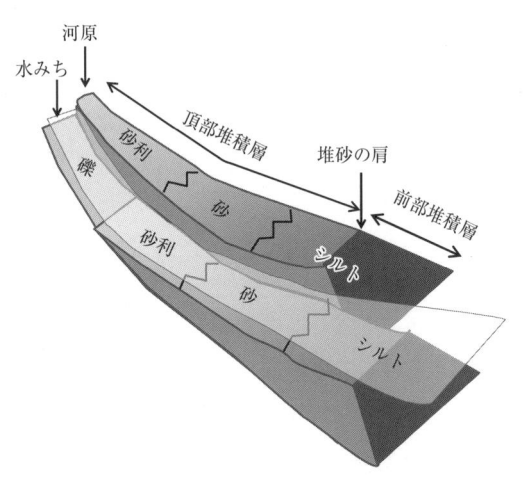

Part I　ダム湖水位変動帯の基盤と植生

図 4-2　ダム湖堆砂デルタにおける表層の分級

めに，河岸段丘と同様のメカニズムで段差が形成される．なお，複数の段差が見られることもあるが，より高い河原ほど上流側に砂利と砂および砂とシルトの境界が現れ，デルタ干出後も水みちとなる最も低い面では，上記粗粒分と細粒分の境界が，下流側に存在する（図 4-2）．

こうした形状および分級特性が基本となるが，実際には表面の材料とその下部にある主たる構成材料が異なっている領域が多い．巻頭の口絵 12 は，山形県・寒河江ダムに形成された堆砂デルタの断面を，それぞれの位置を表す概略図と共に示したものである．砂利の堆積領域の下流端部（砂の堆積領域の上流端）は，砂層の上へ洪水末期に砂利が転がってきたことにより形成されたものであるため，砂利層は表層のみでありその下部はほとんど砂で構成されている（図中 A）．そこからやや下流へ移動し，シルト層の上流端部（砂の堆積領域の下流端）は，砂層が止水環境下にしばらくの間さらされた結果，表層に有機物を多く含むシルトが被さったものとなっており，ここも下層はほとんど砂である（図中 B）．さらに，堆砂デルタの下流端部に形成された砂混じりの厚いシルト堆積域には，幾筋かの水みち跡が存在するが，ここに周りの細粒土砂とはなじまない中間径（すなわち，礫の長軸，中間軸，短軸という三軸の内中間の径）が 50〜100 cm 程度の巨礫が固まって堆積している様子

第 4 章　堆砂デルタの形成と物理特性

図 4-3　大半の材料が砂利からなる堆砂デルタ（長野県・小渋ダム）

が見られる（図中 C）．これも砂層の上に砂利層が存在するのと同じく上流から転がりながら輸送されてきたものであろうが，こうした巨礫が動くのは洪水の初期からピークにかけてであり，かつての大きな洪水の比較的初期段階で上流から転がってきたものであると考えられる．このように，ダムの堆砂デルタは河口部のデルタとは異なり，急勾配の山地河道が急に平坦な場所に流れ出て形成されるため，出水時に輸送されてきた粗粒土砂が細粒分の上に転がってくるという特徴が見られると共に，しばらく穏やかな水面下にあったものが時間をかけて水面上に露出するため，表面が有機物混じりのシルト層で覆われているという特徴が見られる．ただし，重要なこととして，その主たる構成材料は砂であることが挙げられる．

ただし，中には図 4-3 に示す小渋ダム上流のように，砂やシルトの含有量が多いものの，全体的に砂利が混じる堆砂デルタも存在する．図 4-3 は，

手前が水の流れで，中央部の白くなっている河原もその奥の一段，あるいは二段高くなっている河原も砂とシルトに加えて全体的に砂利を含んでいる．この図を大半が砂からなる堆砂デルタ（口絵 11）と見比べてもわかるとおり，砂利からなる堆砂デルタには，全体的に砂やシルトが混じった砂利の領域が長く続くのが特徴である．

4.2.2　河原状堆砂デルタ（貯砂ダム下流部）の特徴

　上流から流入する土砂がダム湖に堆積すると，ダムの容量が減少することとなり，当然ダムの効果は低下する．そのため，ダム湖流入河川には，湛水域へ流入する前に貯砂ダムが設けられていることも多いが，この貯砂ダムの上流側に加え下流側にも堆砂域が見られることがある．貯砂ダムの上流側に見られる場合は，水面近くまで土砂が堆積し，水位変動がかなり制限されるために水みちが掘り込まれることもなく，陸域部の比高が低い湿地状堆砂デルタとなりやすいが，貯砂ダムの下流側に見られる場合は，比較の陸域部の比高が高い，河原状の堆砂域となっていることがある．ここに比高の高い河原状のデルタが形成されるメカニズムは前述したものとは異なり，図 4-4 に示すような，堰堤間でよく見られる地形と同じである．

　すなわち，大きな洪水時には堰堤を乗り越えて土砂が流下し，それが堰堤下流側での流下量を上回って河床上昇を起こすか，バランスして動的平衡状態となる．しかし，洪水の減衰期やその後の中小出水では，土砂が堰堤でトラップされてしまい土砂が流下してこないため，堰堤下流では土砂が流下するだけとなり，水みちの削り込みが生じる．そして，最終的にはこれ以上は土砂が移動しないという静的平衡状態に近づく．これは，堰堤下流でよく問題となっている河床低下のメカニズムと同じである．そのため，上流から土砂が供給されてできた急勾配の堆砂面と，河床低下した緩勾配の水みちからなるため，比高差は上流ほど大きく下流で小さくなる．ダム湖流入部の堆砂デルタでは，洪水時には水面が平坦な湛水域が上流まで広がり，平水時には下流の方まで下がっていくことで水みちに勾配が付くため，堆砂面のうちより上位の面ほど平坦で下位の面ほど傾斜している．よって，ダム湖流入部と貯砂ダム下流では，その形状が逆である．こうした貯砂ダム下流部に形成さ

第 4 章　堆砂デルタの形成と物理特性

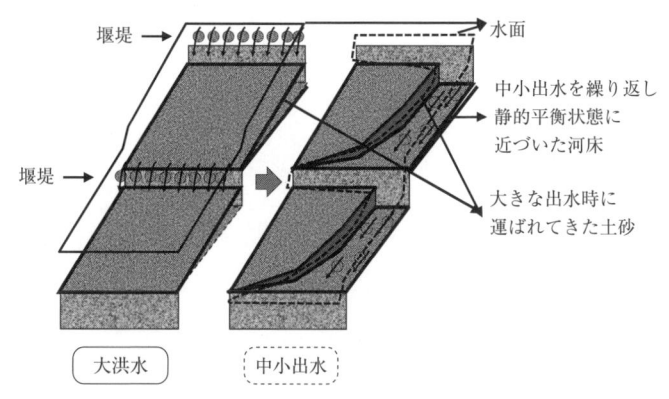

図 4-4　堰堤間に見られる地形の形成過程（Chibana et al. 2012 を改変）

図 4-5　砂防堰堤下流に見られる段丘状の地形（富士川水系神宮川）

れる地形は，図 4-5 に示すような砂防堰堤の直下ではよく見られるものであり，図のように何段にもなっていることがある．貯砂ダムの場合には，この下流にダム湖が存在するが，前述したメカニズムからわかるとおり，ダム湖の状態によって規定される地形ではない．よって，本来これは堆砂デルタ

87

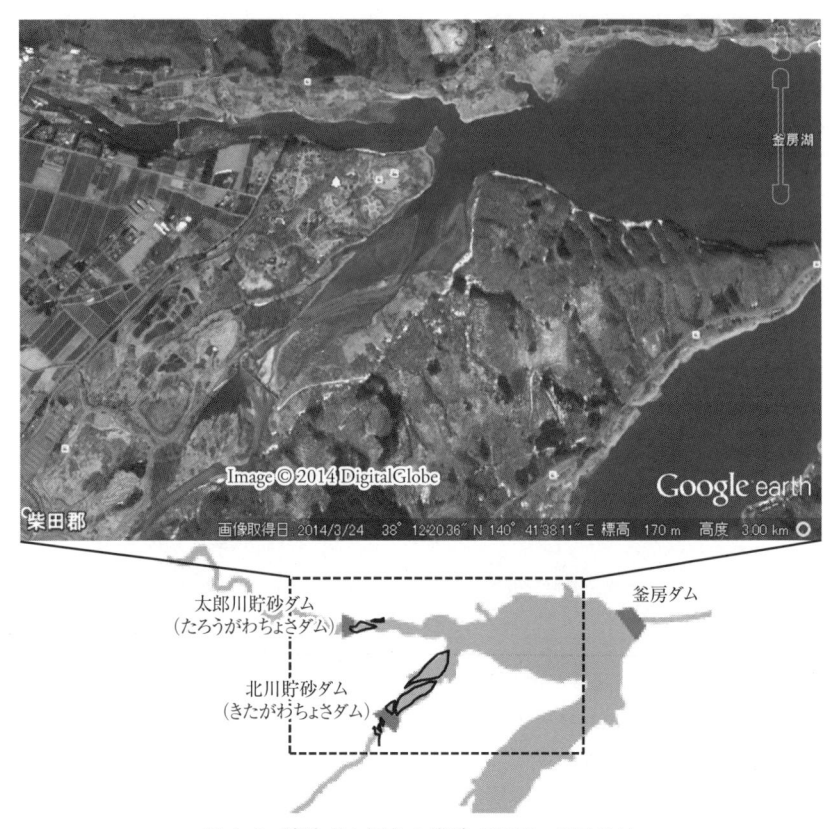

Part I　ダム湖水位変動帯の基盤と植生

図 4-6　貯砂ダム周りの堆砂（宮城県・釜房ダム）
上図は Google Earth より．下図は国土交通省東北地方整備局釜房ダム管理所ホームページ上の図に加筆引用．

ではないが，ダム湖デルタの形成領域に形成される形態として一つのタイプに分類しておく．
　こうした貯砂ダム下流の堆砂デルタが形成されている一例として，宮城県・釜房ダムの衛星写真とその模式図上に貯砂ダム下流部の河原状堆砂デルタを示したものを図 4-6 に示す．太郎川貯砂ダムの直下に水面上の堆砂域が見られ，北川貯砂ダムはその上下流に渡って交互砂州が形成されているが，貯砂ダム直下の写真で白く写っている部分では，水みちが河床を削りこ

図 4-7 湿地状堆砂デルタの例(宮城県・七ヶ宿ダム)

み河原の比高が高くなっている．

4.2.3 湿地状堆砂デルタの特徴

これまで見てきたような，水面からの比高が高い堆砂デルタに対し，全体的に比高が低く，水みちは幾筋にも分岐し，多くのタマリやワンドを含む湿地環境が形成されている堆砂デルタも多い．河原状の堆砂デルタに比べ全体的に平坦であるが，これは水面勾配が緩やかな環境で堆積しているからである．この，洪水時も平水時も止水環境に近いという条件は，水面勾配が穏やかで谷幅が広く，水位変動が小さい場合に形成される．例えば，図4-6の北川貯砂ダムの上流側は，こうした環境となっている．この湿地状堆砂デルタの一例として，宮城県・七ヶ宿ダムの貯砂ダム上流に形成された堆砂デルタを図4-7に示す．この図のように一面が植生で覆われていることが多い．

4.2.4 水面上に現れる堆砂デルタ無し

これまで見てきた堆砂デルタは，いずれのダム湖でも見られるわけではなく，水位がある程度下がっても明瞭な堆砂デルタが水面上に見えないダム湖もある．例えば，図4-1で示した堆砂パターンの内，堆砂デルタ以外のも

図4-8 水位が大きく低下して現れた堆砂域(奈良県・大迫ダム)

のは堆砂域が水面上に現れにくい．すなわち，これらの形成条件としてあげられていた，細粒土砂の流入が多い小規模貯水池，洪水時に低水位で運用される大規模な貯水池，高い水位が保たれる長い貯水池，細粒土砂の量が少なく水位が頻繁に変動する狭い貯水池といった環境では水面上に堆砂デルタが見られにくいことになる．また，流量の割に河川流入部の谷幅が狭ければ，その堆砂面は水面より上に現れない．

　ただし，ダム湖の水位はいつも同じ高さまでしか下がらないわけではなく，渇水時などは大きく水位が低下することがある．こうしたときには，普段は水面上に現れる堆砂デルタが無い場合でも，堆砂域が突然水面上に現れることがある．しかし，毎年水位を下げるたびに干出するものとは異なり，全体的にシルト・粘土からなっており，有機物を多く含んでいる．また，植物は全く見当たらないか，干出後に発芽した背の低い草本で覆われているのが特徴である．一例として，改修工事のため水位を下げられた奈良県・大迫ダムの湖底から現れた堆砂域を図4-8に示す．これは，渇水を伝えるニュースで水位の下がったダム湖が映し出されるときに目にする地形と同じである．

4.3 各類型の堆砂デルタ形成に必要な条件

図4-1に示す堆砂形状のパターン分類や，上述した堆砂デルタのタイプ分けには，ダム湖の貯水位，デルタの堆砂面の高さ，および流入土砂の量と粒度が重要であった．なお，デルタの堆砂面の高さも貯水位により決まり，この他に河川流入部の谷幅および洪水規模により堆砂デルタの発達は異なるとも言われている（末次・瀬戸 2007）．ここで，貯水位はその時間的変動まで考慮する必要があり，これはダム操作という人為的なコントロールに左右される量である．一方で，過去の洪水規模とその履歴は流入土砂の量を支配する重要な自然条件である．ここで，洪水規模は降雨イベントごとに異なってくるが，長期間で考えると，より流域面積が大きく，より急勾配の河川の方が，洪水で多くの土砂が輸送されてくるはずである．これに加えて流入土砂の量と粒度を考える上ではダム湖流入河川の流域地質も重要となってくる．そこで本節では，流域面積はある程度そろえておき，河川流入部の谷幅はデルタを形成するのに十分な広さがあると考えたうえで，人為的影響として貯水位の変動幅を，自然特性として河床勾配と流域地質を検討することとする．なお，ここで紹介するダムは蓮ダムと比奈知ダムが $100\,km^2$ 未満であるのを除き，流域面積 $150\sim300\,km^2$ 程度である．

こうした貯水位の変動や河床勾配は，国土交通省によって公開されているダムデータベースから直接得られるか，推定することができる．貯水位の変動については，水源地生態研究会の研究の一環として吉村千洋ほか（未発表）によって整理された水位変動指標が有用である．これは，1993～2007年の15年間の各ダムの水位データから，年ごとに最大水位と最小水位の差を求め，各年の値の中央値を代表値としたものである．この値が大きい方が，水みちが堆砂デルタを掘り込みやすいと考えられる．河床勾配はこのデータベースには記載されていない上，多くのダムで流入部の河床勾配を一つ一つ計測するのは容易ではない．そこで，データベースから得られる指標から簡便に勾配の一覧を作成するために，以下の式 (1) を用いることとした．

推定河床勾配＝(2×湛水面積/ダム堤頂長/ダム堤高)　　　　　　(1)

　すなわち，ダム湖湛水部の水面を，ダム堤体を底辺，河川流入端を頂点とする三角形であると仮定し，その面積（すなわち湛水面積）をダムの幅を表すダム堤頂長（底辺）で割ったものを二倍して湛水部の長さ（三角形の高さ）とし，それをダムの高さ（湛水部上下流端の河床高の差と仮定）で割ることで，河床勾配に近いものが得られる．実際の流入河川の勾配とは異なるが，オーダーを把握するうえでは有用であり，調査対象河川を絞り込む際などにも便利である．

　そこで，これら水位変動指標と推定河床勾配を用いて，河原状堆砂デルタ，湿地状堆砂デルタ，水面上に現れる堆砂デルタ無しの形成条件について検討する．なお，流域地質については後述する．

　まず，推定河床勾配に注目する．河原状になるためには土砂が高く堆積する必要があり，言い換えれば図4-1に示すテーパー堆砂のように薄く広く堆砂しないことが重要である．このための条件を考えれば，生産土砂の総量に加え，土砂がどれくらいまとまって堆積するか，すなわち湛水部に流入する時点での流送土砂濃度がどれだけ高いかが重要になってくる．そういう意味で，急勾配の河川がダム湖に一気に流入してくるという状態が高い堆砂デルタを作るうえで必要である．図4-9に示す河原状堆砂デルタは，図中に示すとおり式(1)によって求められた推定河床勾配が1/150より大きな所ばかりである．一方，図4-10に示す湿地状堆砂デルタは，同様にして求めた推定河床勾配が1/150より小さく河床勾配が両者の違いに効いていることを示唆している．湿地状堆砂デルタは，前述したとおり堆砂面自体が緩勾配である．なお，図中には括弧書きで地形図から求めた流入河川の勾配も示しているが，ダム湖より少し上流で計測していることもあり，推定河床勾配と同程度から二倍程度になっている．一部に三倍以上の違いが見られるものの，河原状堆砂デルタの方が急勾配であるという傾向は変わらない．

　ただし，その形成過程からわかるとおり，勾配だけで両者がわかれるわけではない．例えば図4-11に示す比奈知ダムには湿地状堆砂デルタが形成されているが，ここの推定河床勾配は1/66と算出され，縦断面図を見ても地

第4章 堆砂デルタの形成と物理特性

図 4-9　代表的な河原状堆砂デルタの例と推定河床勾配および水位変動指標
上の数値は推定河床勾配，中央括弧書きは地形図から求めた流入河川の河床勾配（二つあるものは主要な流入河川が二つある），下の数値は水位変動指標 (m).

形図から求めた勾配を見てもそれくらいのオーダーではある．しかし，この縦断面図を見ると洪水貯留準備水位の下に明瞭なデルタが形成されている様子が見て取れる．すなわち，あと数 m 大きな水位変動があれば，水みちを

掘り込むことができるはずである．そこで，次に水位変動指標に着目する．
　すると，図 4-9 に示した河原状のものに関しては，いずれも 15 m 程度以上の水位変動を有するものであることがわかる．寒河江ダムは，その豊富な降雪量故に融雪出水前にかなりの水を使用することができるため，50.1 m という他のダムと比べてかなり大きな変動量である．しかし，ダム湖デルタが完全に姿を現す 8 月末の段階では，平常時最高貯水位から 15〜20 m 下げた段階に過ぎない．河原状堆砂デルタを形成するには，この程度の水位変動量が必要かつ十分な量であると思われる．これは，水位の高い時期に形成されたデルタを水位が低い時期に削り込むというメカニズムを考えれば，妥当なオーダーである．一方で，湿地状のものに関しては，貯砂ダム上流と水位変動が 15 m に満たないダム湖が多い．貯砂ダム上流のデータはないが，15 m の水位変動はなく，洪水時と平水時で数 m の差があるのみである．図 4-11 に示した比奈知ダムの湿地状堆砂デルタの場合，水位変動指標は 10.9 m である．
　こうした水位変動量の値も，あくまで目安であり，デルタの比高が高ければ高いほど，より小さな水位変動で比高の高いデルタを形成することができるだろうが，一つの目安として，これくらいの水位変動があるダム湖流入部で，河原状堆砂デルタになりやすいことはわかる．図 4-10 に示した湿地状堆砂デルタの内，五十里ダムの水位変動指標が 17.6 m と大きくなっているが，同時に勾配が緩いという影響も効いており，植生で覆われた湿地状堆砂デルタとなりつつも，やや比高の高いデルタが広域に広がっている．
　まとめると，①推定河床勾配が 1/150（流入河川における上流側の河床勾配はその倍程度）よりも急勾配か，②毎年 15 m 程度の水位変動をしているか，が河原状堆砂デルタ形成の目安となりそうである．なお，いずれも条件を満たさなければ湿地状堆砂デルタとなり，片方だけならば中間的な環境となっている．
　これらの形成速度には流入土砂の量が効いてくる．例えば，ダム上流が大規模な地すべり地帯であるなどして，常時土砂が河床に供給されるような環境であり，上流に別のダムや盆地などの堆積空間がない場合には大規模な河原状堆砂デルタが形成されやすい．通常このような河川の勾配は急になるた

図4-10　代表的な湿地状堆砂デルタの例と推定河床勾配および水位変動指標
上の数値は推定河床勾配，中央括弧書きは地形図から求めた流入河川の河床勾配（二つあるものは主要な流入河川が二つある），下の数値は水位変動指標（m）．七ヶ宿と釜房は貯砂ダム上流．

めに推定河床勾配が上記基準を満たすことが多い．

　一方，堆砂デルタが無い場合についても検討したところ，河床勾配が1/500を下回るくらいに緩勾配であり，かつ，水位変動指標が10 m未満というものが多い．すなわち，広域に細粒の土砂が少しずつ堆砂するために，堆砂デルタの発達が悪く，また水位も下がらないため水面上に現れにくくなっている．ただし，こうした条件にあっても，図4-10に示す釜房ダムのように，貯砂ダムが土砂を蓄えることによって湿地状堆砂デルタが形成されることはある．なお，釜房ダムの場合はダムより上流の河川勾配が比較的急で，ダム湖内で計算した推定河床勾配が緩いことから，この勾配変化点に土砂が堆積しやすいことも考えられる．また，流量の割に河川流入部の谷幅が狭い場合に加え，上流に別のダムが存在する場合や上流が盆地等の平坦地に

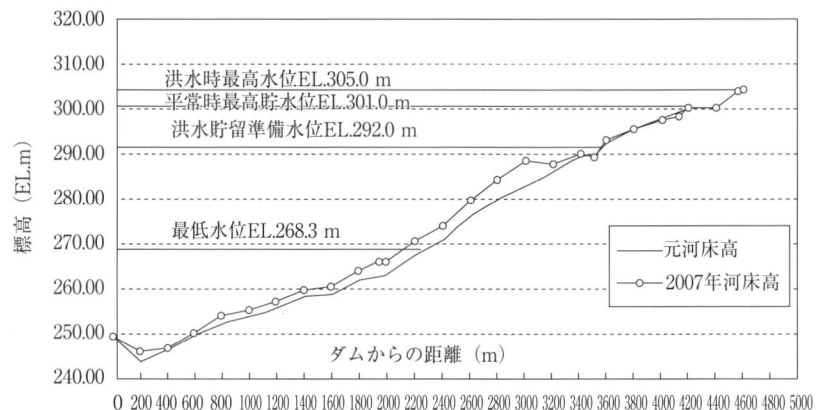

Part I　ダム湖水位変動帯の基盤と植生

図 4-11　推定河床勾配 1/66 で形成された湿地状堆砂デルタとその縦断面形状（比奈知ダム）．
写真右隅の数値の見方は図 4-9，4-10 と同じ．（縦断面図は近畿地方ダム等管理フォローアップ委員会 2009 より）

なっている場合にも，明瞭な堆砂デルタが形成されにくい．すなわち，①ダム湖の上流に平野やダムなどの堆積空間を有し，②その堆積空間とダムとの間に土砂生産源（破砕帯等）が存在せず，③水位変動が小さいか谷幅が狭いため水位低下期に湖底が干出しない，④緩勾配の河川というのが堆砂デルタを形成しないダム湖流入河川の特徴である．

4.4 構成材料を分ける要因

ダム湖に形成される堆砂デルタの構成材料については，4.2節で述べた通り，主に砂から成りつつもシルトもそれなりに含まれるものと，砂利が主体となりつつそれに砂とシルトが若干含まれるものがあることを示した．一部それら以外のものも確認できたが，特に大規模なデルタが形成されている場合には，これら二つのタイプのいずれかであることが多い．

このうち，砂利が目立つものは，図4-9右側に示した小渋ダム，蓮ダム，美和ダムであり，いずれも中央構造線周辺のダム湖である．そのため，これらのダム上流は地すべり地を有し，多量の砂利が供給されているという共通点がある．一方，砂を中心としたものは図4-9左側中段と下段の寒河江ダム，草木ダム，図4-10の土師ダム，七ヶ宿ダム，釜房ダムであり，いずれも流入河川の流域の広範囲が花崗岩で占められているのが特徴である．花崗岩はその風化によって砂サイズの材料を多く供給することはよく知られており，こうした特徴を反映している．

これら二つのタイプが代表的ではあるが，その他の地質で堆砂デルタができていることもあり，その場合は，地質に応じた粒度分布の堆砂デルタとなる．しかし，砂の生産量が少ない地質の場合には，堆砂デルタは明確な発達をみないのが特徴である．

4.5 堆砂デルタの類型と生態的機能を結ぶ

ここまで書いてきたことをまとめるとおおよそ以下の通りである．
- ダム湖の堆砂パターンには，堆砂デルタ，くさび形堆砂，テーパー堆砂，均一堆砂が存在するが，堆砂デルタは水位低下期にその一部が水面上に現れることで特有の環境を形成する．
- 堆砂デルタは，河原状堆砂デルタ（ダム湖流入部），河原状堆砂デルタ（貯砂ダム下流部），湿地状堆砂デルタ，水面上の堆砂デルタ無しに分

類できる.
- 河原状堆砂デルタは河岸段丘状の形状を有する.また,ある程度水面勾配を有する環境下で形成されるため,上流から砂利,砂,シルトの順に分級する.なお,水みちが形成される際には下流端の水位が下がっているため,水みちの分級は下流側にずれる.
- 湿地状堆砂デルタは,全体的に平坦で,水みちは幾筋にも分かれ,陸域は植生で覆われていることが多い.また,タマリやワンドが見られる.
- 河原状堆砂デルタと湿地状堆砂デルタの境界は,推定河床勾配が1/150(流入河川における実際の河床勾配はその倍程度)より急か否か,一年に15 m以上の水位変動を有するか否かが目安となる.
- 貯砂ダムが設けられている場合,その上流には湿地状の堆砂デルタが形成され,下流には河原状の堆砂デルタが形成されることがある.下流側に形成される堆砂域は,砂防堰堤下流の地形同様,洪水時に形成された急勾配の河原と,河床低下により緩勾配化した水みちに特徴付けられる.
- 明瞭な堆砂デルタが形成されているのは構造線周りの破砕帯から砂利が多く流下してくる場合と,流域に花崗岩を有し砂を中心としてシルト分も流下してくる場合の2種類である.その他の堆砂デルタでも,構成材料は流域地質によって決まるが,細粒分がそもそも流下してこない条件下では堆砂デルタは発達しにくい.

これまで紹介してきた特徴からもわかるとおり,多様な生物相が見受けられるのは,流れが幾筋にもわかれ,植生に覆われ,タマリやワンドも形成される安定的な湿地状堆砂デルタである.こうした環境は山地から流れてきた物質をここで貯留し,また山地へと還元する効果も期待できる.一方で,河原状堆砂デルタでは,一時的に動植物が見られることがあっても,次の年には見られないということが多く不安定な環境である.すなわち,山地河川という急勾配の流水環境から,ダム湖という止水環境への変化が急すぎると,陸域と水域が明瞭に分かれた河原状の空間しか形成されず,良好なエコトーンは見られない.一方で,河川の勾配を徐々に緩和していき,極端な水位変

動にさらさなければ，山地河川とダム湖の間にエコトーンを創出することができる．崩壊地や極端な急勾配河川では難しいが，貯砂ダムをうまく活用すれば，湿地状堆砂デルタを形成させることも可能なはずである．今後は，土砂管理のみならず生態的機能を高めるという観点から，急勾配の山地河川から止水環境のダム湖へと徐々に勾配を緩くしてうまく繋げる工夫も必要ではないだろうか．

参照文献

Chibana, T., Harada, D., Yamashita, K. and Asai, T. (2012) Characteristics of riverbed configuration affected by river crossing structures, *KSCE Journal of Civil Engineering* 16: 223–227.

近畿地方ダム等管理フォローアップ委員会 (2009)『平成 20 年度　比奈知ダム定期報告書』http://www.kkr.mlit.go.jp/river/follwup/news/pdf/hinachi_20teiki.pdf

国土交通省東北地方整備局釜房ダム管理所ホームページ　http://www.thr.mlit.go.jp/kamafusa/dam/jigyo05/

Morris, G. L. and Fan, J. (角　哲也・岡野眞久監修，Reservoir Sedimentation 研究会監訳) (2010)『貯水池土砂管理ハンドブック：流域対策・流砂技術・下流河川環境』技報堂出版．

大矢通弘・角　哲也・嘉門雅史 (2002) ダム堆砂の性状把握とその利用法．『ダム工学』12: 174–187.

末次忠司・瀬戸楠美 (2007) 堆砂特性と測量調査，ダム貯水池における堆砂測量第 1 回，『リザバー』(2007.12)，pp. 15–17.

Vanoni, V. A., ed. (1975) *Sedimentation engineering.* American Society of Civil Engineers.

コラム3　水質保全ダムと貯砂ダム

角　哲也

　貯水池の上流端に小堰堤（副ダム，前ダム）を設ける場合があり，これらは目的によって水質保全ダムと貯砂ダムに分類される．いずれもコンクリート構造物が一般的である．水質保全ダムは，湛水されることが前提であり，形成される湛水域は**前貯水池**とも呼ばれる．

　水質保全ダムは，富栄養化が懸念されるダムに建設され，2010年時で国土交通省および水資源機構が管理する110ダム中，5ダムに設置されている．形成された前貯水池は平常時にもある程度の水深があり，上流から流入する懸濁物質（水質悪化要因となる）をいったん滞留させ土砂と共に沈殿させることを目的としている（図C3-1）．前貯水池には土砂が累積していくために，定期的に土砂を撤去する必要がある．多くの場合，この撤去した土砂はストックヤードへ仮置きし，一部は有効利用される．例えば，三春ダムでは，年間計画堆砂量が約6万8千m^3と予測され，実績ではそのうち前貯水池に毎年約4万m^3の土砂が堆積し続けることから，この土砂の撤去が必要とされている．この土砂は，本ダム下流で土砂供給不足により起こる河床低下や，その他の河川生態系影響に対する対策として下流河道に還元されたり，各種産業へのリサイクル（粗粒土は建設資材等，細粒土は農業資材・建設資材等，流木はチップ化・堆肥化後に農業資材・建設資材等）が試験的に行われたりしている．

　貯砂ダムは，本貯水池への主に粗粒土砂の流入・堆積を緩和する目的で作られ，水質保全ダムと異なり湛水を前提としていない．2008年時で，国土交通省が管理する（直轄，水資源機構管理，都道府県管理補助ダム）約300ダムの17%にあたる49ダムに貯砂ダムが設置されている．規模は堤高10m，容量5万m^3程度が標準である（図C3-2）．貯砂ダムを設置しているダムの約78%（38/49ダム）では，堆積土砂が定期的に掘削撤去され，これは貯砂ダムが無いダム（22/244ダム＝9%）に比べて高い頻度であり，貯砂ダムの設置が堆砂対策を促進するきっかけとなっていることがうかがえる．

　水質保全ダムや貯砂ダムは，ダム湖と上流河川の生物の往来を妨げることが懸念される場合もある．貯水池運用によっては，本ダムの水位上昇時

に堰堤部が水没し生物が移動することが可能である．ダムによっては，魚道も設置されている．

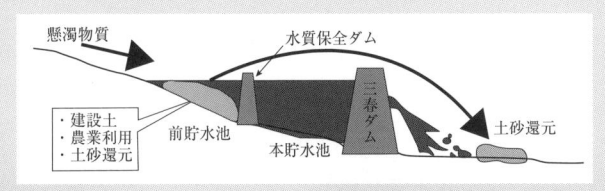

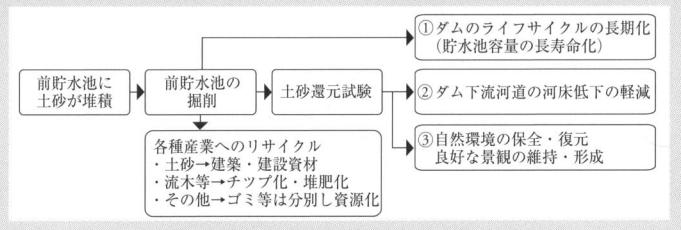

図 C3-1　三春ダムにおける水質保全ダムの役割
効果の概念図（上），土砂の還元状況（中），および土砂資源利用のフロー（三春ダムホームページ http://www.thr.mlit.go.jp/miharu/work/kanri.html をもとに改変）

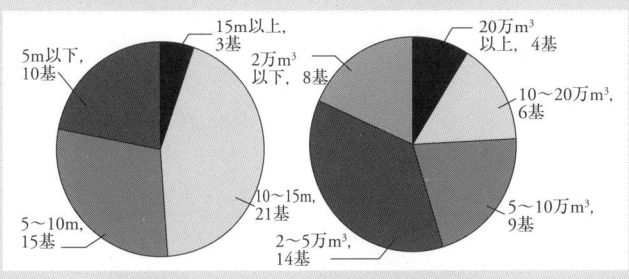

図 C3-2　貯砂ダムの堤高（左）と容量（右）

第5章
琵琶湖における人為的水位操作と生態系への影響

西野麻知子

5.1 琵琶湖の生物多様性の特性

　日本最大にして最古の歴史を有する琵琶湖は，湖を利用してきた人々の歴史も古く，先史時代からの遺跡や遺物に加え，さまざまな年代の古文書等の資料が残されている湖でもある．

　本章では，自然湖沼である琵琶湖の生物相の特性と過去の水位変動について簡単に紹介した後，1992年に終了した琵琶湖開発事業後に新たに制定された水位操作規則とその影響予測，および実際の生態系変動について概観する．

　琵琶湖は，地殻変動によって形成された構造湖で，古琵琶湖から数えて約400万年，現在の位置に形成されてからでも40数万年の歴史を有する古代湖である．と同時に，他の水域に比べて極めて生物相が豊富で，日本の純淡水魚類（一生を淡水中で過ごす魚類）約90種のほぼ2/3，純淡水貝類（一生を淡水中で過ごす貝類）の約40％，また沈水植物の約半数の種が，琵琶湖とその周辺水域に生息している（西野 2009）．琵琶湖の生物相を特徴づけるのは，**固有種**の存在で，これまでに約1700種の水生動植物・原生生物が報告され，うち琵琶湖でのみ報告されている生物は約100種に上る（Nishino 2012）．ただユスリカ類のように，他の水域における調査が不十分な分類群もあり，現時点で固有種とみなせるのは61種（亜種・変種を含む）に留まる（Nishino 2012）．そのほぼ半数を貝類（29種），約1/4を魚類（16種）が占めている．

琵琶湖の固有種は,貝類と魚類で代表されるといってよいだろう.

5.2 琵琶湖水位の変動記録

5.2.1 江戸時代の水位

琵琶湖水位が継続的に記録されるようになったのは,江戸時代中期からである.当時の膳所藩が1721年から明治元年(1868年)まで,現在の草津市北山田町および下笠町の湖岸に定水杭[1]を設置し,断続的だが148年にわたって水位計測を続けた(小林 1984).それによると,18世紀前半には水位が定水位[2]より+1尺(約30 cm)未満の月が多い一方,1836年以降,定水位より+2尺(約60 cm)以上も高い年が圧倒的に多くなり,時代が下がるにつれて洪水頻度が増加傾向にあった(小林 1984).

水位がこのように上昇した主な要因は,琵琶湖の流出河川である瀬田川河床に堆積した土砂だった.琵琶湖には一級河川だけで118本もの河川が流入するが,自然流出河川は瀬田川のみである.瀬田川に流入する大戸川(だいどがわ)(図5-1参照)の源流にある田上山(たなかみやま)は当時,全国でも有数の禿山で,荒廃した山地から土砂が運ばれて,瀬田川の河床が高くなっていた.その背景として秋田(1997)は,薪炭林としての伐採に加え,江戸時代に貨幣経済が発達し,現金収入を求めて庶民の夜なべ仕事が盛んになり,灯火として安価な松の根が広く用いられるようになったことを挙げている.松は土中深くまで根を張っているため,根を掘り起こしたことで表土が流出し,山地が荒廃したという.

度重なる水位上昇で田畑の浸水被害に悩まされた湖辺住民は,幕府にしばしば瀬田川浚えを請願した.しかし京都・大阪の住民が,瀬田川の疎通能力が増すと下流の淀川が大洪水になると反対したことや,瀬田川の浅瀬が軍事

---

1) 水位観測のために湖岸(水中)に立てられた杭.
2) 当時の水位観測の基準となった水位.膳所藩の定水位は,天保浚渫(1831年,1833年)後に琵琶湖水位が低下したため,変更されたと考えられている(秋田 1997).

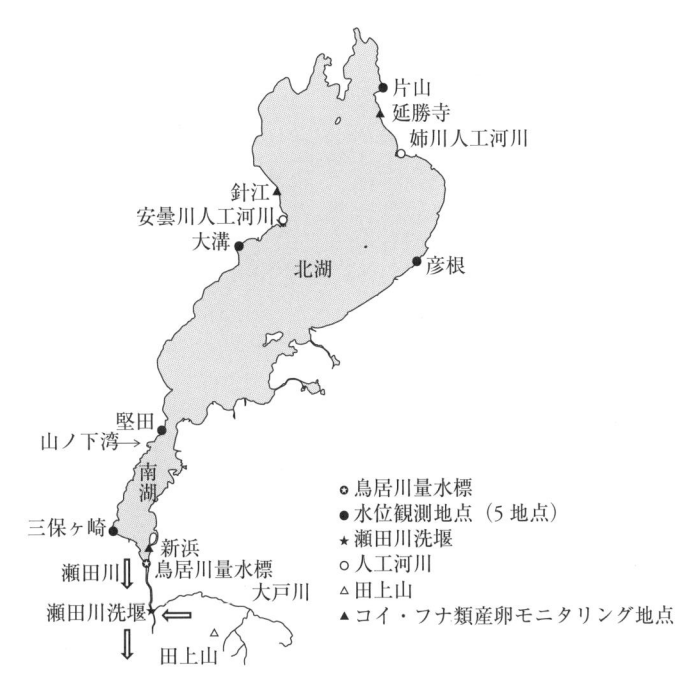

第 5 章 琵琶湖における人為的水位操作と生態系への影響

図 5-1 琵琶湖の水位観測地点，瀬田川洗堰，大戸川，田上山，人工河川およびコイ・フナ産卵モニタリング地点の位置
白ヌキ矢印は瀬田川および大戸川の流出方向を示す．大戸川は瀬田川に注ぐ一級河川である．琵琶湖に流入する 118 本の一級河川は省略した．

上の要所であったことから，許可されることは稀であった．それでもシジミ採りに事寄せた川浚えがしばしば行われ，1600 年以降，住民による自普請も含め，大規模な瀬田川浚渫が数回行われたが，その効果は限定的だった（琵琶湖治水会 1968; 近畿地方建設局 1974）．

5.2.2 明治以降の水位

明治に入ると，当時の内務省により，1874 年，瀬田川畔に鳥居川量水標（図 5-1）が設置され，毎朝夕 6 時の水位が記録されるようになった．この時の**零点高**は大阪湾最低潮位 $OP_B + 85.614$ m（= 東京湾中等水位 TP + 84.371 m）で，後に琵琶湖基準水位（Biwako Surface Level; 以後，B.S.L. とよぶ）として定め

105

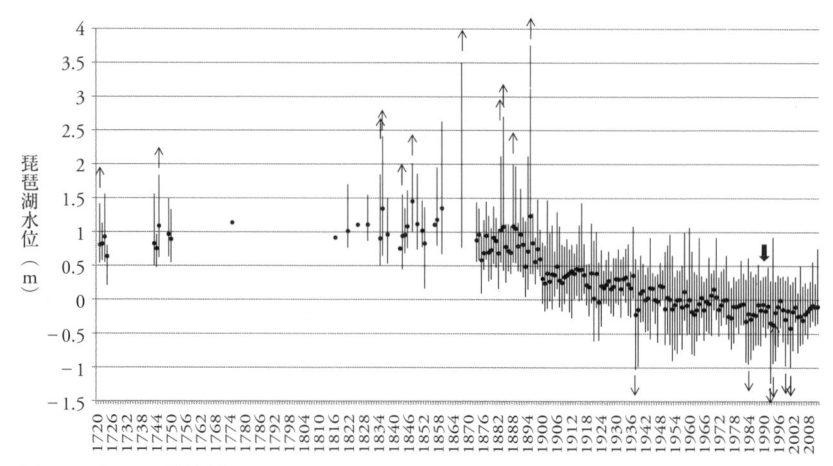

Part I　ダム湖水位変動帯の基盤と植生

図 5-2　江戸時代後期（膳所藩による測定）および明治以降の琵琶湖の年最大水位，年平均水位（•），年最低水位

江戸時代の定水位は，庄ほか（2000）の北山田村の推定に基づき，天保浚渫（1831，1833）以降は B.S.L. + 0.35 m，それ以前は B.S.L. + 0.51 m として求めた．また江戸時代の年最大・最低水位は月 1 回の測定に基づく最大・最低水位で，ピーク時の水位ではない．慶応 4 年（1868）は水位記録が 5 か月のみのため，平均値は出していない．↑は洪水記録があった年で，江戸時代は最大水位が分かる年に限定した．↓は最低水位が B.S.L. − 0.9 m 以下の年．太矢印は操作規則が制定された年（1992 年）で，それ以降の水位は 5 地点平均水位，1991 年以前は鳥居川水位で表示した．

られた．膳所藩の定水位と B.S.L. との関係について，秋田（1997）は，江戸後期と明治初期の古文書に残された洪水記録を比較し，B.S.L. は江戸時代の大規模な瀬田川浚渫のうち，天保浚渫（1831 年，1833 年）後の定水基準をそのまま踏襲したと考えた[3]．庄ほか（2000）は，より多くの洪水記録を対照し，天保浚渫後の定水位を B.S.L. + 0.31 〜 0.35 m，それ以前の定水位を B.S.L. + 0.48 〜 0.51 m と推定した（図 5-2）．秋田（1997），庄ほか（2000）のいずれの推定値を用いても，文献上で確認可能な過去最高水位は 1896 年の B.S.L. + 3.76 m である．過去 300 年ほどのなかで，琵琶湖水位がもっとも高かった時期は，江戸後期から明治時代にかけてだったといえる．さらに秋田（1997）

---

3) 小林（1984）は，明治初期の平均水位と高水位の記録から，江戸時代の定水位を B.S.L. + 2 尺 5 寸（75 cm）と推定し，また藤野（1988）は，B.S.L. は明治以降の最低水位を零点高としたと述べたが，いずれも根拠が薄弱だったり，示されていない．

は，縄文時代〜平安時代の湖底遺跡が B.S.L. −5〜−3 m 前後に位置することなどから，過去数千年のなかで琵琶湖の平均水位が最も高かったのが天保浚渫の前だったと考えている．

明治以降も 1884 年（B.S.L. +2.12 m），1885 年（同 2.71 m），1889 年（同 2.00 m），1896 年（同 3.76 m）と B.S.L. +2.0 m を超える洪水が続いた．そのため，1896 年に制定された河川法に基づき，当時の内務省が瀬田川を大規模に浚渫するとともに河道を広げ，1905 年に瀬田川洗堰（以後，洗堰という）を建設した．それ以降，洗堰によって水位が人為的に操作されるようになり，琵琶湖の平均水位は，ほぼ一貫して低下傾向にある（図 5-2）．これは当初は洪水制御だけだった洗堰操作が，下流の京阪神で工業化が進んだことで，発電用水や下流の上水道用水と工業用水などの利水に傾いていったことによる（藤野 1988; 琵琶湖工事事務所・水資源開発公団 1993b）．

5.3 びわ湖生物資源調査団の水位低下影響予測

特に日本の高度成長期，琵琶湖の下流に位置する京阪神地域の水需要が増大した．それに応えるため，より多くの湖水を下流に流す目的で，1972 年から水資源開発機構が「琵琶湖開発事業」を，国，県，市町村などが「地域開発事業」を行った（琵琶湖工事事務所・水資源開発公団 1993b）．両者をあわせて「琵琶湖総合開発事業」とよび，国を挙げての事業であった．

琵琶湖開発事業を進めるにあたり，人為的水位変動が湖の動植物に与える影響を調査するため，60 数名の専門家によるびわ湖生物資源調査団（1961〜1966 年）が結成され，琵琶湖の生物について組織的，体系的な調査が行われた．その結果をもとに，三つの水位変動パターン（図 5-3：タイプ A, B, C）についての影響予測が行われた（びわ湖生物資源調査団 1966）．1997 年の環境影響評価法制定に先立つこと 30 年余，当時としては画期的な試みであった．

魚介類の種ごとの影響予測と対策

その後，新たな水位変動パターンとして，6 月中旬から水位が低下し始め，

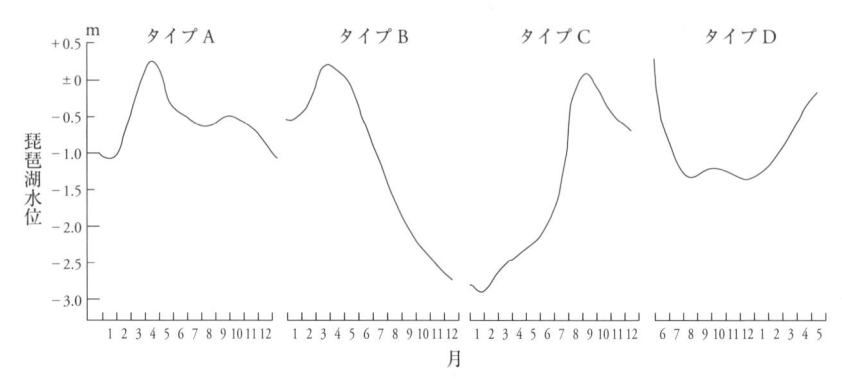

Part I　ダム湖水位変動帯の基盤と植生

図 5-3　びわ湖生物資源調査団 (1966) および琵琶湖工事事務所・水資源開発公団 (1993b) で検討された水位変動パターン
縦軸は琵琶湖水位．タイプ D は 6 月から始まることに注意．

8 月〜翌年 3 月頃まで B.S.L. − 1.0 m 以下の低水位が続くタイプ D（図 5-3）が追加検討され，主要な水産魚介類 16 種について，以下のような水位変動影響予測と，それにもとづく対策が行われた（琵琶湖工事事務所・水資源開発公団 1993a, b）．

まず，固有二枚貝であるセタシジミ *Corbicula sandai* とイケチョウガイ *Hyriopsis schlegeli* については，その移動能力や耐乾性から判断して，水位変動タイプ B, C, D では，水位が低下した範囲の（湖底に生息する）個体は全滅するが，貝類の寿命年で回復するとされた．

そのため淡水真珠対策として，イケチョウガイについては内湖の水質保持のため，19 内湖で樋門や堰，給水ポンプの設置，改築を行った．さらにグロキディア幼生が付着可能な魚の放流，貝類の湖内放流，霞ヶ浦からのイケチョウガイ母貝の移入等の対策を取るとした[4]．他の貝類については，浚渫して湖底が干上がらないようにすれば貝は再生産すると考え，南湖 2 か所で浚渫を行った．

---

4) イケチョウガイは琵琶湖固有種であるが，霞ヶ浦に放流され，定着していた．霞ヶ浦では，イケチョウガイと中国産のヒレイケチョウガイ *Hyriopsis cumingii* との交雑が行われており，1992 年に琵琶湖に再導入されたことで，遺伝子汚染が生じている（Shirai et al. 2010）．

第5章 琵琶湖における人為的水位操作と生態系への影響

}浮産卵床

消波堤

図 5-4　南湖東岸の消波堤および浮産卵床

　冷水性魚類であるアユ *Plecoglossus altivelis* subsp. とビワマス *Oncorhynchus masou* subsp.（固有亜種）については，アユの流入河川への遡上や河川・湖岸での産卵期である 9～10 月，ビワマスの産卵遡上期である 10～11 月に水位が低下するタイプ B（図 5-3）の影響が大きいとされた．アユ遡上・産卵のための対策として，1979～80 年に安曇川と姉川河口に人工河川を建設するとともに，天然河川，人工河川への親魚(しんぎょ)放流を行うこととした．また水位が低下しても遡上・産卵が可能なように，主な遡上河川で河道の浚渫を行った．ビワマスについても，河道浚渫の他，人工種苗生産，網生簀養殖等で資源維持が可能と考えられた．

　このように，アユおよび固有種のビワマス，セタシジミ，イケチョウガイについては大きな影響があるとされた．しかし，ハゼ科の固有種イサザ *Gymnogobius isaza* やコイ科の固有種ニゴロブナ *Carrassius auratus grandoculis*, ゲンゴロウブナ *Carrassius cuvieri*, ワタカ *Ischikauia steenackeri* や存来種のハス *Opsariichthys uncirostris uncirostris* については，対策を取らなくても想定される水位変動パターンからは大きな影響はないとされた．

　ただコイ科の固有種ニゴロブナやホンモロコ *Gnathopogon caerulescens*, 在

来種のコイ *Cyprinus carpio* 等は浅場で産卵し，そこが仔稚魚の生育場となるため，産卵期等に水位低下が生じた場合には，資源再生産に影響が出ると予測された．そのため温水性魚類対策として，①琵琶湖栽培漁業センターを設立し，ニゴロブナやホンモロコの種苗を生産し，琵琶湖に放流した．②琵琶湖本湖に内湖的環境をつくることを目的として消波堤（防波堤）や，浮産卵床（図 5-4）等の魚礁施設を建設した．消波堤の建設に際しては，水位が B.S.L.－2.0 m に低下しても水深 1～3 m が確保されるよう，周辺の湖底を浚渫した．イケチョウガイ対策として実施した内湖の水位保持対策も，温水性魚類資源維持に貢献するとされた．また湖岸勾配が緩やかな南湖東岸では，湖岸の干出を防ぐため，あらかじめ浚渫することとし，湖岸堤建設で消失するヨシ帯については，ヨシ *Phragmites australis* を植栽することとした．

5.4 水位操作規則制定（1994 年）以降の生態系変化

1992 年 3 月に琵琶湖開発事業が終了し，4 月から新たに瀬田川洗堰操作規則（以後，操作規則とよぶ）が制定され，それに基づいて水位が操作されるようになった．同時に水位測定地点も変更され，琵琶湖 5 地点（片山・彦根・大溝・堅田・三保ヶ崎：図 5-1 参照）での平均値を琵琶湖水位とすることとなった（琵琶湖工事事務所・水資源開発公団 1993b）．

それまでの琵琶湖水位も人為的に操作されてきたが，明文化された規則はなく，概ね B.S.L.±0 m を目途に，水位がそれ以上あるいはそれ以下になると，洗堰からの放流量を調整することで，緩やかに基準水位に戻すように操作されていた（淀川水系流域委員会 2007）．琵琶湖周辺では，梅雨期の 6～7 月と台風期である 9～10 月は，年間でもっとも降水量の多い時期である．そのため操作規則では，6 月 16 日～10 月 15 日までの期間を「**洪水期**」，10 月 16 日から翌年 6 月 15 日までを「**非洪水期**」とし，それに基づいて B.S.L.＋1.4 m までを計画高水位，常時満水位（**平常時最高貯水位**）を B.S.L.＋0.3 m とした．さらに，洪水期にあらかじめ水位を下げておいて，琵琶湖岸の溢水リスクを減少させるために制限水位（**洪水貯留準備水位**）を設

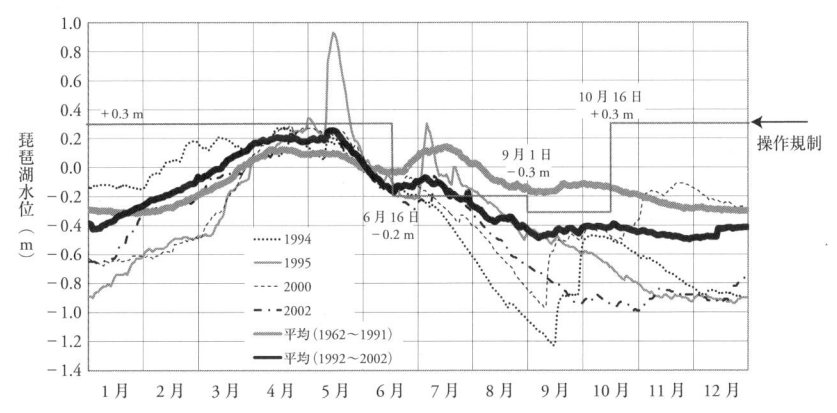

第5章 琵琶湖における人為的水位操作と生態系への影響

図5-5 1962年～1991年（太灰色）および1992年～2002年（太黒色）の琵琶湖の日平均水位および操作規則制定後の1994年, 1995年, 2000年（最低水位B.S.L.−0.97 m），2002年の日水位

けた（琵琶湖工事事務所・水資源開発公団1993b）．

制限水位は2期に分けられ，6月15日～8月31日までは第1期制限水位（B.S.L.−0.2 m），9月1日～10月15日までは第2期制限水位（B.S.L.−0.3 m）とされた．常時満水位から第1期制限水位への移行については，実際には5月15日～6月16日までの約1か月間で水位を0.5 m低下させる操作が行われてきた（図5-5）．

5.4.1 著しい水位低下の影響

当時としては，考えうるさまざまな対策がとられたにもかかわらず，操作規則制定の2年後から湖の生態系への影響が出始めた．1994年は空梅雨で，5月中旬にB.S.L.+0.2 mだった水位が，6月中旬に第1期制限水位（B.S.L.−0.2 m）まで下げられた後，1日約1 cmの割合で低下し，9月15日に観測史上最低となるB.S.L.−1.23 mを記録した．幸い，台風による降雨で翌16日に一気に水位が上昇したものの，翌年4月までB.S.L.±0 mを超えることはなかった．1995年4月以降，水位は徐々に上がり，その後の雨で5月16日にB.S.L.+0.93 mまで上昇したが，6月中旬に第1期制限水位まで下げられた後，降雨で水位が上がる度，制限水位まで下げているうちに再

び低下し始め,同年 12 月 23～24 日に観測史上 4 番目（当時）となる低水位 (B.S.L.−0.94 m) を記録した．それだけでなく，同年 11 月上旬から 1996 年 1 月上旬まで B.S.L.−0.9 m 前後の低水位が約 2 か月続いた．

操作規則制定後に B.S.L.−0.9 m[5] を下回った年は，上述の 1994 年，1995 年，2000 年（最低水位 B.S.L.−0.97 m），2002 年（同−0.99 m）と，11 年間で延べ 4 回[6]に上った．1874 年に水位記録が開始されて以降，1991 年までの 118 年間では 1914～15 年（同−1.02 m）と 1984～85 年（同−0.95 m）のわずか 2 回であったことを考えると，操作規則制定後は異常に高い頻度で著しい水位低下が生じているといえる．また 1914～15 年，1984～85 年では，いずれも水位が低下し始めたのは生物の活性が低下する秋～冬期にかけてだったが，操作規則制定後の水位低下は，すべて気温が高く，生物活性の高い夏期に生じていた（図 5-5 参照）．その多くは，図 5-3 で予測された水位変動タイプ D に該当する．

年間の水位変動が数 m 以上もあるダムと比べると，観測史上最低水位 (B.S.L.−1.23 m) は，基準水位からわずか 1 m 余り低下したにすぎない．しかし琵琶湖の水容量は 275 億 m^3 と日本最大で，約 2800 ある日本のダムの合計貯水量のほぼ 1/2 に相当する．湖面積 670.25 km^2 として 0 m～−1.23 m の水容量は約 8.2 億 m^3，+0.3 m～−1.23 m では約 10.3 億 m^3 となり，後者は日本最大の人工ダム，徳山ダムの総貯水量 6.6 億 m^3 の 2 倍近い．瀬田川の疎通能力は，洗堰設置前は 50 m^3/s（B.S.L.±0 m の場合）と推定されており（近畿地方建設局 1974），当時は年間 16 億 m^3 前後の流量しかなかった．そう考えると，5 月中旬からのわずか 4 か月ほどで 10 億 m^3 を超える水量が琵琶湖から失われたことは，湖面蒸発[7]等を考慮したとしても，洗堰の操作ぬきに考えることはできず，琵琶湖の歴史上，極めて稀な事態だったといえよう．

---

[5] ここでは，低水位の指標として第 2 次取水制限を行う目安である B.S.L.−0.9 m を用いた．

[6] 1996 年 1 月 1～4 日の水位は B.S.L.−0.9 m だが，これは前年の低水位状態が継続していただけのため，計数していない．

[7] 琵琶湖の湖面蒸発量は，3～6 億 t/年と推定されている（滋賀県 2012）．

底生動物の変化

操作規則制定前の1984〜85年に水位がB.S.L.−0.95 mまで低下した時,湖岸の傾斜がさまざまな礫〜砂泥質の湖岸5地点(北湖3地点,南湖2地点)にライン・トランセクトを設け,ほぼ最低水位に近かった1984年12月上旬と翌年1月下旬に底生動物の分布調査を行った(西野1986).どの湖岸でも多くの貝類が干出した湖岸に取り残されていたが,冬期だったこともあり,干出した湖底が湿潤な状態に保たれていて,生き残っていた個体が少なくなかった.ヒメタニシ *Sinotaia quadrata histrica*(巻貝類)やタテボシガイ *Unio douglasiae biwae*(固有亜種:二枚貝類)等の大型貝類では,干出した湖岸での12月と2か月後での生存個体と死亡個体の合計密度は同一地点でほとんど差がなかったことから,大型貝類はいったん干上がると,移動が困難になると推測された.また干出した湖岸に窪地(水溜まり)があった地点では,12月に多くの生きた貝類が窪地に集中していたが,1月には水溜まりが縮小し,周囲の干出した湖岸ではほとんどの個体が死亡していた.また一時的ではあるが,干出した湖岸にヌカカ科等の陸生(湿生)昆虫が生息するようになった.

オウミガイ *Radix onychia*(固有種)やカドヒラマキガイ *Gyraulus biwaensis*(固有種)など蓋のない小型巻貝は1月には生存個体がいなかった一方,蓋をもつ小型のマメタニシ *Parafossarulus manchouricus* や大型巻貝,大型二枚貝の一部は生き残るなど,種により干出した湖岸での生残率に違いがあった.

また長浜市湖北町今西のように遠浅の湖岸では,多くの人々が浅瀬になった水域で二枚貝(セタシジミ,タテボシガイ,ドブガイ類)を大量に採集する光景が見られた(図5-6).1960年代にはほとんど報告のなかったヒメタニシが湖岸で優占していたことも含め,びわ湖生物資源調査団(1966)では予測されていなかったことが生じていた.

その後,1995年,1996年,2000〜2001年の水位低下時にも,同一の湖岸5地点で底生動物の分布調査を行った(西野1996, 2003).南湖に高密度に生息するヒメタニシは,1995年,1996年では一部の干出した湖岸にわずかに生息していたが,2000年10月には生存個体がいなかった.大部分の二枚貝は,いずれの調査でも干出した湖岸には極めて低密度か,全く生息して

Part I　ダム湖水位変動帯の基盤と植生

図 5-6　1994 年の水位低下時に水中に入って貝類を採集する人々（9 月 2 日長浜市湖北町今西地崎）．手前に白く写っているのは二枚貝の死殻．

いなかった．2001 年の調査では，水位回復後 3 か月経過しても，干出しなかった水中の調査地点も含め，貝類の生息密度はほとんど増加しなかった．また干出した湖岸には，ヌカカ科やトビムシ目等，多様な陸生昆虫が生息していたが，水位回復後は確認されなかった．

実験に基づく貝類死亡率の推定

　宮本ほか（2005）は，湖岸に関するこれまでの調査結果を整理し，B.S.L. -1.5 m 以浅の湖岸では傾斜角 1 度の湖底が全体の 58％を占めること，および水位低下の速度が 1 cm/ 日がもっとも多いことを報告した．それをもとに，実験的に傾斜角 1 度，1 cm/ 日の速度で水位を低下させ，貝類の行動を調べた．その結果，巻貝類，二枚貝類ともにほとんどの個体が下方に移動したが，途中に小さな窪地（水溜まり）があると，ほぼすべての個体がそこに留まり，取り残されて死亡した（宮本ほか 2005；佐久間ほか 2006）．ヒメタニシを除く巻貝と二枚貝は，水溜まりでは短時間で死亡し，干出環境の方がはるかに長く生存した．これは夏期の水溜まりの水温が，同時期の湖水温より著しく高温になったためと考えられた．巻貝では，ヒメタニシの方がカワニ

表 5-1 1994 年の水位低下で死亡したと推定される貝類の個体数 (単位：千個体)

綱	分類群	① B.S.L. −7 m 以浅の推定生息個体数	② B.S.L. −1.23 m 以浅の推定生息個体数	①に対する②の個体数百分率	水位低下による推定死亡個体数	B.S.L. −1.23 m 以浅の個体の水位低下による死亡率
マキガイ	タニシ類	1,552,283	266,620	17.2%	84,767	31.8%
	カワニナ類	4,204,920	374,724	8.9%	362,063	96.6%
ニマイガイ	ドブガイ	6,669	1,135	17.0%	1,107	97.5%
	タテボシガイ	868,552	71,584	8.2%	69,215	96.5%
	マシジミ	1,894,760	176,080	9.3%	164,285	93.3%

(琵琶湖河川事務所 2005 を一部改変)

ナ類より干出環境，水溜まりのどちらでも 2 倍近く長生きするなど，種によって干出に耐える能力に違いがあることも，実験で確認された (琵琶湖河川事務所 2005).

琵琶湖河川事務所 (2005) は，西野 (1986, 1996, 2003) および滋賀県水産試験場 (1998) の調査結果を基に，B.S.L. −7 m 以浅の湖底には約 104 億個体の貝類が生息し，うち 17% が B.S.L. −1.5 m 以浅の湖底に生息すると推定した．その結果から 1994 年の水位低下 (B.S.L. −1.23 m) による貝類の死亡率を計算し，タニシ類では推定生息個体数の 31.8% (重量にして 96 t)，カワニナ類 96.6% (同 104t)，タテボシガイ 96.5% (同 675 t)，大型ドブガイ類 97.5% (同 111 t) と推定した (表 5-1). ただ，元データとなる滋賀県水産試験場 (1998) は 1995 年 7〜9 月の調査に基づいているが，1994 年の水位低下の翌年だったため，貝類群集が回復していたかどうか不明である．少なくとも B.S.L. −1.23 m 以浅の推定生息個体数は過小評価になっていた可能性があり，推定より多くの貝類が死亡したと推測される．

びわ湖生物資源調査団 (1966) の影響予測では，セタシジミ，タテボシガイ，イケチョウガイについては，南湖では影響がないが，北湖では，タイプ B, C の場合，干出した湖底では全滅するとされた．ところが滋賀県水産試験場 (1998) の調査では，水深 1 m 以浅のタテボシガイとヒメタニシを合わせた密度は南湖がもっとも高く，1994 年の水位低下時には南湖でも多くの

貝類が死亡したと推測される．実際，1994年以降の水位低下後の調査では南湖で比較的多くのタテボシガイの死亡が確認された（西野1996，2003）．これは南湖の富栄養化に伴い，泥質の湖底を好むタテボシガイの生息密度が増大したことによる．一方，北湖では，上述の調査でも干出した湖底の貝類はほとんど死亡しており，実験結果からも，貝類の減少は当初の想定の範囲内であったと言えるだろう．ただ2000年の水位低下では，干出した湖岸に生きた貝類がほとんど採集されなかったことから，水位低下が繰り返し起こることで，貝類群集が回復していないことが示唆された（西野2003）．

　なお琵琶湖の真珠養殖業は，操作規則開始時にはほぼ壊滅状態となっていた．その要因ははっきりしないが，稚貝の供給がほとんどなくなったことも一因と考えられる．イケチョウガイの稚貝は，南湖東岸の水深2～3 mの砂質，砂泥質の湖底に多く分布しており，また産卵期が4～6月と考えられていた（林1970）．琵琶湖開発事業を進めるにあたり，南湖東岸の浚渫や湖岸堤を建設したことで，稚貝が生育可能な環境がほとんどなくなった可能性が高い．

著しい水位低下の頻発化

　1992年以降，琵琶湖水位がB.S.L. + 0.3 m以上の日が年間10日を超える日が少なくなり，逆にB.S.L. − 0.7 m以下の日がほぼ100日か，それ以上の年が3年もあった（図5-7）．長期間にわたって低水位の日々が何年も続いたことによる影響はよく分かっていない．西野（1991）は，1986～1990年に湖岸107地点で底生動物の分布調査を行い，岩石湖岸，礫湖岸，砂浜湖岸，抽水植物湖岸に類型化したところ，それぞれの湖岸に固有種を含む特有の底生動物群集がみられたことを報告した．

　ところが2007～2010年に琵琶湖岸で同様の調査を行ったところ，20年前と比べて，固有種のヤマトカワニナ *Semisulcospira* (*Biwamelania*) *japonica* 等多くの固有貝類の生息密度が減少していることが明らかになった（金子ほか2012）．特に南湖では，ヤマトカワニナの他，1980年代に沿岸に広く分布していた固有種のオウミガイ（巻貝），ナリタヨコエビ *Jesogammarus naritai*（甲殻類）や在来水生昆虫のトウヨウモンカゲロウ *Ephemera orientalis* も激減して

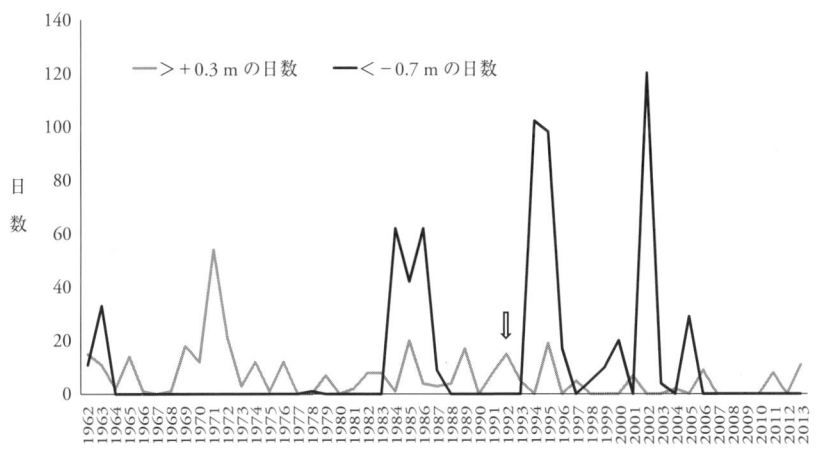

第 5 章　琵琶湖における人為的水位操作と生態系への影響

図 5-7　琵琶湖水位が B.S.L. + 0.3 m 以上，および B.S.L. − 0.7 m 以下だった日数の年変化．矢印は，操作規則が制定された年

いた（金子ほか 2012）．これらの減少要因として，水位低下による長期的な生息水域の干出や温度上昇，水の安定化による湖岸の攪乱頻度の低下等の影響が指摘されている．北湖では近年，沿岸部湖底の泥質化等が問題となっているが，貝類をはじめとする底生動物の減少が何らかの影響を与えている可能性も否定できない．

　滋賀県レッドリストでは，琵琶湖に生息する貝類中，固有種のオオウラカワニナ *Semisulcospira* (*Biwamelania*) *ourense*，フトマキカワニナ *Semisulcospira* (*Biwamelania*) *dilatata*，イケチョウガイ，オグラヌマガイ *Oguranodonta ogurae* および在来種のカタハガイ *Obovalis omiensis* など 7 種が絶滅危惧種，ナカセコカワニナ *Semisulcospira* (*Biwamelania*) *nakasekoae* など固有種 6 種と在来種 3 種が絶滅危機増大種，ナガタニシ *Heterogen lingispira* など固有種 8 種，在来種 2 種が希少種に指定されている（滋賀県生きもの総合調査委員会 2011）．このうちオオウラカワニナなど浅い湖底に生息する固有カワニナ類 6 種では，夏期の水位低下が致命的な影響を与えると指摘されている．

　幸い 2003 年以降，琵琶湖では水位の試行操作（5.5 節参照）が始まり，B.S.L. − 0.9 m 以下となる水位低下は生じていない．このことが結果的に，

底生動物の生息環境の保全,回復につながっているのかもしれない.しかし操作規則が変更されないかぎり,今後,渇水年に1994年と同様の現象が生じる可能性は高い.

水草群落(沈水植物)の変化

1994年以降,特に南湖で大きな変化がみられた現象は,**沈水植物**(以後,水草という)の増加である.びわ湖生物資源調査団(1966)の影響予測では,水深1~7 mに生育する水草をA群(コカナダモ *Elodea nuttallii*,マツモ *Ceratophyllum demersum*,クロモ *Hydrilla verticillata*),同1~4 m前後をB群(イバラモ *Najas marina*,コウガイモ *Vallisneria denseserrulata*,ネジレモ *Vallisneria asiatica* var. *biwaensis*(固有種),ササバモ *Potamogeton malaianus*,ホザキノフサモ *Myriophyllum spicatum*,センニンモ *Potamogeton maackianus*など),同0~1 mをC群(ヨシ,マコモ *Zizania latifolia* 群落)に分け,A群,B群ともに干出した地域では枯死するが,水位低下が長時間続かない限り,悪影響を受けないと推測された.C群についても,地下水位が大きく下がらない限り,生育条件には変化を与えず,逆に,数年間連続しての水位低下では,群落地域が増加する可能性を指摘していた.

その後,琵琶湖の富栄養化が社会問題となっていた1970~80年代は湖の透明度が低下し,水草帯の生育面積が減少した.特に南湖の大部分では,透明度の低下などで十分な水草群落がみられない状態だった(浜端1991).しかし1994年の夏以降,北湖,南湖ともに水草の生育面積や植被率が増加に転じ,特に南湖での増加が著しい(表5-2,図5-8).水草の群落面積は,北湖では1997年と比べて2002年は1.15倍,南湖では1.73倍に増加した(杉村2007).芳賀ほか(2006)は,南湖の沈水植物の現存量が1974年には666 tだったが,1995年に2,501 t,2002年には10,735 tと1995年の4倍にも増加したことを報告した(表5-2).南湖では水草の増加とともに透明度が上昇しており,Hamabata and Kobayashi(2002)は,南湖では植物プランクトンが優占する濁った系から水草が優占する透明度の高い系へと**レジームシフト**が生じたと考えた.このような水草の増加や透明度上昇は,びわ湖生物資源調査団(1966)では全く予測されていなかった.

第 5 章　琵琶湖における人為的水位操作と生態系への影響

表 5-2　琵琶湖南湖の沈水植物の現存量の変遷

調査年	1936	1958	1964	1969	1974	1995	2001	2002	2008
推定現存量 (t)	3,940	553	11	802	666	2,501	6,500	10,735	9,623
南湖面積 (km^2)	57	57	−	55	−	52	51.6	51.6	51.6

（芳賀ほか 2006; 芳賀・石川 2011）

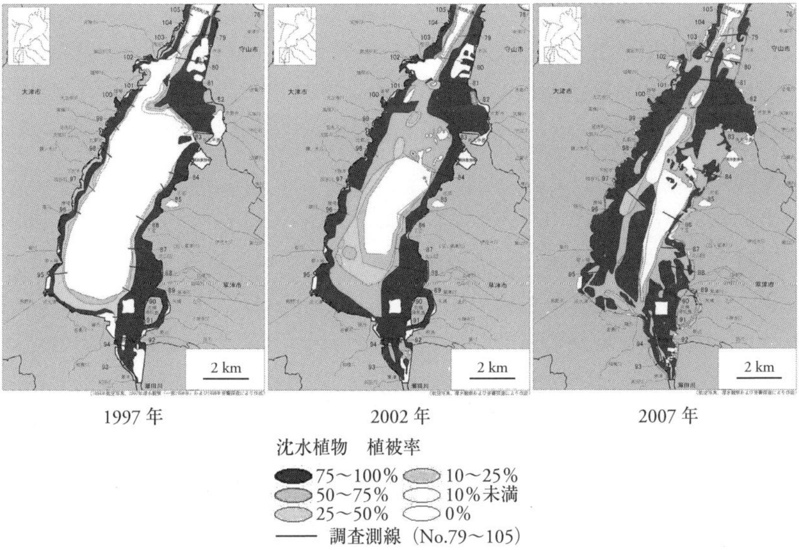

図 5-8　調査測線 (27 ライン) から求めた南湖における水草群落被度の変化（水資源機構琵琶湖開発総合管理所提供）

沈水植物　植被率
75〜100%　　10〜25%
50〜75%　　 10%未満
25〜50%　　 0%
――― 調査測線 (No.79〜105)

1997 年　　　2002 年　　　2007 年

　南湖で増加した種は，びわ湖生物資源調査団 (1966) の A 群および B 群の一部（ササバモ，センニンモ）で，マツモ，クロモ，ホザキノフサモ，センニンモ，コカナダモなど，背が高く泥質の湖底に生育する種が増加し，ネジレモやコウガイモ，イバラモなど背が低く，砂地に生育する種は減少している（芳賀ほか 2006；浜端 2008）．一方，C 群のうちヨシは，琵琶湖全域で減少傾向にある（西野・浜端 2005）．

　浜端 (2003, 2008) は，南湖での水草増加の要因として，1994 年夏の著し

い水位低下による光条件の向上を挙げるとともに，南湖への流入負荷量減少にともなう透明度上昇や湖底の泥質化等も重要な要因と考えた．それに対し芳賀・大塚 (2008) は，1994 年水位低下時の水中照度を検討し，水草生育面積の増加は光条件の向上だけでは説明できないとしたが，水位低下が水草繁茂のきっかけとなったことは否定していない．一方，琵琶湖に生育する水草のほとんどは多年草であり，1 年目は地下部にエネルギーを貯蔵するため生育はよくないが，2 年目以降は蓄積したエネルギーを使ってシュートを伸長させるため，より深い場所でも生育が可能となる．このため，過年度に形成した地下茎や塊茎が，水位低下を敏感に察知して一斉に発芽して，群落面積を増加させたとの意見もある（今本ほか 2006）．

水鳥類の変化

上記のような水草類の増加とともに変化したのが，秋に琵琶湖周辺に飛来して越冬するコハクチョウ *Cygnus columbianus* の餌環境であった．コハクチョウは，琵琶湖が鳥獣保護区に設定された 1974 年以降，毎年 9〜11 月にシベリアやカムチャッカから飛来するようになった．当初は琵琶湖北部だけだったが，徐々に飛来域が拡大し，近年は南湖にまで飛来するようになっている（浜端ほか 1995）．浜端ほか (1995) は，1984〜85 年の水位低下がきっかけとなり，湖西地区に飛来するコハクチョウの数が増加したことを示し，その背景として，水位低下で本種が浅水域の水草を採食可能になったことを，野外実験の結果とともに示した．

5.4.2　水位の季節変動リズムの変化

操作規則制定後に顕著になったもう一つの変化は，在来のコイ・フナ類の産卵期の短縮（または産卵抑制）である．1990 年前後から，アユを除く魚類漁獲量が大きく減少し始めた（図 5-9）．その理由の一つとして指摘されているのが，6〜7 月の水位である．図 5-5 から分かるように，1991 年以前と比べると，この期間の水位はわずか数 10 cm 低下したに過ぎない．ところが近年，琵琶湖および周辺内湖でコイ科魚類の産卵が 6 月以降，ほとんど見られなくなっている（図 5-10）（藤原ほか 1999；山本・遊磨 1999；琵琶湖河川事務

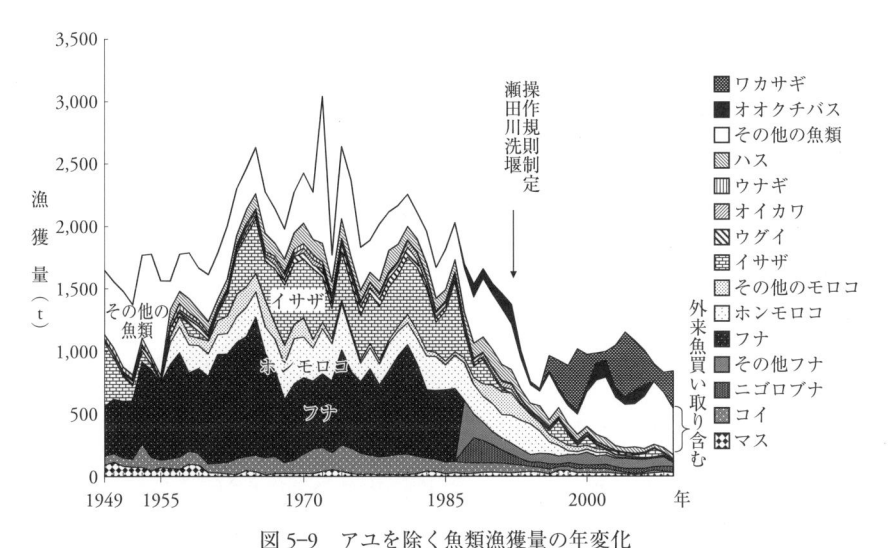

第 5 章　琵琶湖における人為的水位操作と生態系への影響

図 5-9　アユを除く魚類漁獲量の年変化
操作規則制定後，急激に減少していることが分かる．なおフナは 1987 年からはニゴロブナとその他のフナに分けて集計されている．

所 2004, 2006；西野・浜端 2005）．これもまた，びわ湖生物資源調査団（1966）では予測されていなかった現象といえる．

　山本・遊磨（1999）は，山ノ下湾（南湖：図 5-1）での調査に基づき，6 月以降，コイ・フナ類の産卵が見られなくなっており，水位操作によって産卵抑制が生じている可能性を指摘した．実際，1964 年の山ノ下湾では，4～8 月の調査期間中，6 月中旬以降のフナ類仔稚魚が占める割合は全体の 73％に上ったが（図 5-10 上図：平井 1970），同じ水域での 1996 年の調査では，同時期の産着卵は全く確認されていない（図 5-10 中図：山本・遊磨 1999）．なお 1964 年は 4～5 月の水位が例年に比べて低く，4～5 月の産着卵数が少なかった可能性がある（図 5-10 下図）．

　また山本・遊磨（1999）は，コイ・フナ類の産着卵が，水中から生育するヨシ（以後水ヨシという）帯の中でも水深 0.5 m より浅く，かつリター（枯れたヨシ等の植物遺体）が 0.1 m 以上堆積した水域に限定して分布することも指摘した．琵琶湖河川事務所（2004, 2006）による高島市針江での継続的な仔

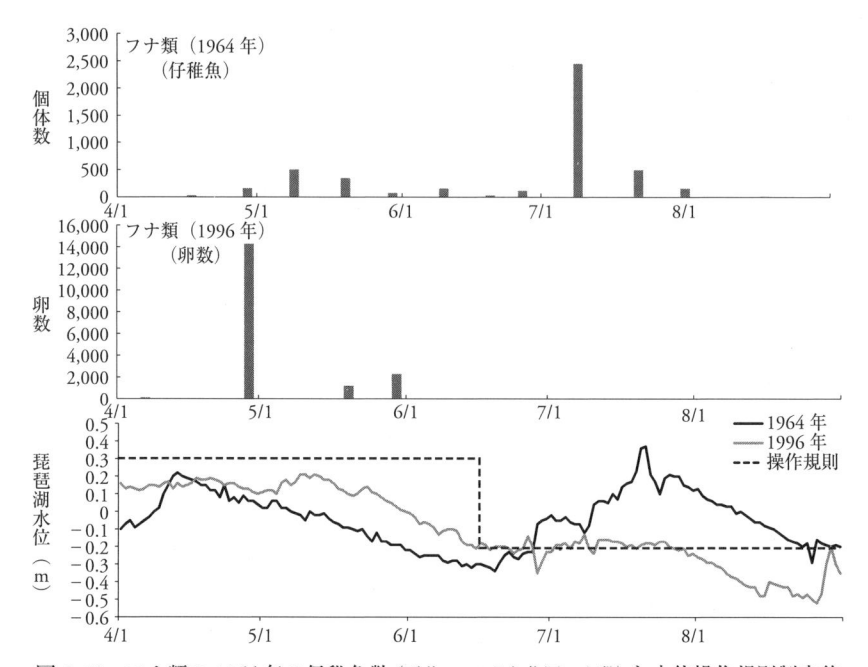

Part I　ダム湖水位変動帯の基盤と植生

図 5-10　フナ類の 1964 年の仔稚魚数（平井 1970 より作図：上段）と水位操作規則制定後の 1996 年の産着卵数（山本・遊磨 1999 より作図：中段）および水位（下段）
それぞれの調査日に採集された仔稚魚と産着卵数を棒グラフで表す．下段は 1964 年（黒色）と 1996 年（グレー）の琵琶湖水位と操作規則（点線）．

　稚魚調査でも，コイ・フナ類の産着卵と仔稚魚が繁殖期をつうじて水ヨシ帯の中でも地盤高が B.S.L.±0 m より高い水域に集中していた．
　藤原ほか（1999）は，琵琶湖沿岸の水ヨシ帯にニゴロブナ稚魚を放流したところ，ほとんどの稚魚が水深の浅い水ヨシ帯の奥に集中したことを報告し，その理由として，ヨシ帯の奥は餌となる小型の甲殻類プランクトンが豊富であるが，しばしば貧酸素水域となること，仔稚魚が水表面で空気呼吸するため貧酸素状態でも生息可能なこと，仔稚魚がヨシ帯の匂いのする水域を選好することなどを明らかにした．ヨシ帯奥の浅い水域は餌が豊富なことに加え，オオクチバス *Micropterus salmoides* など大型の捕食者が侵入しにくい貧酸素環境であることが，運動能力の乏しいコイ・フナ類仔稚魚にとってレ

フュージア（避難場所）として機能している可能性が高い（山本・遊磨 1999）.

操作規則制定後，コイ・フナ類産卵量や仔稚魚の数がどの程度減少したかは不明であるが，山本・遊磨 (1999) は，琵琶湖の湖岸 10 か所の水ヨシ帯の調査から，リターの堆積した水面面積を求めた結果より，6 月中旬以降，コイ・フナ類仔魚が生息可能な面積の約 40％が消失したと推定した．水資源機構の調査でも，B.S.L.＋0.3 m での水ヨシ帯面積は 65 ha だが，B.S.L.－0.2 m だと 26 ha で 40.5％の水ヨシ帯が干出，B.S.L.－0.3 m では 31 ha で 47.3％が干出する計算になる（淀川水系流域委員会 2007）. 操作規則通りに運用するだけで，水ヨシ帯のほぼ半分近くの面積が 6 月中旬に干出することになる．

水位がわずか数十 cm 上下するだけでコイ・フナ類の産卵行動が変化する現象は，琵琶湖だけで生じているのではない．小川 (2005) は，下流の淀川で，コイ・フナ類の産卵期に約 1 週間淀川大堰を操作して水位を 0.5 m 下げた後，人為的に 0.5 m 上昇させたところ，コイ・フナ類が淀川本流から沿岸のワンド内へ大規模に移動し，産卵行動が誘発されたことを報告している．

生態系変動と影響予測

このようにびわ湖生物資源調査団 (1966) の影響予測を検証してみると，干出した湖岸で大部分の貝類が死亡したように，ある程度予想の範囲内であった場合であっても，種ごとの生残率や移動能力の違い等，予測していなかった現象が多く現れた．水草の増加やコイ科魚類の産卵期が短縮するなど，予想もしなかった影響もいくつか現れた．アユもまた 1992 年以降，漁獲量が減少している．現在，ニゴロブナ漁獲量の約 2/3 やホンモロコ漁獲量のほぼ半分が，栽培漁業センターで放流した稚魚で占められる（滋賀県水産振興協会 2007）. 放流がなければ，これら 2 種の資源量はさらに低下していたはずで，琵琶湖開発事業の資源量対策はある程度機能したものの，水位操作の影響をカバーできるほどではなかったと考えられる．

びわ湖生物資源調査団 (1966) でも，浅場の産卵場所が干出することで，コイ科魚類の産卵に影響することは懸念されていたが，水ヨシ帯や浅場の水草帯が干出したとしても，より深い水深の水草帯が産卵場として代替的に機能すると考えられていた．ところが操作規則制定後の水草生育面積は，南湖

だけでなく北湖でも増加しているにもかかわらず，水草帯がコイ科魚類の産卵場として機能していることを示す資料はない．オオクチバスやブルーギル *Lepomis macrochirus* など外来種の増加等，当時は予想もしなかった別の要因が影響しているのかもしれない．いずれにせよ，琵琶湖の水位操作は，生態系の応答が複雑で予測が困難であることを，如実に示した実例といえよう．

5.5 生態系に配慮した水位操作試行の成果と課題

上記のような生態系変化が明らかになってきたこともあり，琵琶湖河川事務所では，2003年から新たな水位操作の試行を始めるとともに，湖岸3地点（高島市針江，長浜市湖北町延勝寺，草津市新浜：図5-1参照）でコイ・フナ類の産卵についてモニタリング調査を進めてきた．津森（2008）は，2003〜2006年のモニタリング結果から，水位変化と産卵量との関係を解析し，淀川では水位上昇がコイ・フナ類産卵のひき金になるが（小川 2005），琵琶湖では降雨による水位上昇が必ずしも産卵誘発に結びつかないことを指摘した．そのため琵琶湖河川事務所では，2008年からは3日おきのモニタリングで10万粒以上の「大産卵」が確認され，かつ水位が環境に配慮する範囲内にある時（常時満水位の期間：概ね4月〜5月中・下旬）は5日間の水位維持を図る操作に変更したことを報告している（津森 2008）．

佐藤・西野（2010）は，上記のモニタリング結果を解析し，琵琶湖の水位や降雨量などの環境条件から，コイ・フナ類の産卵数を定量的に予測するモデルを構築した．それを用いて琵琶湖沿岸帯3地点の2004〜2008年の産着卵数の計算を行い，水位操作がコイ・フナ類の産卵に与える影響を予測した．その結果，6〜7月にヨシ帯で産卵する系群がほとんどいなくなったと考えられた．そのためコイ・フナ類の資源量回復には，6〜7月に水位を高くする操作を実施し，長期的なスパンで産卵適正水温の高い（6〜7月に産卵する）系群の復活を図ることが重要だと結論づけた．また解析した3地点については，水位がB.S.L.＋0.1mないし＋0.2m以上でなければ，ほとんど産卵が生じないことも指摘した（佐藤・西野 2010）．

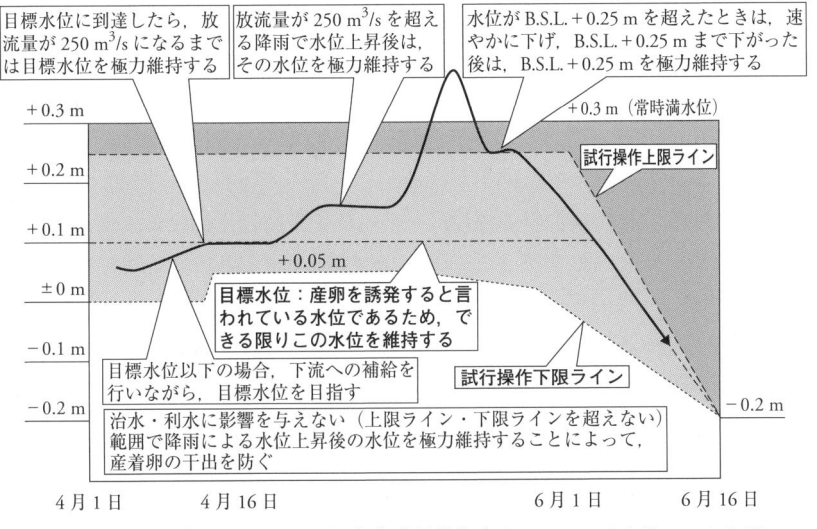

第 5 章　琵琶湖における人為的水位操作と生態系への影響

図 5-11　2014 年度以降の琵琶湖水位試行操作案（琵琶湖河川事務所 2014 を改変）

　琵琶湖河川事務所では，これまでのモニタリング結果の解析から，2014 年度からは 4〜5 月までは B.S.L. + 0.1 m を目標水位とし，目標水位に達したらそれを極力維持し，放流量が 250 m³/s を超える降雨で水位が上昇した後は，その水位を極力維持し，B.S.L. + 0.25 m を超えた時は速やかに B.S.L. + 0.25 m までさげ，極力その水位を維持するという，きめ細やかな操作が行われている（図 5-11：琵琶湖河川事務所 2014）．モニタリングの成果を解析し，翌年度以降の水位操作に反映するという形での試行操作は，**アダプティブ・マネジメント**（順応的管理）の極めて良い事例といえる．

　ただ操作規則で許容される範囲での試行であるため，依然として 6 月 16 日には B.S.L. − 0.2 m まで低下させる操作が行われており，6 月中旬以降，コイ科魚類の産卵がほとんど見られていない状態に変わりはない．佐藤・西野（2010）も，6 月 16 日以降，降雨で水位が B.S.L. + 0.1 m を超えてもコイ，フナ類の産着卵数がほとんど増えていない事実を指摘している．コイ・フナ類で 6 月中旬以降に産卵する系群が存在するという確証はないが，もし存在したとすると，20 数年間にわたってこの系群を選択的に排除してきた影響

が出ているのかもしれない．

　前述のとおり，琵琶湖の湖岸は，B.S.L.−1.5 m 以浅では傾斜角 1 度が 58％を占め，ほとんどが緩傾斜である（宮本ほか 2005）．多くのコイ科魚類の産卵場であるヨシ帯は，緩傾斜の湖岸に生育する．緩傾斜の止水域では，わずか 0.5 m の水位上昇や低下がコイ，フナ類の産卵行動を誘発したり，抑制したりする．また緩傾斜の湖岸ほど，水位低下時に干出する水面面積は大きい．実際，琵琶湖の水深 0 m〜−1.5 m の水面面積は 17.5 km^2 に上る（「琵琶湖」編集委員会 1983）．これは南湖面積のほぼ 1/3 に相当する．

　自然湖沼である琵琶湖は，降雨で水位が上がると陸側に広がり，水位が下がれば湖側に狭まることを繰り返してきた．底生動物の減少やコイ科魚類の産卵期の抑制が示すように，数 10 cm 程度の水位低下が同じ季節（梅雨期）に何年にもわたって繰り返されることや，B.S.L.−1 m に近い水位低下が繰り返し生じることで，沿岸生態系のもつ復元力が完全に失われてしまう日が来るかもしれない．自然の水位変動リズムをどのように取り戻していくかが，琵琶湖生態系保全の今後の課題の一つといえる．

参照文献

秋田裕毅（1997）『びわ湖湖底遺跡の謎』創元社．
琵琶湖河川事務所（2004）『生命のゆりかご，琵琶湖を守る．第 1 編，第 2 編』．
琵琶湖河川事務所（2006）『生命のゆりかご，琵琶湖を守る．第 1 編　うおじまプロジェクト編，第 2 編　琵琶湖の水位編』．
琵琶湖河川事務所（2005）琵琶湖水位変動による貝類への影響評価．http://www.biwakokasen.go.jp/others/specialistconference/wg/pdf6/data4-1.pdf
琵琶湖河川事務所（2014）環境に配慮した瀬田川洗堰試行操作に関する取り組みについて．http://www.biwakokasen.go.jp/others/specialistconference/wg/pdf19/data02.pdf
琵琶湖治水会（1968）『琵琶湖治水沿革誌　第 1 巻』．
琵琶湖工事事務所・水資源開発公団編（1993a）『淡海よ永遠に．III・IV　実施・管理編』．
琵琶湖工事事務所・水資源開発公団編（1993b）『淡海よ永遠に．V　特論編』．
「琵琶湖」編集委員会編（1983）『琵琶湖：その自然と社会』サンライズ出版．
びわ湖生物資源調査団（1966）『びわ湖生物資源調査団中間報告』近畿地方整備局．
藤野良幸（1988）びわ湖の水位変動と洗堰操作について．『滋賀県琵琶湖研究所所報』6: 18-25．

藤原公一・臼杵崇広・根本守仁（1999）ニゴロブナ資源を育む場としてのヨシ群落の重要性とその管理の在り方．『琵琶湖研究所所報』16: 86-93.
芳賀裕樹・大塚泰介・松田征也・芦谷美奈子（2006）2002年夏の琵琶湖南湖における沈水植物の現存量と種組成による違い．『陸水学雑誌』67: 69-79.
芳賀裕樹・大塚泰介（2008）琵琶湖南湖の沈水植物の分布拡大はカタストロフィックシフトで説明可能か？ 『陸水学雑誌』69: 133-141.
芳賀裕樹・石川可奈子（2011）2007年夏の琵琶湖南湖における沈水植物の現存量分布および2002年との比較．『陸水学雑誌』72: 81-88.
浜端悦治（1991）琵琶湖の沈水植物の分布と地域区分．『琵琶湖湖岸の景観生態学的区分』pp. 35-46. 滋賀県琵琶湖研究所.
浜端悦治（2003）琵琶湖における夏の渇水と湖岸植生面積の変化：2000年の渇水調査から．『滋賀県琵琶湖研究所所報』20: 134-144.
浜端悦治（2008）琵琶湖の沈水植物群落の変遷と水質変化．滋賀県琵琶湖環境科学研究センター編．第1回湖岸生態系保全・修復研究会『琵琶湖の水草問題の現状と課題』pp. 3-24. 滋賀県琵琶湖環境科学研究センター.
Hamabata, E. and Kobayashi, Y. (2002) Present status of submerged macrophyte growth in Lake Biwa: Recent recovery following a summer decline in the water level. *Lakes and Reservoirs: Research and Management* 7: 331-338.
浜端悦治・堀野善博・桑原俊雄・橋本万次（1995）琵琶湖でのコハクチョウの採食場所の移動要因としての湖面水位：水鳥と水草の関係解明に向けての景観生態学的研究．『関西自然保護機構会報』17: 29-41.
林　一正（1970）琵琶湖産有用貝類の生態について（前編）．『貝類学雑誌 Venus』31: 9-34.
平井賢一（1970）びわ湖内湾の水生植物帯における仔稚魚の生態 1. 仔稚魚の生活場所について．『金沢大学教育学部紀要 自然科学編』19: 93-105.
今本博臣・及川拓治・木村朋広・尾田昌紀・鷲谷いずみ（2006）琵琶湖に生育する沈水植物の1997年から2003年まで6年間の変化．『応用生態工学』8: 121-132.
金子有子・東　善広・佐々木寧・辰己　勝・橋本啓史・須川　恒・石川可奈子・芳賀裕樹・井上栄壮・西野麻知子（2012）湖岸生態系の保全・修復および管理に関する政策課題研究：湖岸地形と生物からみた琵琶湖岸の現状と変遷および保全の方向性．『滋賀県琵琶湖環境科学研究センター研究報告』7: 113-149.
近畿地方建設局（1974）『淀川百年史』建設省近畿地方建設局.
小林　博（1984）琵琶湖の水位変動．『草津市史 2巻．近世中・後期の人々』pp. 638-645. 草津市.
宮本　昇・臼井義幸・柳田英俊・和田圭子・工藤慶庸（2005）大型底生動物（貝類）移動能力実験業務．『琵琶湖淀川水質浄化共同実験センター年報』7: 39-52.
西野麻知子（1986）琵琶湖の水位低下と生物．『滋賀県琵琶湖研究所所報』4: 26-42.
西野麻知子（1991）底生動物からみた湖岸の地域区分．『琵琶湖湖岸の景観生態学的区分』pp. 47-63. 滋賀県琵琶湖研究所.

西野麻知子（1996）1994 年の水位低下からの底生動物群集の回復過程．『滋賀県琵琶湖研究所所報』13: 36-39.
西野麻知子（2003）水位低下が底生動物に与えた影響について：琵琶湖水位低下影響報告書（底生動物）より．『琵琶湖研究所所報』20: 116-133.
西野麻知子・浜端悦治編（2005）『内湖からのメッセージ』サンライズ出版．
西野麻知子編（2009）『とり戻せ！琵琶湖淀川の原風景』サンライズ出版．
Nishino, M. (2012) Biodiversity of Lake Biwa. In: Kawanabe, H., M. Nishino and M. Maehata eds. *Lake Biwa: Interactions between Nature and People*, pp. 31-35. Springer, Berlin.
小川力也（2005）水位変動がコイ・フナ類の繁殖生態に及ぼす影響．『流水土砂の管理と河川環境の保全・復元に関する研究（改訂版）』pp. 203-218．河川環境管理財団．
佐久間維美・臼井義幸・北澤賢治・和田桂子・工藤慶庸（2006）大型底生動物（貝類）移動能力把握実験（その 2）．『琵琶湖淀川水質浄化共同実験センター年報』8: 34-47.
佐藤祐一・西野麻知子（2010）水位操作がコイ科魚類の産卵に与える影響のモデル解析と対策効果予測．『湿地研究』1: 13-26.
滋賀県（2012）『琵琶湖ハンドブック改訂版』滋賀県．
滋賀県生きもの総合調査委員会（2011）『滋賀県で大切にすべき野生生物：滋賀県レッドデータブック 2010 年版』サンライズ出版．
滋賀県水産試験場（1998）『平成 7 年度琵琶湖沿岸帯調査報告書』滋賀県水産試験場．
滋賀県水産振興協会（2007）『昭和 58（1983）年度～平成 17（2005）年度種苗生産放流事業結果概要』
庄　建治朗・長尾正志・冨永晃宏（2000）古記録による琵琶湖歴史洪水の水位推定．『水工学論文集』44: 371-376.
Shirai, A., Kondo, T. and Kajita, T. (2010) Molecular markers reveal genetic contamination of endangered freshwater pearl mussels in pearl culture farms in Japan. *Venus* 68: 151-163.
杉村重憲（2007）琵琶湖水辺の環境調査：沈水植物の調査結果について．『第 1 回湖岸生態系保全・修復研究会記録集』pp. 25-39．滋賀県琵琶湖環境科学研究センター．
津森ジュン（2008）琵琶湖の保全と再生に向けた河川管理の取り組み：瀬田川洗堰の試行操作と湖岸域の修復．『土木技術資料』50: 32-35.
山本敏哉・遊磨正秀（1999）琵琶湖におけるコイ科仔魚の初期生態：水位調節に翻弄された生息環境．森　誠一編『淡水生物の保全生態学』pp. 193-203．信山社サイテック．
淀川水系流域委員会（2007）『琵琶湖の水位操作をめぐる論点と課題』．

コラム4　霞ヶ浦の水位操作と湖岸植生

西廣　淳

自然湖沼の水位改変と生物への影響

　日本を含むモンスーン地域では，降水量に明瞭な季節性がある．このため自然湖沼の水位は，季節的な変動をしめす場合が多い．さらに，海との連結性が高い湖沼では，降水量の季節変動に加え，海水面の季節変動も湖沼水位の季節変動の原因となる場合もある．

　湖沼に生育する動植物では，個体の生死や成長速度が，水深や湖岸の土壌水分条件に強く影響を受ける．そのため，水位の季節変動に適応した生活史特性を種ごとに進化させている．例えば湖岸に生育する**湿生植物**では，大きく成長し**通気器官**などの発達した段階では冠水耐性をもつ種でも，成長初期の種子発芽や実生定着の段階では冠水に対する耐性をもたない場合が多い．そのような種では，水位が低下する時期に発芽し，水位が上昇する前に十分に成長できるような性質を持つことが適応的である．逆に安定して冠水する季節や場所を選択して発芽するように進化した種もあるだろう．

　第5章で琵琶湖の例を見てきたように，現在，日本国内の多くの自然湖沼において，流入河川や湖沼からの流出河川にダムや水門が設置され，利水や治水を目的とした水位操作が行われている．たいていの場合，利水を目的とした管理では，自然状態では水位が低下していた季節に水位を上げて水量を確保することが目標となる．逆に治水を目的とした管理では，自然状態では水位が上昇していた季節に水位を低下させて水害のリスクを軽減することが目標となる．これらの目標のもとでの水位操作の結果，水位変動の季節的なパターンが消失あるいは逆転した湖沼は多い．

　水位の季節変動パターンの改変は，第5章で琵琶湖の例をみたように，自然の水位変動に適応した生活史特性を進化させていた生物に対し，負の影響をもたらすことが予測される．ここでは，霞ヶ浦の湖岸の植物を例に，水位変動の改変が湖岸の湿生植物に与えている影響について解説する．

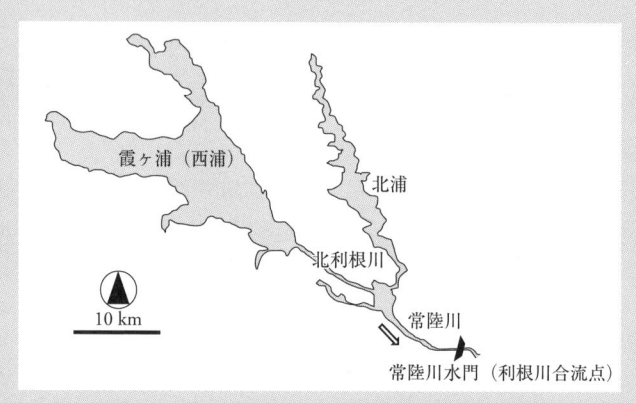

Part I　ダム湖水位変動帯の基盤と植生

図 C4-1　霞ヶ浦のおよその形状と水門の位置

霞ヶ浦の水位改変

　霞ヶ浦の水位は過去から現在にかけて段階的に改変されている．霞ヶ浦は多数の流入河川を持ちつつも，水の出口にあたる河川は一つしかない．流出口にあたる河川（常陸川）は利根川と合流して太平洋につながっている（図 C4-1）．江戸時代には，浅間山からの火山噴出物や東遷された利根川が輸送した土砂の堆積が進んだことで下流域の流下能力が低下し，霞ヶ浦の周辺では大雨が降るとしばしば水害が生じた（水資源開発公団 1996）．その対策として，1950 年頃に常陸川の拡幅と浚渫による治水事業が行われた．この事業による季節変化パターンの変化は図 C4-2a と b を比較することで読み取れる．1950 年以前は，降水量の少ない冬から春にかけて水位が低下し，梅雨のころから水位が次第に上昇し，秋にピークを迎えるという明確な季節変動があった（図 C4-2a）．これに対し 1950 年代以降は，秋のピークが大幅に低くなっている（図 C4-2b）．これは治水事業の効果であると考えられる．ただしこの時代においても，春の水位低下は継続して生じていたことがわかる．

　次の大きな変化は，1975 年ごろに生じている．常陸川の河口に水門が設置され（図 C4-1），その操作により渇水期でも貯水できるようになった．利水を目的とした管理が可能になったのである．その結果，春の水位低下が生じなくなり，霞ヶ浦の水位は年間を通して標高約 1.0 m（以下，標高は

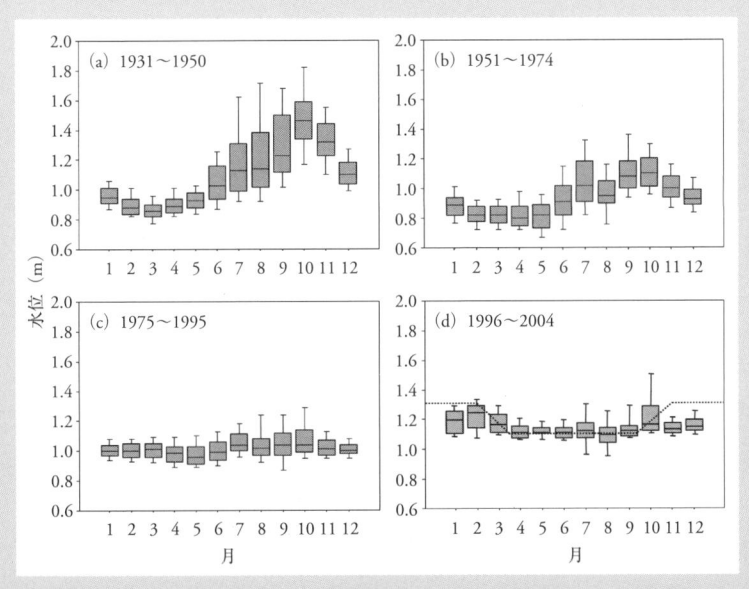

第5章　琵琶湖における人為的水位操作と生態系への影響

図 C4-2　霞ヶ浦における月ごとの水位
西浦の湖心で測定されたデータを，時代ごとにわけて示した．長方形はデータの25〜75％の範囲，垂直の線は10〜90％の範囲，長方形中の水平の線は中央値を示す．データは国土交通省霞ヶ浦河川事務所から提供を受けた．(d)の点線は霞ヶ浦開発事業の計画に基づく管理目標水位を示す．

霞ヶ浦を含む利根川水系の標高である Y.P.: Yedogawa Peil を示す）の高さに維持されるようになった（図 C4-2c）．

　さらに1970年代から水資源開発と治水の強化を目的とする「霞ヶ浦開発事業」（治水と利水を目的とし，湖岸堤工事や常陸川水門改築工事などを含む総合的な事業）に基づく堤防工事が進み，1990年代後半には湖岸のほぼ全域でコンクリート堤防が完成した．それを踏まえ，1996年からは「霞ヶ浦開発事業」の計画に基づく管理が開始された．この計画では，冬季（11月中旬から2月まで）は標高1.3 m，それ以外の季節は標高1.1 mを「管理目標水位」と定めている（水資源開発公団1996）．実際の水位をみると，目標値とはやや異なるものの，1995年以前と比べると特に1月から3月の

水位が高く，またその他の季節も 0.1 m 以上は高くなっていることがわかる（図 C4-2d）．

以上概括したように，霞ヶ浦の水位は，「春に低く秋に高い」季節性をもっていた時代（～1975 年），一年を通じて一定に保たれた時代（1975～1996 年），「夏にやや低く冬にやや高い」自然な水位変動とは逆の変動となった時代（1996 年～）という変遷を経てきた．

水位改変が植物の更新におよぼす影響

水位の人為的な操作は湖岸の植物にどのような影響をもたらしているのだろうか．筆者らは，湖岸の**抽水植物帯（ヨシ原など）**に生育する湿生植物を対象に研究を行った．近年の霞ヶ浦では過去に豊富に存在した沈水植物や浮葉植物の多くが姿を消し，湿生植物が霞ヶ浦の植生の主な構成要素となっているからである．

冬や春の水位が高く維持されるようになると，それ以前と比べ，湖岸の抽水植物帯の地表面は冠水しやすくなる．発芽期における地表面の冠水は，抽水植物や湿生植物の発芽の抑制を通して種多様性の低下を招く場合がある（Nilsson and Keddy 1988）．筆者らは霞ヶ浦において，湖岸に典型的な 25 種の植物を対象に，室内実験や圃場実験により発芽特性を調べた．その結果，3 月下旬から 5 月中旬という「春」に発芽する性質が 25 種中 23 種で確認されるとともに，冠水により発芽率が低下する性質が 25 種中 22 種で認められた（Nishihiro et al. 2004a）．すなわち，湖岸に生育する植物の多くは，「春」に「冠水しない地表面」で発芽する性質を有することが確認された．

これらの植物の発芽に適した場所は，春に水位が低下していた時代の霞ヶ浦湖岸には広く存在したと考えられる．しかし，水位が高く安定して維持されている現在の霞ヶ浦では，春においても湖岸の抽水植物帯の地表面が冠水する可能性が高まり，植物の発芽に適した場所が減少している．じっさい，霞ヶ浦開発事業に基づく水管理が開始される以前にあたる 1960 年代と，水位管理が行われている 2000 年代を対象に，それぞれの年代における湖岸の地形（抽水植物帯の面積とその標高）と湖の水位変動から，湿生植物の発芽適地の面積を計算した結果，2000 年代は 1960 年代に比べ，

発芽に適した条件を備えた場所の面積は約 24％に減少したことが示された (Nishihiro and Washitani 2009). また霞ヶ浦湖岸での植物の発芽や実生定着の成功率を現地で観察した研究からも，現在の水位管理の下では，湿生植物の発芽と定着は地表面の冠水により強く抑制されていることが確認された (Nishihiro et al. 2004b).

植物の種子発芽と実生定着の抑制，すなわち個体更新の抑制は，一年生植物の場合は地上個体群の衰退を招く．また多年生植物においても，長期的には個体群の衰退や遺伝的多様性の低下を招く．植物個体群の長期的な維持には，たいてい種子からの更新が不可欠である．霞ヶ浦の水位改変による「春の水位低下の喪失」は，湖岸の植物の衰退原因となり得ることが示唆された．

水位改変が湖岸植生帯規模の減少をもたらしている可能性

水位の季節変動の喪失は，湿生植物の更新だけでなく，それらの生育基盤である抽水植物帯の規模そのものにも影響している可能性がある．霞ヶ浦のように面積が広い湖では，風が吹くと強い波浪が生じるため，波浪による抽水植物帯の侵食，面積の縮小が生じる可能性がある (Saint-Laurent et al. 2001; Fuller 2002; Schmieder 2004). 水位が安定していると，常に特定の高さの地盤が侵食作用を受けることになり，侵食が顕著に進行することが予測される (Kirk et al. 2000; Vilmundardóttir et al. 2010). 逆に，水位が季節的に変動していれば，ある季節には侵食を受けた場所も別の季節には土砂の堆積作用が及び，全体としてなだらかな湖岸地形が維持されることが予測される．

霞ヶ浦では湖岸の抽水植物帯の地盤の標高は概ね 1.0～1.1 m である．これは霞ヶ浦の水位（夏は 1.1 m，冬は 1.3 m，図 C4-2d）より多少低い位置にあり，侵食が強く作用することが予測される．じっさい，霞ヶ浦の湖岸の多数の点で，霞ヶ浦開発事業の計画に基づく水位管理が開始された 1997 年以降の植生帯の幅（堤防から汀線までの距離）の変化を分析したところ，平均 0.73 m/年という速度で，縮小が進んでいることが示された (西廣 2012). また縮小の程度は，波浪のエネルギーが高いと推定された場所ほど顕著であることが統計的に支持された (西廣 2012). このように霞ヶ

浦では，水位の季節性の改変により湖岸の植物の更新が阻害されているだけでなく，水位の安定化により湖岸植生の縮小化が生じていることが示唆された．

　抽水植物帯の規模の縮小は，抽水植物帯を棲み場として利用する生物にも影響することが予測される．たとえば，Dyrcz and Nagata (2002) は，霞ヶ浦におけるオオヨシキリ *Acrocephalus arundinaceus* の営巣場所と育雛の調査に基づき，小規模なヨシ原では営巣が不可能であるか，営巣しても繁殖成功度が低下することを示している．また，マコモ群落のように，地表面が浅く冠水する抽水植物帯は，コイ科魚類の産卵環境として重要な機能を有することが指摘されている (Yamanaka et al. 2007，第 5 章 5.4 節琵琶湖の解説も参照)．現在の霞ヶ浦で進行している植生帯の衰退は，生物多様性の低下にとどまらず，漁業資源の供給などの**生態系サービス**の劣化を招く可能性がある．

　冒頭で述べたように，治水と利水のみを重視した管理は，水位の安定化あるいは季節性の逆転をもたらす場合が多い．霞ヶ浦で確認されたような現象は，水門などによりダム化された自然湖沼では広く生じている可能性がある．これまで湖沼の水位管理は，主に治水と利水の観点からのみ検討されてきたが，今後は湖沼の生物多様性や生態系への影響についても考慮されることが望まれる．

　水位管理における治水・利水・環境保全の鼎立は，水位を柔軟に管理することで実現できるのではないだろうか．例えば，植物の種子からの更新は必ずしも毎年生じる必要はない．上で紹介したような春に冠水しない地表面が必要な植物にとっては，春に水位が低下するという条件が必要であるが，そのような現象は，個体群維持のためには数年に一度生じるだけでよいかもしれない．例えば春の渇水リスクを気象条件や前年の降雪量などから予測し，リスクが低いと予測された年には春の湖沼水位を低下させるなど，きめ細かな管理を行うことで，一見矛盾する目的を満たすことができるのではないだろうか．

参照文献

Dyrcz, A. and Nagata, H. (2002) Breeding ecology of the Eastern Great Reed Warbler *Acrocephalus arundinaceus orientalis* at Lake Kasumigaura, central Japan. *Bird Study* 49: 166–171.

Fuller, J. (2002) Bank recession and lakebed downcutting: Response to changing water levels at Maumee Bay State Park, Ohio. *Journal of Great Lakes Research* 28: 352–361.

Kirk, R.M., Komar, P.D., Allan, J.C. and Stephenson, W.J. (2000) Shoreline erosion on Lake Hawea, New Zealand, caused by high lake levels and storm-wave run up. *Journal of Coastal Research* 16: 346–356.

水資源開発公団霞ヶ浦開発事業建設部 (1996)『霞ヶ浦開発事業誌』水資源開発公団霞ヶ浦開発事業建設部.

Nilsson, C. and Keddy, P.A. (1988) Predictability of change in shoreline vegetation in a hydroelectric reservoir, Northern Sweden. *Canadian Journal of Fishery and Aquatic Sciences* 45: 1896–1904.

西廣 淳 (2012) 霞ヶ浦における水位操作開始後の抽水植物帯面積の減少.『保全生態学研究』17: 141–146.

Nishihiro, J., Araki, S., Fujiwara, N. and Washitani, I. (2004a) Germination characteristics of lakeshore plants under an artificially stabilized water regime. *Aquatic Botany* 79: 333–343.

Nishihiro, J., Miyawaki, S., Fujiwara, N. and Washitani, I. (2004b) Regeneration failure of lakeshore plants under an artificially altered water regime. *Ecological Research* 19: 613–623.

Nishihiro, J. and Washitani, I. (2009) Quantitative evaluation of water-level effects on "regeneration safe-sites" for lakeshore plants in Lake Kasumigaura, Japan. *Lake and Reservoir Management* 25: 217–223.

Saint-Laurent, D., Toullieb, B.N., Saucet, J.P., Whalen, A., Gagnon, B. and Nzakimuena, T. (2001) Effects of simulated water level management on shore erosion rates. Case study: Baskatong Reservoir, Québec, Canada. *Canadian Journal of Civil Engineering* 28: 482–495.

Schmieder, K. (2004) European lake shores in danger: Concepts for a sustainable development. *Limnologica* 34: 3–14.

Vilmundardóttir, O.K., Bagnussón, B., Gísladóttir, G., and Thorsteinsson, T. (2010) Shoreline erosion and Aeolian deposition along a recently formed hydro-electric reservoir, Blöndulón, Iceland. *Geomorphology* 114: 542–555.

Yamanaka, H., Kohmatsu, Y. and Yuma, M. (2007) Difference in the hypoxia tolerance of the round crucian carp and largemouth bass: Implications for physiological refugia in the macrophyte zone. *Ichthyological Research* 54: 308–312.

Part II

ダム湖水位変動帯の動物群集

　ダム湖の水位変動帯はダイナミック・エコトーンである．ダム湖の水位が高い時には水生動物が利用し，水位が下がれば陸生動物が侵入する．河川流入部は，水位が高ければ止水となり，水位が低ければ流水となる．これら変動する環境で，動物たちはどのように生きているのだろうか．あるいは，水位変動帯の植生を動物たちはどのように利用しているのだろうか．Part II では，ダム湖水位変動帯の動物群集とエコトーン利用の実態を紹介し，その特性を論じる．

[前頁の写真]

三春(みはる)ダム（福島県，阿武隈川水系）

　国土交通省東北地方整備局管理．1998年竣工．堤高65 m．重力式コンクリートダム．流域面積226 km^2．総貯水容量42,800千m^3．制限水位方式．目的：洪水調節，不特定利水，かんがい，上水道，工業用水，発電．

　外来種駆除など，環境面でのさまざまな取り組みが行われ，地元自治体等と連携した自然環境フォーラムも毎年開催されている．（写真：国土交通省東北地方整備局三春ダム管理事務所）

第6章
底生動物群集の動態

吉村千洋

　ダム湖の上流端に形成される環境は，自然湖沼とその流入河川の接続部に似ている．しかし，接続部の地形，河川，貯水池などの多くの条件により，Part Ⅰで記述したように，ダム湖上流端に形成される物理・化学的条件は自然湖沼の上流端とは大きく異なる．そして，上流端のさまざまな条件に応じて，ダム湖上流端には独特の生物群集が形成されている．

　本章ではダム湖と流入河川の接続部に形成される底生動物群集を，筆者らの調査研究を含めて紹介する．河川が流入するダム湖上流端は流水環境と止水環境が接する場であることから，底生動物群集は流水性の種構成から止水性の種構成へと変化すると想像できる．しかしながら，前述したように接続部であるために，そこに形成される**堆砂デルタ**や人為的な水位操作などが，ダム湖上流端の底生動物群集に支配的な影響を与えており，群集の時空間的変動は複雑である．そこで，本章ではダム湖上流端の底生動物群集を理解するために，寒河江ダム（山形県）上流端で実施された調査研究の結果を紹介しながら，底生動物の生息場，水位変動に対応した底生動物群集の変化，そして，底生動物群集の**食物網**構造の変化と順を追って解説する．底生動物は**食物連鎖**の中位にあり，河床の付着藻類やデトリタス（生物遺体片）などの食物連鎖の基盤（基礎資源）と魚類などの高次の消費者をつなぐ存在であることを念頭に読み進めることをお勧めしたい．

6.1 ダム湖水位変動帯に形成される底生動物の棲み場

　ダム湖上流端は河川と貯水池の接続部であるため，小規模ながら河口部に形成されるデルタ状の地形が形成される場合が多い．第4章で見たように，ダム湖上流端に形成される水位変動帯の規模や形状は，河川勾配と土砂供給量に強く依存し，堆砂量が少ない場合は単純に河川から貯水池へ変化する場となるが，堆砂量が多く堆砂デルタが形成される場合には，流水部と止水部が混在する洪水氾濫原や湿地帯に似た環境が形成されることもある．よって，ダム湖上流端の特徴は主に地形，土砂，水位という三つの要因で決まり，水生植物，昆虫，両生類，魚類等の生物に適した生息場が形成されることもある（図6-1）．

　さらに，このような堆砂デルタは，物質循環プロセスのホットスポットともなり得る．貯水池の集水域が主に森林で覆われている場合，流入河川により倒流木，落葉，土壌有機物，藻類などの有機物が堆砂デルタに輸送される．その結果，堆砂デルタには有機物が土砂とともに運搬され，密度の小さい有機物は無機物に比べて貯水池内部まで運ばれる傾向にある（Thornton 1990）．同時に，貯水池の水位が低下する過程では，貯水池で成長する植物プランクトンや水生植物が堆砂デルタに堆積することも考えられる．このような過程より，堆砂デルタ，特にその下流部では有機物含量の高い層や場が形成されることが多く（Hyne 1978; 増山ほか 2011），また堆砂デルタ内で底質の物理化学的環境が連続的に変化するため，有機物をエネルギー源とする微生物反応が活発になる場が確認されることがある．よって，特に堆砂デルタの物理条件やその場に形成される生物群集を理解するためには，ダム湖の集水域と貯水池の生態系を合わせて考える必要がある．

　本章では堆砂デルタが発達している寒河江ダムの上流端を例として，以下に水位変動帯の底生動物群集と，その棲み場の変化を紹介する．寒河江ダムでは堆砂デルタの生態系に着目した調査研究が集中的に行われたため，ダム湖上流端の底生動物群集を理解する上で，この堆砂デルタを取り上げることは適切であろう（図6-2）．なお，本章で紹介する底生動物群集だけでなく，

第 6 章　底生動物群集の動態

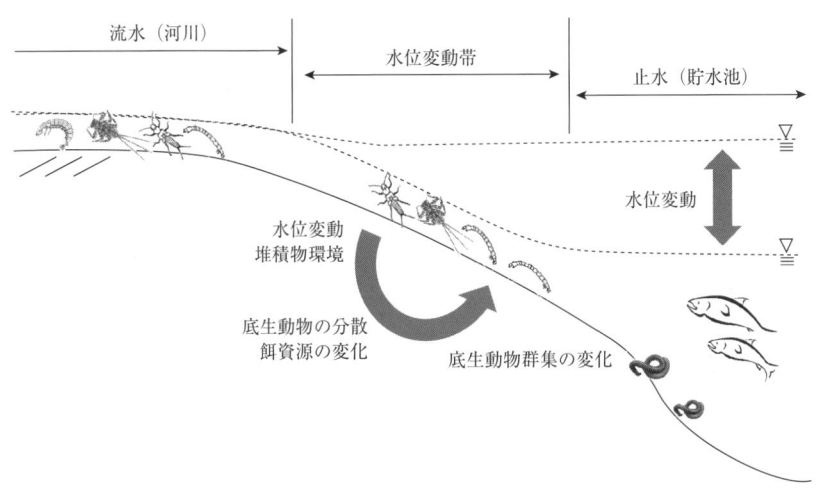

図 6-1　ダム湖上流端の重要な要素と相互関係を表す概念図

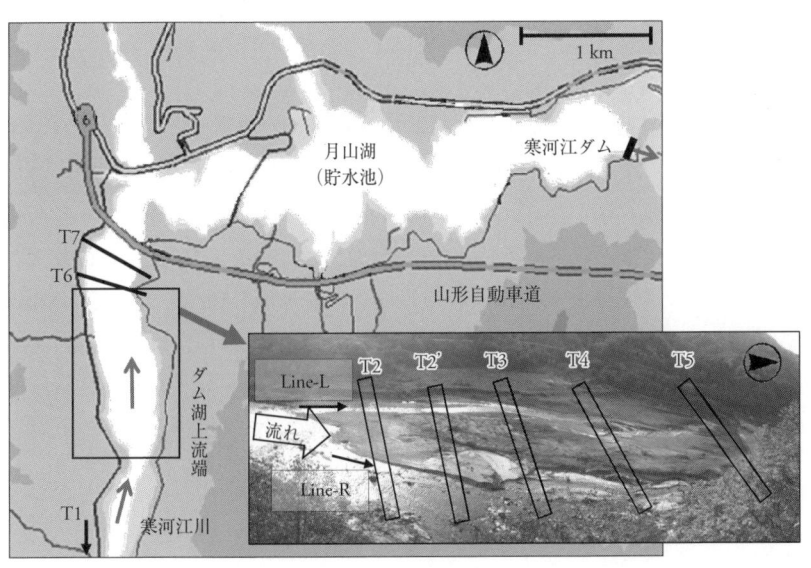

図 6-2　寒河江ダムおよび底生動物調査のための測線の位置

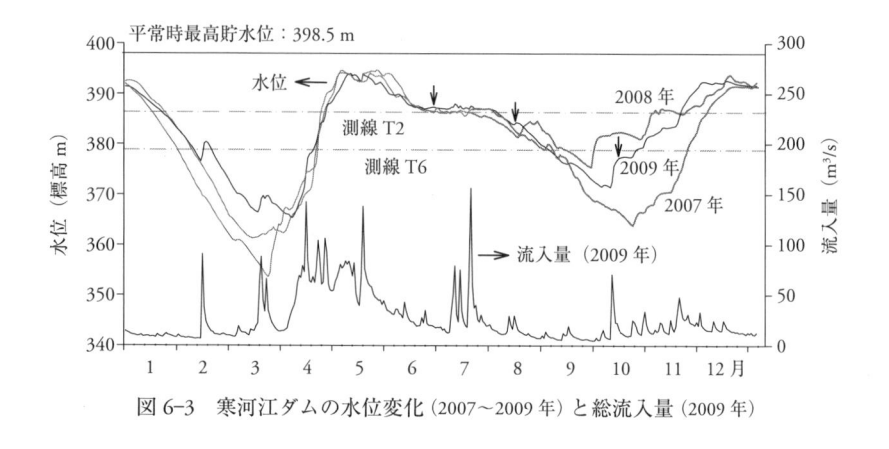

図 6-3 寒河江ダムの水位変化（2007～2009 年）と総流入量（2009 年）

草本群落や魚類群集についても本書（第 2 章，第 11 章）で紹介している．寒河江ダムの集水域は豪雪地帯に位置しており，稜線部にはブナ *Fagus crenata* を主体とした落葉広葉樹の天然林や，多雪地に特有の高山植物等が分布している．流入河川である寒河江川は 4 次河川であり，寒河江ダムの集水域に貯水池はない．上流河川と貯水池における，硝酸，リン酸塩濃度はそれぞれ 0.13 mg-N/L，0.04 mg-P/L 以下であった（増山ほか 2011）．

積雪や灌漑用水利用，洪水調節などにより，寒河江ダムの水位は毎年大きく変動する．4 月から 5 月にかけて融雪により水位が上昇し，水位は 5 月に最高となる（図 6-3）．そして，農業利用や雨季の洪水調節により，9 月の後半まで徐々に水位が低下する．水位変動幅は毎年 30 m～50 m にのぼり，このような水位変動は貯水池に独特な景観と底質環境を創出している（増山ほか 2011）．具体的には，比較的水位の高い 4 月から 5 月にかけて，融雪出水により大量の細粒土砂と細粒有機物が森林域からダム湖上流端へ輸送される．そして，夏から秋にかけて水位が低下する際に，ダム湖上流端の底質が干出する．その干出部分には大小二つの水の流れが形成され（平均勾配：約 7/1000），その流れにより堆積した土砂が局所的にダム湖に再び運ばれることで，二つの流れの間には典型的なデルタ地形が形成されていた（図 6-2）．また，水位低下時には堆積土砂の粒径が流下方向に変化するパターンが観察でき，下流側ほど粒径の細かい土壌が表層に多く堆積していた．この寒河江

ダム上流端において，2008年から5年間，生態学や環境工学の専門家による地形形成，生物群集，物質循環に関する調査が実施され，堆砂デルタの地形およびその土壌環境については増山ほか（2011）が報告している．

6.2 水位変動に対応した底生動物群集の変化

寒河江ダム上流端におけるこの調査の結果，貯水池と流入河川が接する水位変動帯では，河川性の底生動物が優占し，貯水池の水位変化に応じて群集組成が大きく変化することが示された．水位変動帯における底生動物は，大半が上流集水域から流下している種であると推測され，また底生動物群集に対する水位の影響は，物理環境変化による直接的影響と食物連鎖を介した間接的影響の両者があることが示唆されている．以下で詳しく見ていこう．

6.2.1 底生動物の時空間分布

2009年6～10月の期間にダム湖とその流入河川において，底生動物群集について3回繰り返して調査が行われた．各調査日の水位は6月に387.1 m，8月に384.0 m，10月に377.5 m（標高）であり，8月および10月の水位は6月の水位に比べてそれぞれ3.1 mおよび9.6 m低かった（図6-3）．融雪出水によって4月から5月に河床に堆積した微細土壌は，ダム湖水位の低下とともに流水部では8月の調査前の2週間以内に流されていた．なお，6月と8月の調査の少なくとも1か月前からは寒河江川の流れは安定していたが，10月の調査の前には小規模出水が1週間に6 mほどダム湖水位を上昇させていた．

流入河川，水位変動帯，ダム湖において河川横断方向に測線を7本設定し，測線上の複数のポイントで底生動物群集を調査した（図6-2）．水位が381.6 mの状況下で追加調査した結果，測線T2～T6の流速は順に116.4，16.9，15.9，4.7，<4.5 cm/sであり，堆積土砂の長径（最大から5番目までの石礫長径平均）はT2～T6において順に15.8，25.2，23.8，4.8，13.8 cmであった．なお，6月はダム湖が比較的高水位となるため，水位変動帯の測線T2

Part II　ダム湖水位変動帯の動物群集

からT7は水没し，止水帯となっていた．水位の低下によって止水帯と流水帯の境界は下流側へ移動し，8月には測線T4からT7，10月においては測線T7が止水帯であり，これ以外の測線は流水環境下にあった．また，水位変動帯の河川部には淵などの緩流部は見られず，この区間はすべて早瀬もしくは平瀬であった．なお，流水帯ではサーバーネットによる定量調査，止水帯ではキックネットもしくはEkman-Berge dredger（採泥器）による半定量調査を実施した（調査対象とした個体サイズは0.5 mm以上）．

底生動物に関しては，6月，8月および10月において，合計98種類（タクサ数）を含む1209個体が同定された．その同定された個体のうち，優占種はハエ目（27種類），カゲロウ目（25種類），トビケラ目（16種類）であった．6月にはT2からT7の全ての測線が水没しており，数種類のカゲロウ目を含む止水帯で典型的に見られる種類が観察された．この時期の優占種はオオフタオカゲロウ属 *Siphlonurus*（フタオカゲロウ科），*Sergentia* 属（ユスリカ科），ナリタヨコエビ属 *Jesogammarus*（キタヨコエビ科）であり（表6-1），これ以外の種類では1～数個体程度であった．なお，この水没した止水環境下では，河川からダム湖への縦断方向に明確な群集や個体密度の変化は見られていない．

その後，ダム湖での水位が下がるにつれて，流水部分は広がり，底生動物群集が流下方向に変化することが明らかとなった．8月には6月に比べて水位が約3 m下がったことで測線T1からT3には流水部が形成され，そこには流水部に生息するカゲロウ類が見られた．この流水部で優占していた底生動物はシロハラコカゲロウ *Baetis thermicas*，フタバコカゲロウ *Baetiella japonica*，ヨシノマダラカゲロウ *Drunella ishiyamana*，ウスバガガンボ属 *Antocha*，エリユスリカ属 *Orthocladius* であった．この時期，測線T4は止水部であったが，この止水部にはカゲロウは見られず，ユスリカ科が優占していた（ハモンユスリカ属 *Polypedilum*，ユスリカ属 *Chironomus*，ニセヒゲユスリカ属 *Paratanytarsus* など）．8月にもっとも種類数が多かったのは測線T1であり（33種類/0.5 m^2），もっとも少なかったのは測線T4であった（5種類/0.5 m^2）．堆砂デルタ全体で見れば，底生動物の種類数と個体密度は下流方向に向かって減少する傾向が見られた．

表 6-1 寒河江ダム上流端および流入河川（寒河江川）における底生動物群集（0.5 m² あたりの種類数，個体密度，優占種）

測線	6月 種類数(個体密度)	6月 優占種	8月 種類数(個体密度)	8月 優占種	10月 種類数(個体密度)	10月 優占種
T1	nd		33 (177)	ウスバガガンボ属 マダラカゲロウ属 エリユスリカ属	22 (103)	シロハラコカゲロウ オオマダラカゲロウ ヒメヒラタカゲロウ属
T2	7 (−)	オオフタオカゲロウ属 キザキユスリカ属 ハモンユスリカ属	16 (101)	シロハラコカゲロウ フタバコカゲロウ ヨシノマダラカゲロウ アシマダラブユ属	25 (142)	シロハラコカゲロウ フタモンコカゲロウ アカマダラカゲロウ
T2'	nd		15 (44)	ヨシノマダラカゲロウ シロハラコカゲロウ フタバコカゲロウ クシゲマダラカゲロウ ヒメヒラタカゲロウ属	nd	
T3	nd		20 (53)	ヨシノマダラカゲロウ シロハラコカゲロウ ハモンユスリカ属	26 (128)	シロハラコカゲロウ オオマダラカゲロウ ウスバガガンボ属
T4	5 (−)	ナリタヨコエビ属 キザキユスリカ属 *Microtendipes*	5 (16)	ハモンユスリカ属 ユスリカ属 ニセヒゲユスリカ属	21 (75)	オオマダラカゲロウ シロハラコカゲロウ アシマダラブユ属
T5	4 (−)	キザキユスリカ属 オオフタオカゲロウ属 *Arctoconopa* ヤマヒメユスリカ属	nd		14 (55)	シロハラコカゲロウ フタモンコカゲロウ ヒメヒラタカゲロウ属
T6	6 (−)	ヌカエビ キザキユスリカ属 ヤマヒメユスリカ属 ナリタヨコエビ属	nd		24 (126)	シロハラコカゲロウ オオマダラカゲロウ ユリミミズ属
T7	nd		nd		2 (<1)	ユリミミズ属
合計	15 (−)		53 (480)		55 (686)	

測線の位置については図 6-2 を参照．優占種は個体密度に基づく．なお，この集計表では種および属の分類のみを対象とした．数値に下線を引いた群集は止水域に生息しており，ダッシュ（−）は定量していない密度を，また nd は採取していない地点を示す．

10月は測線 T1〜T6 が流水部となり，8月と同様にカゲロウ類が多く観察され，優占種はシロハラコカゲロウ，フタモンコカゲロウ *Baetis taiwanensis*，ヒメヒラタカゲロウ属 *Rhithrogena* であった．カゲロウ類に加えて，優占的ではないものの，ナカハラシマトビケラ *Hydropsyche setensis*，チャバネヒゲナガカワトビケラ *Stenopsyche sauteri*，ヒゲナガカワトビケラ *Stenopsyche marmorata* などのトビケラ類も確認された.この時期には測線 T3 で種類数がもっとも多く (26 分類),T2 で個体密度がもっとも高かった (142 個体/0.5 m^2).ただし,表 6-1 にまとめたように,8 月には底生動物群集の種類数と密度に流下方向の変化が確認されたが,10 月にはこのような流下方向の変化は見られなかった.

6.2.2 底生動物はどのように移動したのか

以上の調査結果を月別に比べてみると,寒河江ダムの堆砂デルタでは 6 月よりも 8 月と 10 月に河川性の種が多かった.この変化は明らかに水理条件の変化により生じたものであり,調査日以前の水位とも関連があると考えられる.既往の研究から,干ばつおよび洪水後の底生動物群集の回復は,上流域に生息する群集と個体ごとの流下プロセスに依存することが分かっている(例えば,Gore 1979, 1982; Minshall et al. 1983).寒河江ダム堆砂デルタの場合,6 月と 8 月の調査日では水位変動の高低差が 3 m 程度であり,堆砂デルタ上流部 (測線 T2〜T4) が流水条件に変わる期間は 8 月のサンプリング時では 2 週間未満であった (図 6-3).よって,貯水池の水位が下がり,デルタの水域が止水から流水に変わるときに,高水位時に堆積した微細な堆積物は 2 週間以内に貯水池に流失したと考えられる.さらに,底生動物が河川からデルタ内の各測線に移動できる時間は,上流部 (例えば測線 T2) の方が下流部 (例えば測線 T4) よりも長い.このような堆砂デルタの地形と水位変動パターンが,底生動物群集の種組成と個体密度の両者で,10 月よりも 8 月において明確な流下方向の差異を示したことの主因と考えられる.

以上の結果より,8 月には河川に生息していた底生動物が 2 週間以内に堆砂デルタに移動してきたことがうかがえる.このことは掘潜型および匍匐型の底生動物種について明らかで,例えばユスリカ科やヨシノマダラカゲロウがデルタ上の測線で確認されている.ユスリカ科の大半は掘潜種であり,河川の下流に移動しやすいことが知られている (Mackay 1992).また,寒河江ダムにおける調査では,匍匐型や遊泳型の種 (主にカゲロウ目) も水位低下後に創出された新しい流水部において確認された.したがって,匍匐型および遊泳型の底生動物の物理環境への適応性の高さが確認され,洪水直後の群集

遷移のパターン（例えば，津田・御勢 1964）と類似していることが示された．

　貯水池の水位は 8 月の調査日までの 30 日間で 3.2 m 低下していた．この水位低下と平均流下方向勾配（7/1000）を考慮すると，堆砂デルタ上に形成された流水部では一部の底生動物，つまり，デルタの上流部で確認されたヤマトビケラ属 *Glossosoma*，ウスバガガンボ属，ブユ属 *Simulium*，チャバネヒゲナガカワトビケラなどの見かけの移動速度が 15 m/日程度であったと推定できる．このように堆砂デルタは人工的に制御されている環境とはいうものの，流水部における底生動物群集の調査から，底生動物の移動に関する知見が得られることは興味深い．

　さて，10 月の調査結果では堆砂デルタ内における底生動物群集の流程方向の変化は顕著ではなかった．調査日が水位上昇期に入っており，10 月の調査日以前の約 40 日間は調査日の水位よりも水位が低かったことが主な原因であると考えられる．この時期の群集の中にはシロハラコカゲロウとフタモンコカゲロウの分布が確認されており，これらは移動分散の比較的早い種類として知られている（Mackay 1992; Miyake et al. 2003）．一方，定住性の高い固着型と造網型の種類は，8 月には測線 T2' および T3 では個体数が少なかったが，10 月には下流の測線 T5 や T6 でも確認されている．そして，シロハラコカゲロウ，オオマダラカゲロウ，ユリミミズ属 *Limnodrilus* などは，安定した水位条件下にある 10 月には，止水域との境界に集中している傾向が見られた．これは調査日の約 1 週間前に出水があり，水位が 6 m 上昇したためと考えられ，河川流量の増加に伴い上流域の底生動物が流れの弱まる止水域付近まで流されたこと，そして，貯水池の水位上昇により測線 T6 よりも低い位置にあった流路に生息していた底生動物が上流に移動したことが原因であろう．これらのプロセスによって，10 月に河川の測線 T5 よりも下流端の測線 T6 で底生動物の密度と現存量が増加したと考えられ，8 月の状況とは空間分布が異なっていたと考えられる．

　なお，8 月および 10 月の両時期とも止水帯（8 月は測線 T4，10 月は測線 T7）では流水帯に比べて種類数が少なかった（表 6-1）．止水帯の群集ではユスリカ科（ユスリカ属，ハモンユスリカ属），オヨギミミズ科，イトミミズ科の個体が大半を占めた．概して流水部では止水部に比べて底生動物の種多様

性と個体密度が高かったことに加えて，類似の分布が他の研究でも見られることから，この上流端での結果は流水部と止水部の接点における一般的なパターンと考えられる (Johnson et al. 2004)．

6.2.3 生活型に着目すると

次に，底生動物の群集構造に関して生活型分類に着目して集計した結果を紹介する．6月の優占的な種類は掘潜型であり，ほとんどがハエ目であった．特にユスリカ科 (キザキユスリカ属 *Sergentia*, ヤマヒメユスリカ属 *Zavrelimyia*, ハモンユスリカ属) が多く確認された．さらにはヌカエビ *Paratya improvisa* (匍匐型)，ナリタヨコエビ属 (匍匐型)，オオフタオカゲロウ属 (遊泳型) も確認された．水位が下がり始めた8月は流水部が拡大しつつあり，匍匐型，掘潜型，遊泳型の種が優占種となっていた (図6-4)．そして，この時期には種類数，密度，現存量はいずれも堆砂デルタ内で流下方向に減少しているのが確認されている．主要な匍匐型の種はキブネタニガワカゲロウ *Ecdyonurus kibunensis*，ヨシノマダラカゲロウ，マダラカゲロウ属 *Ephemerella* であり，掘潜型の種はユスリカ科が多かった．携巣型については測線T1とT3でヤマトビケラ属，カクツツトビケラ属 *Lepidostoma*，クサツミトビケラ属 *Oecetis*，アツバエグリトビケラ属 *Neophylax* が確認されている．

低水位でありながらも水位が上昇しつつあった10月には，匍匐型と掘潜型の種が優占していたが，底生動物の種類数，個体密度，現存量の流下方向の変化は見られなかった (図6-4)．他の生活型に関しては，8月に比べると流水部において遊泳型や造網型の種類数が多く確認された．遊泳型ではシロハラコカゲロウ，フタモンコカゲロウ，ミジカオフタバコカゲロウ *Acentrella sibirica*，フタバコカゲロウが，また造網型では主にチャバネヒゲナガカワトビケラ，ナカハラシマトビケラ，コガタシマトビケラ属 *Cheumatopsyche* が確認された．流水部の下流地点 (測線T6) は測線T5に比べて，種類数，密度，現存量のいずれも高い値を示した．

底生動物の生活史も，8月と10月の群集の違いを理解する上で不可欠であろう．例えば寒河江ダム上流端の場合は，測線T1において，優占種が掘潜型・匍匐型 (8月) から遊泳型・造網型 (10月) に変化していた．両者の条

第6章　底生動物群集の動態

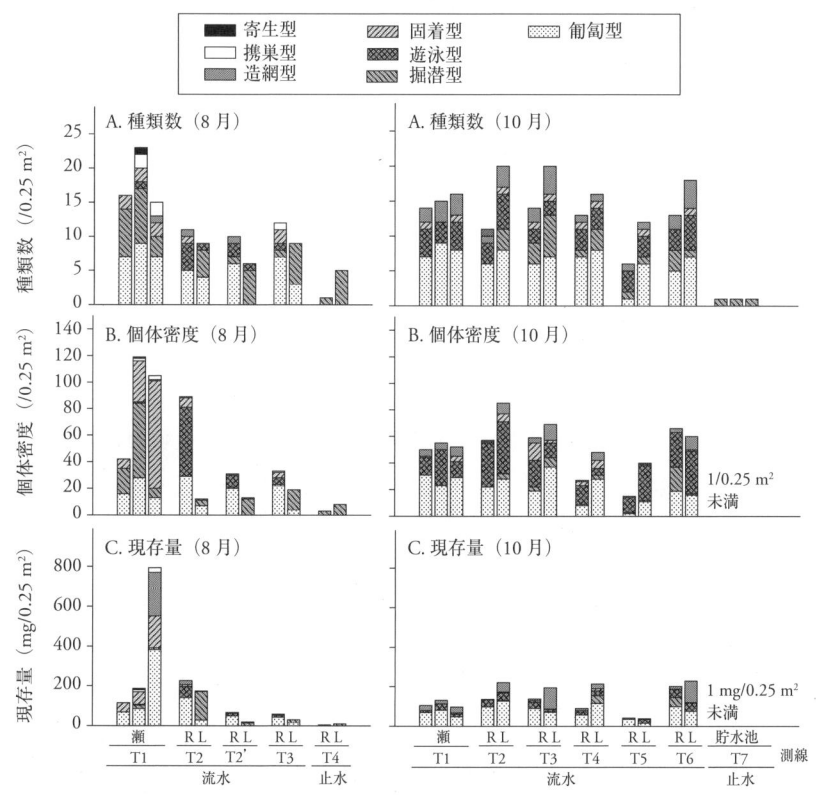

図6-4　底生動物群集の各生活型の構成およびその時空間変化
RおよびLは左右の流れを示す（図6-2参照）．

件は水位変動だけでなく季節でも異なる．よって，堆砂デルタ上での底生動物群集の変化を理解するためには種類ごとに幼虫となる時期（生活史）を確認する必要があり，生活史と貯水池水位の両者が堆砂デルタにおける底生動物の流下方向の分布に影響すると推測できる．つまり，季節によって流入河川および堆砂デルタで優占する底生動物の種類が異なり，さらに優占種の変化に対応して各個体の移動性も変化する可能性がある．このようなプロセスはMackay (1992) も報告しており，底生動物の空間分布は生活史と密接な関係にあることが知られている．よって，貯水池の水位が同じように変化する

としても，水位変動のタイミング（季節）が異なる場合，堆砂デルタにおける底生動物の分布は異なることが推測される．

6.3 底生動物群集と食物網構造の変化

堆砂デルタではダム湖の水位変動に対応して流入河川の下流端が移動し，水位低下時には一時的な河川区間が形成される．前節ではこのような一時的河川における底生動物の変動を群集構成の観点から概説した．では，一時的な棲み場に分散してくる底生動物は貯水池の生態系や物質循環とどのような関係にあるのだろうか．河川では水の流れる方向に物質や生物の移動が卓越するため，堆積土砂や河川の底生動物が流されて，貯水池に入ることは十分に考えられる．この移動プロセスは貯水池の水位変動と河川の流量変動に強く依存し，集水域における融雪や降雨などで流量が増加することにより，河床の掃流力が高まり，河床の堆積物や生物が出水中に貯水池に流下することが想像できる．

6.3.1 安定同位体比から見る底生動物群集の食物網構造

本節では寒河江ダム上流端で調査された底生動物群集に再び着目し，食物連鎖を解明した研究結果を紹介する．この研究では，前節で紹介した底生動物の主要な種類を対象として炭素・窒素安定同位体比に基づく食物網構造を推定した．すべての種類の栄養段階を明確に示すことは難しいが，安定同位体比を測定することで河川に優占する種の餌資源や捕食—被食関係をある程度推測することができる．なお，本節では底生動物群集自体を取り上げて食物網構造を探究するが，これに対して第11章では魚類群集も含めたより広い視点から食物網構造を探究している．

底生動物や餌資源の炭素・窒素安定同位体比を分析した結果，底生動物の優占種の主要な餌資源が推定され，その空間的な変化が示唆された．6～10月の期間において，隣接した森林，堆砂デルタ，河床で採取された微細有機物の$\delta^{13}C$と$\delta^{15}N$はそれぞれ-27.8～$-26.7‰$，-1.3～$0.3‰$の範囲にあっ

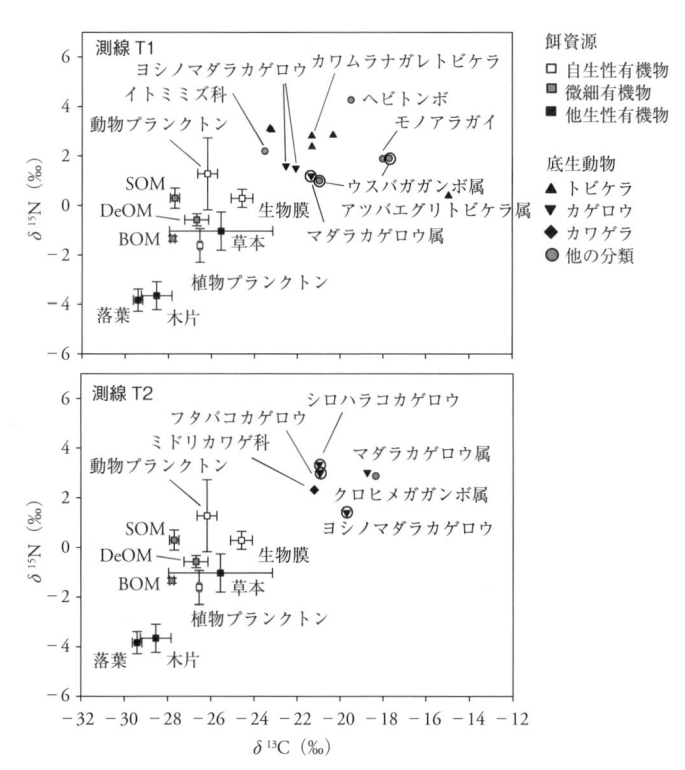

図 6-5 主な底生動物と餌資源の炭素・窒素安定同位体比（2009 年 8 月）
○は優占種を示す．SOM は周辺森林における土壌有機物，DeOM は堆砂デルタにおける堆積物中の有機物，BOM はデルタ内河川に堆積している有機物を示す．

た（図 6-5，図 6-6）．河川で採取された落葉および落枝は微細有機物の範囲よりも低く，$\delta^{13}C$ で $-29.4 \sim -28.5$‰，$\delta^{15}N$ で $-4.3 \sim -3.7$‰ だった．対照的に，植物プランクトン，河床生物膜，草本を含めた一次生産者は大きな季節変化を示した．図 6-5 および図 6-6 に示されたように，ダム湖の植物プランクトンは 6～8 月の期間で -26.5‰（$\delta^{13}C$），-1.6‰（$\delta^{15}N$），8～10 月の期間では -26.8‰（$\delta^{13}C$），0.3‰（$\delta^{15}N$）となっていた．水位変動帯の河川で採取された生物膜（バイオフィルム，河床基質上に形成される付着藻類，細菌，有機物で構成される膜）は 6～8 月にかけて -24.6‰（$\delta^{13}C$），0.3‰（$\delta^{15}N$）であり，8～10 月にかけては -20.8‰（$\delta^{13}C$），0.6‰（$\delta^{15}N$）であった．なお，

Part II　ダム湖水位変動帯の動物群集

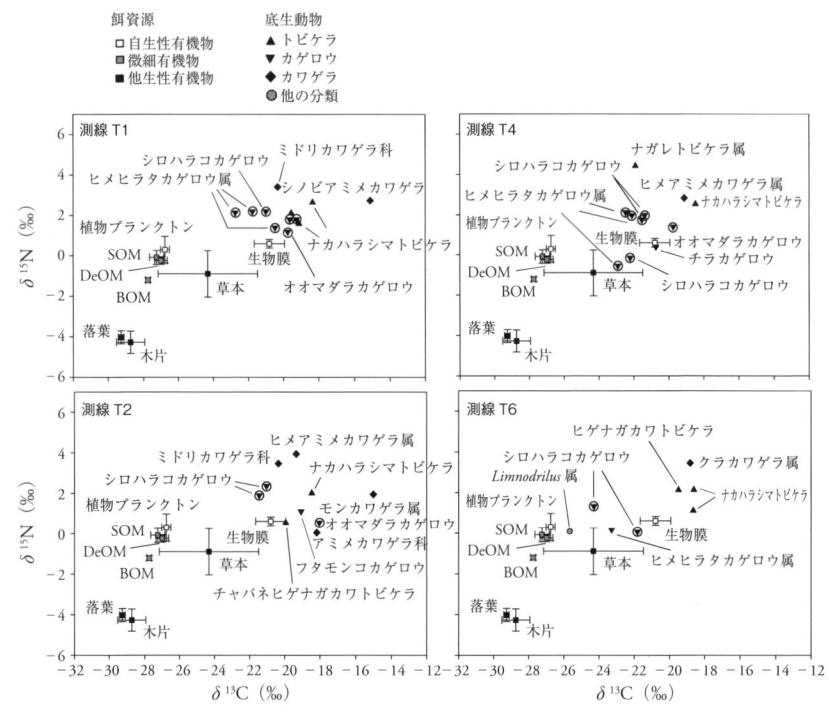

図 6-6　主な底生動物と餌資源の炭素・窒素安定同位体比（2009 年 10 月）. 記号は図 6-5 と同じ.

　図 6-5 に示した餌資源物質の結果は 6 月分と 8 月分をまとめた平均値であり，それらと 8 月に採取された底生動物の値を比較している．同様に図 6-6 では 8 月と 10 月の食物起源の平均と，10 月の底生動物の値を比較している．
　底生動物を脱脂した上で分析した結果，8 月の底生動物では炭素および窒素同位体比は $-23.2‰$（$\delta^{13}C$），$0.26‰$（$\delta^{15}N$）以上の値を示した（図 6-5）．これらの値には測線ごとに特徴的な傾向はみられなかったが，餌資源より高い値を示した．多くの個体の安定同位体比を計測できた測線 T1 ではヘビトンボの同位体比は $-19.5‰$（$\delta^{13}C$），$4.3‰$（$\delta^{15}N$）であり，すべての生物の中でもっとも高い値だった．ほとんどのトビケラとカゲロウはこの捕食者と生産者の間の値を示した．そして，10 月の底生動物は，T1 と T2 では 8 月の安

定同位体比と同様の範囲にあった(図6-6).その範囲は,δ^{13}Cで-22.7から-15.0‰であり,δ^{15}Nで0.0から3.9‰となり,生物膜の値(-20.8‰,0.6‰)と同程度であった.比較的大きなδ^{15}Nを示したのは測線T1の底生動物であり,ミドリカワゲラ科(3.4‰),シノビアミメカワゲラ *Megaperlodes niger*(2.7‰),ナカハラシマトビケラ(2.7‰),測線T2ではアミメカワゲラ科Perlodidae(3.9‰)およびミドリカワゲラ科(3.5‰)であった.

栄養段階が一つ増加すると,一般的に安定同位体比は炭素で0.4‰,窒素で3.4‰増加することが知られている(Post 2002).このことを踏まえると,底生動物の安定同位体比はその主たる食物源が河床生物膜もしくはデトリタスであったことを示している.河床生物膜は両期間における有機炭素源の中でもδ^{13}Cが高く(6~8月-24.6‰,8~10月-20.8‰),10月の下流域(測線T4~T6)以外では,ほとんどの個体で生物膜よりも高いδ^{13}Cを示した(図6-6).寒河江川はダム湖地点においては4次河川で,水路幅が基本流量時で30~50 m,つまり日射が水面に十分に届くことから,河川水中での生物膜を主体とした一次生産が底生動物群集にとっては重要な餌資源であることを示している.さらに,寒河江川の上流域には貯水池がなく,堆砂デルタには他生性有機物が相当量蓄積されているものの,落葉や木片の同位体比は底生動物との差が窒素で4.0‰,炭素で3.0‰を超えたため,落葉や木片の利用度は低いことが示された.

6.3.2 ダム湖から流入河川への影響を安定同位体比から探る

逆にダム湖から流入河川へ伝わる作用や影響はあるのだろうか.わかりやすい例は陸封化されたアユやサケ科魚類などが貯水池から流入河川へ産卵のために遡上するプロセスであろう.つまり,淡水魚が個体群を維持するために貯水池と流入河川という二つの水域を利用することが知られており,栄養塩が貯水池からその集水域へ回帰するプロセスも考えられる.

ここではダム湖から流入河川の底生動物群集への影響を考えてみたい.まず,河床生物膜の相対的重要性が季節および場所で異なっていた点に着目する(図6-5,図6-6).特に10月の堆砂デルタ下流部(測線T4,T6)では,その上流の測線に比べて,複数の種類の窒素・炭素同位体比が低い値を示す傾

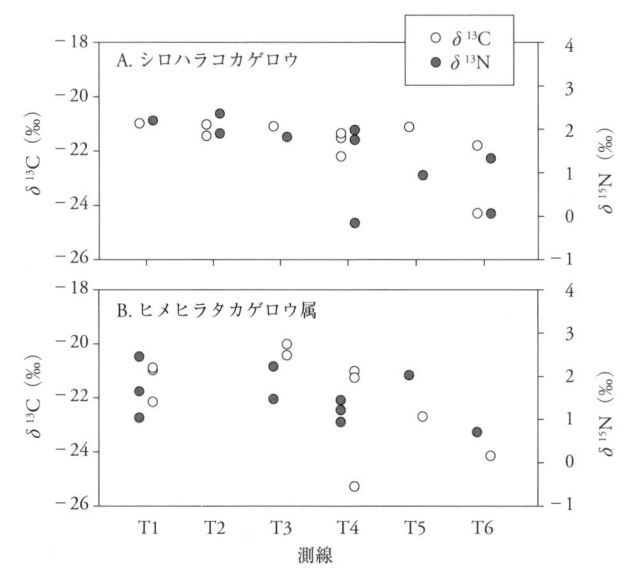

図 6-7　シロハラコカゲロウ (A) とヒメヒラタカゲロウ属 (B) の
同位体比の流下方向変化 (2009 年 10 月)

向が見られた．この傾向は主にシロハラコカゲロウやヒメヒラタカゲロウ属などで確認され，その安定同位体比は河床生物膜と陸生植物の中間的な値であり，$-26 \sim -20‰$ ($\delta^{13}C$), $0 \sim 3‰$ ($\delta^{15}N$) の範囲にあった (図 6-7)．つまり，カゲロウや貧毛類等の優占種では $\delta^{13}C$ と $\delta^{15}N$ の値が河床生物膜よりも低く，餌資源が時期や場所によって異なることが示された．10 月において測線 T5 と T6 は止水部の直上にあるため流れが淀んでいたことから特定の有機物が河床に堆積しやすく，プランクトンが貯水池から供給されて堆積していた可能性がある．

一方，河床上の流速は河床生物膜の安定同位対比 ($\delta^{13}C$, $\delta^{15}N$) を変える一つの要因であることが知られている (Finlay et al. 1999; Trudeau and Rasmussen 2003)．本調査では生物膜の安定同位体比に関する空間分布を把握していないが，底生動物の分析結果からは，河川部の流速が低いところで河床生物膜の安定同位対比 ($\delta^{13}C$, $\delta^{15}N$) が低くなっていることが推測され，これは既往の研究報告と逆の傾向であった．したがって，シロハラコカゲロウやヒメ

ヒラタカゲロウ属の安定同位体比が河川と貯水池の接続部で減少していた事実は，これらの種が河床生物膜ではなく，水辺草本から供給された有機物に依存していることを支持している．カゲロウ目は一般に移動性が高いため他の可能性を排除することはできないが，測線 T4～T6 での動物相の安定同位体比の変化から，過去の貯水池水位の履歴およびそれに対応する底生動物の移動パターンを合わせて検討することが，彼らの食物網構造を理解する上でも重要であることがわかる．

6.4 更なるダム湖生態系の理解に向けて

　本章では主に寒河江ダムで行われた調査研究を紹介しながら，ダム湖上流端に形成される底生動物群集とその棲み場の変化を解説した．図 6-3 に示したように，寒河江ダムは年間の水位変動幅が 30 m 以上になることが多く，自然の湖沼はもとより，国内の他のダムに比べても水位変動の激しいダム湖である．よって，寒河江ダムのダム湖上流端の底生動物群集に対する水位変動の影響は強く，物理的な攪乱を強く受けていると考えられる．本章で解説したダム湖上流端の底生動物群集の時空間的変動，そして下流方向にではあるが 1 日約 15 m という見かけの移動速度は，上流河川に生息する底生動物群集の一時的河川における適応性の高さを示しているとも考えられる．

　このように，河川と貯水池間の移行帯（エコトーン）における底生動物群集には，物理的すなわち直接的な影響だけでなく餌資源を介した間接的な影響が存在することが示された．つまり，貯水池水位の低下が底生動物群集に与えた間接的影響が食物網構造の変化に反映されたと考えることができる．ここに示した結果は，河川と貯水池の接点である堆砂デルタが餌資源の比較的豊富な独特な生息環境であり，そこには堆砂デルタ上の草本から河川の底生動物群集へのエネルギー経路の存在を示唆している．また，集水域での出水により河川の底生動物が貯水池へと流されるプロセスがあることから，河川もしくは堆砂デルタの底生動物が貯水池の魚類群集などの上位の生物相の餌資源となっている可能性も十分に考えられる（第 11 章参照）．

自然湖沼の歴史に比べるとダム湖の歴史は短いが，上流河川からの移入や人為的な持ち込みなどにより既にダム湖ごとに異なる生物群集が形成されている．このことから，動植物プランクトン，湖岸植生，底生動物，魚類などが各ダム湖の環境条件に対応して定着していると考えられる．そして，貯水池はダムの設置目的に応じた人為影響を強く受けるため，ダム湖環境は自然湖沼に比べて時間的に大きく変化している．本章で紹介した寒河江ダム上流端の底生動物群集も水位変動パターンに対応していると推測され，堆砂デルタの底生動物群集の移動分散には季節的な変化パターンがあり，その変化が貯水池内の生物相と何らかの相互作用を持っていると推測される．

水位変動帯という場はダム湖の中でも陸域や上流河川との接続部であることから，周辺生態系と密接な関係にあることが予測される．ただし，水位変動帯における生物群集に関する調査例は限られているため，ダム湖上流端における自然条件や人為的なダム運用と生物群集の複合的な関係については更なる解明が期待される．ダム運用の主目的は下流域を対象とした治水や利水などであるが，ダムが形成する貯水池には新しい生態系が形成されており，一般にダムが50年以上にわたって運用されることを考えると，新たに形成される生物群集をどのように評価，管理，保全していくかという視点も重要となる．さらに，淡水生態系に対する人為影響が強いことを踏まえると，ダム湖を生態系保全や生物多様性保全という視点から戦略的に活用することもある程度可能であろう．したがって，単純に貯水池容量の観点から堆砂を管理するだけでなく，底生動物を含めた堆砂デルタの生物群集の形成要因を科学的に理解し，今後のダム湖生態系の維持管理に生かしたい．

参照文献

Finlay, J. C., Power, M. E. and Cabana, G. (1999) Effects of water velocity on algal carbon isotope ratios: Implications for river food web studies. *Limnology and Oceanography* 44: 1198–1203.

Gore, J. A. (1979) Patterns of initial benthic recolonization of a reclaimed coal strip-mined river channel. *Canadian Journal of Zoology* 57: 2429–2439.

Gore, J. A. (1982) Benthic invertebrate colonization: source distance effects on community composition. *Hydrobiologia* 94: 183–193.

Hyne, N. J. (1978) The distribution and source of organic matter in reservoir sediments. *Environmental Geology* 2: 279–287.

Johnson, R. K., Goedkoop, W. and Sandin, L. (2004) Spatial scale and ecological relationships between the macroinvertebrate communities of stony habitats of streams and lakes. *Freshwater Biology* 49: 1179–1194.

Mackay, R. J. (1992) Colonization by lotic macroinvertebrates: A review of processes and patterns. *Canadian Journal of Fisheries and Aquatic Sciences* 49: 617–628.

増山貴明・吉村千洋・藤井　学・伊藤　潤・大谷絵利佳（2011）寒河江ダム貯水池と流入河川のエコトーンにおける堆積土砂と土壌環境特性の空間分布．『応用生態工学』14: 103–114.

Minshall, G. W., Andrews, D. A. and Manuel-Faler, C. Y. (1983) Application of island biogeographic theory to streams: macroinvertebrate recolonization of the Teton River, Idaho. In: Bernes, J. R. and Minshall, G. W. eds., *Steam Ecology: Application and Testing of General Ecological Theory*, pp. 279–297. Plenum, New York.

Miyake, Y., Hiura, T., Kuhara, N. and Nakano, S. (2003) Succession in a stream invertebrate community: A transition in species dominance through colonization. *Ecological Research* 18: 493–501.

Post, D. M. (2002) Using stable isotopes to estimate trophic position: models, methods, and assumptions. *Ecology* 83: 703–718.

Thornton, K. W. (1990) Sedimentary processes. In: Thornton, K. W., Kimmel, B. and Payne, F. E. eds., *Reservoir Limnology Ecological Perspectives*, pp. 43–69. John Wiley & Sons, New York.

Trudeau, V. and Rasmussen, J. B. (2003) The effect of water velocity on stable carbon and nitrogen isotope signatures of periphyton. *Limnology and Oceanography* 48: 2194–2199.

津田松苗・御勢久右衛門（1964）川の瀬における水生昆虫の遷移．『生理生態』12: 243–251.

第7章
ダム湖水位変動帯の陸上無脊椎動物

谷田一三

　ダム湖の水位変動域は，人為あるいは自然的な水位変動に伴う代表的なダイナミック・エコトーンである．潮間帯と同じように，水域生態系の一部になったり陸域生態系の一部になったりする．ただし，潮間帯のように日単位という短い周期ではなく，6月から9月にかけての洪水期の水位低下，それ以外の時期の水位上昇という，1年をかけての長い周期である．筆者らは，三春ダムの水位変動帯（エコトーン），とくにこのゾーンに成立しているタチヤナギ *Salix subfragilis* 林を中心に，その生物群集と環境の調査を実施してきた．

　本書でも，この変動帯やタチヤナギ林が，フナ類などの生息場，産卵場になっていることが浅見と一柳によって次の章で紹介されている．この小文では，水位変動帯が陸域生態系の一部になったときに見られる無脊椎動物群集に注目して，その種組成を中心に紹介することにする．水陸移行帯に成立するダイナミック・エコトーンであるので，当然ながら冠水時には水域生態系の一部になる．そのタイミングの調査も実施したが，2008年に調査を開始して以降，三春ダムでは冬季もダム管理のための工事が実施され低い水位が継続し，十分な時間にわたって冬季の水位（**平常時最高貯水位**）に保たれることが少なかった．そのため，魚類のように移動力の大きくない水生昆虫などの無脊椎動物は，ほとんど水域では確認できなかった．しかし，2009年には，初めて水域と陸域をともに使うコオイムシ属 *Appasus* のオス成虫が確認されている（図7-1）．本稿では**洪水貯留準備水位**まで水位低下し一時的陸域となる蛇石川前貯水池（図1-3参照）の前面（蛇石サイト；図7-2）における水位変

Part Ⅱ　ダム湖水位変動帯の動物群集

図 7-1　貝山サイト（蛇沢川前貯水池上流側）で確認されたコオイムシ属 *Appasus* のオス

図 7-2　蛇石川前貯水池下流側（蛇石サイト）

動帯のタチヤナギ林の無脊椎動物群集を中心に紹介する．

　また，筆者らと同じ水源地生態研究会の周辺森林研究グループは，同じ水位変動帯の生態系調査を，気候や水位変動様式の大きく異なる山形県の寒河江ダムで実施している．寒河江ダムの水位変動は，三春ダムよりはるかに大

きく，最大では 50 m に達するという．この調査の概要についても，増山ほかの報文 (2011) や中島ほか (2014) の報告書に基づき，簡単に紹介することにする．なお，詳しい内容については，この前の第 6 章も参照して欲しい．

7.1 三春ダム水位変動帯の陸上無脊椎動物

7.1.1 調査方法と地点の概要

陸上，とくに森林の無脊椎動物群集の調査には，種々の方法がある．見つけ採りや捕虫網を使う能動的な調査法，各種のトラップを使う受動的な調査法との，2 種に大別されるだろう．対象となる無脊椎動物は，土壌動物，林床表面を利用する歩行性無脊椎動物，林間も利用する飛翔性動物 (多くの昆虫類) が区分される．もちろん，分類群としては昆虫類が卓越すると予測される．

今回は労力がかかり，個人による採集効率の差の大きな能動的な調査は避け，受動的な調査を主体にした．調査の中心は，先に述べた蛇石サイトで，基本的には各調査時に 2 晩の調査を実施した．また，それ以外に，蛇沢川の流入する貝山サイト (図 1-3 参照) においても，若干の調査を実施した．

ダムの竣工から間もない 2008 年に初めて干出した蛇石サイトに入ったときの印象は，干潮時のマングローブ林を歩いているようだった．ただし，林内などには泥の堆積はほとんどなく，ヤナギの葉や枝といったリターが目についた (図 7-3)．タチヤナギは元気で，平常時最高貯水位から上には多くの枝や葉が茂っていた．現在は，三春ダムの多くのタチヤナギ林では，ヤナギの樹勢は衰え，樹冠も疎になってきたように思われる (図 7-4)．もう一つ強い印象を持ったのは，樹間に無数にあるジョロウグモ *Nephila clavata* の巣 (図 7-5) であった．この密度は，今もほとんど減少していないように思われる．樹間に鉛直方向に円網を張るジョロウグモの密度が高いことは，その餌となる飛翔性の昆虫類の多いことを示唆している．

三春ダムと寒河江ダムの大きな違いは，その水位変動の大きさにある．寒

Part II　ダム湖水位変動帯の動物群集

図7-3　ダム完成から早い時期の蛇石サイトの林内と林床の景観（2008年）

図7-4　ダム完成後16年の蛇石サイトの林内と林床の景観（2014年）
タチヤナギの倒木が目立ち，樹冠が開放的になっている．冬季の冠水期間の減少のためか，アレチウリが林床に増えている．タチヤナギの幹の冠水していたところは藻類が付き白くなっている．

図7-5　ジョロウグモの巣（蛇石サイト）

河江ダムが50mに及ぶ大きな水位変動があるのに対して，三春ダムの水位変動は約10m程度と比較的小さい．また，エコトーンの地形も明らかに異なる．寒河江ダムにおいては，主要流入河川である寒河江川の流入部に大規模に形成される中州などのデルタ状地形とその周辺部の平坦部（テラス）が，水位変動帯に見られる．一方，三春ダムの蛇石サイトなどは，小規模な流入河川で護岸の施されていた蛇石川の河岸にある平坦部で，地形の特徴から類推すると，ダム建設前には農地として利用されていた場所と思われる．この平坦部にタチヤナギ林などが成立している．

　三春ダムの蛇石サイトにおいては，歩行性無脊椎動物を対象にして，林内などにポリカップを用いたピットホール（落とし穴）トラップを設置した（図7-6）．林内では十字状に，縦横10個，合計19個を設置することを基本とした．また，2008年10月の最初の調査では，河岸に平行に10個のトラップを設置した．誘因効果によるバイアスを避けるために，トラップには誘引物質は一切入れなかった．基本的には歩行などによって移動してきた無脊椎動物が，深さ約10cmのトラップに落ち，這い上がったり飛びあがれない動物が翌朝まで残り，回収されることになる．

　飛翔性昆虫類などを採取するためには，マレーゼトラップを林内に1基設置した（口絵6）．マレーゼトラップは，飛翔してきた昆虫の障害になるように黒色のメッシュ幕を張り，それに飛来してきた昆虫が幕にそって上方の屋根の下に移動し，屋根の部分を一番高くなった一端に移動したところで，その先にある保存液を入れた容器に落ち込む仕掛けである．日本では，近年は昆虫類の採集に広く使われるようになった．今回は，保存液には50％程度のエタノールを使った．また，やはり飛翔性の水辺昆虫などを採集するためには，蛇石川の河岸に白色バットとLED（紫外線と白色の混合）ライトトラップ（CR-1007，コスモ理研，大阪府柏原市）を，2ないし3基設置した（図7-7）．

　2008年10月に採取した材料については，大阪市立自然史博物館の標本同定会において，甲虫類とくにハネカクシ類やゴミムシ類の専門家（伊藤昇さんなど）によって同定してもらった．また，2009年以降の調査で取得した写真の一部については，同博物館友の会評議員（当時神戸大学大学院）の藤江隼

図7-6　ピットホールトラップ

図7-7　蛇石サイトに設置してLED灯火採集（パントラップ）

平さんに同定してもらった．

7.1.2　群集組成と特徴

　昆虫以外の無脊椎動物としては，蛇石川の河岸に設置したピットホールトラップによって，2008年10月には大量のババヤスデ類（種未同定）が捕獲さ

れた.

　2008年10月のピットホールによる採集では，甲虫類については，オサムシ科は8属12種が，アリヅカムシ科が1種（属種未詳），ハネカクシ科が6種，それぞれ確認された（表7-1）. オサムシ科では，ウスモンコミズギワゴミムシ *Tachyura fuscicaunda* が最優占種で，それに続いてニッコウミズギワゴミムシ *Bembidion misellum*，クロツヤヒラタゴミムシ *Synuchus cycloderus*，アシミゾナガゴミムシ *Pterostichus sulcitarsis* が多かった. ハネカクシ科では，ヨツメハネカクシ属の1種 *Olophrum subsoknum*，ナガハネカクシ属の1種 *Lobrathium* sp. が多かった（図7-8〜7-10）.

　2012年6月のピットホール採集では，アオゴミムシ *Carabus insulicola*，オオアトボシアオゴミムシ *Chlaenius micans*，ヒメキベリゴミムシ *Chlaenius inops*，キンナガゴミムシ *Pterostichus versicolor*，ムネアカマメゴモクムシ *Stenolophus propinquus*，ミイデラゴミムシ *Pheropsophus jessoensis* の6種のオサムシ科が写真同定され（口絵7，図7-11），それ以外に小型ゴミムシやハネカクシ類が写真には記録されていた. アオゴミムシが圧倒的な優占種で，それに続いてヒメキベリゴミムシが多かった.

　ちなみに，この時期は洪水貯留準備水位への水位低下が続いていたタイミングで，蛇石サイトは干出からは1週間も経過していないと思われるが，予想以上に多くの地上歩行性昆虫が確認された. この傾向は，2014年5月の調査でも観察できた.

　貝山サイトにおいては，干出直後のタチヤナギ林内（図7-12）とともに，蛇沢川流入部に形成された小デルタ（図7-13）にもピットホールトラップを設置したが，林内に比べてデルタは著しく貧弱な甲虫群集であった（表7-2）. ちなみに，この小デルタは，干出中にツルヨシの密生した群落となり，その後のピットホールによる調査は実施できなかった.

　2012年9月の蛇石サイトのピットホール採集では，キンナガゴミムシが写真同定され，それ以外の甲虫としては，少なくとも2種のゴミムシ類とハネカクシ類が，写真記録されたが，標本に基づく種までの同定はまだできていない. この時期には，ヤチスズ *Pteronemobius ohmachii* と歩行性クモ類が多く採集された.

表7-1 蛇石川前貯水池下流側（蛇石サイト）のタチヤナギ林の歩行性甲虫類（2008年10月21～23日のピットホールによる）

科・種（学名）	和名	個体数
オサムシ科　Carabidae		
Bembidion misellum	ニッコウミズギワゴミムシ	7
Bembidium pscopulinus	ミズギワゴミムシ	1
Carabus albrechti	クロオサムシ	2
Harpalus vicarius	ケゴモクムシ	2
Pterostichus noguchii	ノグチナガゴミムシ	3
Pterostichus sulcitarsis	アシミゾナガゴミムシ	4
Steonlophus propinquus	ムネアカマメゴモクムシ	1
Synuchus arcuaticollis	マルガタツヤヒラタゴミムシ	2
Synuchus cycloderus	クロツヤヒラタゴミムシ	5
Synuchus orbicollis	ブリットオンツヤヒラタゴミムシ	1
Trichotichnus longirtarsis	クビアカツヤゴモクムシ	2
Tachyura fuscicauda	ウスモンコミズギワゴミムシ	20
アリヅカムシ科　Pselaophidae		
	アリヅカムシ	4
ハネカクシ科　Staphylinidae		
Aleocharinae gen	ヒゲブトハネカクシ類	4
Lobrathium sp.	ナガハネカクシ属	3
Olophrum subsoknum	ヨツメハネカクシ属の1種	6
Olophrum vicinum	カクムネヨツメハネカクシ	1
Sepedophilus sp.	キノコハネカクシ属	1
Tachinus nigriceps	クロズマルクビハネカクシ	1

　ゴミムシ類は，捕食性あるいは腐食性のギルドであると言われている．そこで，彼らの餌となる生物を，土壌コアによって採取したが，ごく少数のミミズ類が確認されただけである．食性については，安定同位体比も含め，今後の解析が必要である．とくに，捕食者・腐食者のゴミムシ類の，干出したヤナギ林への侵入は，かなり早い時期に起こるが，その餌となる無脊椎動物の侵入は，それほど早いとは考えにくい．餌種の詳細やその移動分散のダイナミクスも，今後の興味深い課題である．

第 7 章　ダム湖水位変動帯の陸上無脊椎動物

クロオサムシ
Carabus albrechti

マルガタツヤヒラタゴミムシ
Synuchus arcuaticollis

ニッコウミズギワゴミムシ
Bembidion misellum

ケゴモクムシ
Harpalus vicarius

クロツヤヒラタゴミムシ
Synuchus cycloderus

ウスモンコミズギワゴミムシ
Tachyura fuscicauda

図 7-8　2008 年秋に蛇石サイトにおいて採集されたゴミムシ類

クビアカツヤゴモクムシ
Trichotichnus longirtarsis

ノグチナガゴミムシ
Pterostichus noguchii

アリヅカムシ

図 7-9　2008 年秋に蛇石サイトにおいて採集されたゴミムシ類とアリヅカムシ類

ヨツメハネカクシ属の 1 種
Olophrum subsoknum

カクムネヨツメハネカクシ
Olophrum vicinum

ナガハネカクシ属
Lobrathium

ヒゲブトハネカクシ類
Aleocharinae gen sp.

図 7-10　2008 年秋に蛇石サイトにおいて採集されたハネカクシ類

Part Ⅱ　ダム湖水位変動帯の動物群集

図 7-11　ピットホールの捕獲写真によるゴミムシ類の同定．ミイデラゴミシ *Pheropsophus jessoensis*（下の大型個体）とアオゴミムシ *Carabus insulicola*（上の中型個体）など

図 7-12　貝山サイト（蛇沢川前貯水池上流側）のタチヤナギ林

図 7-13　貝山サイト（蛇沢川前貯水池上流側）の小デルタ

表7-2 貝山サイト（蛇沢川前貯水池上流側）のヤナギ林内と小デルタにおけるピットホールトラップ採集の比較（各10個のトラップの個体数）

和名	学名	ヤナギ林	小デルタ
アオゴミムシ	*Carabus insulicola*	13	2
ヒメキベリゴミムシ	*Chlaenius inops*	11	2
キンナガゴミムシ	*Pterostichus versicolor*	1	
小型ゴミムシ類		1	
ミイデラゴミムシ	*Pheropsophus jessoensis*	1	
ハネカクシ類		1	
クモ類		1	

7.2 寒河江ダム水位変動帯の昆虫類の調査

7.2.1 調査地点と方法の概要

　寒河江ダム貯水池と流入河川である寒河江川との水位変動帯の地形や土壌特性については，増山ほか（2011）が詳細に報告している．水位変動が50 m程度あり，さらに流入河川（寒河江川）の規模が大きな寒河江ダムにおいては，三春ダムよりも大規模なエコトーンの陸地生態系が形成されている．寒河江ダムでは季節的には大きな変動があるが，その変動パターンは経年的にはほとんど変化しないという（増山ほか2011）．水位は融雪出水を受けて5月に最高水位になり，夏の洪水期を迎えて6月中旬まで人為的に水位低下（ドローダウン）が実施される．この間の水位低下は最大で25 mに達し，水位変動帯に特有の生態系が成立する．積雪期にはさらに水位低下が起こり，3月から4月に最低水位になり，その水位差は約50 mになることもある．しかし，冬季に陸上になるエコトーンの調査は，大量の積雪もあるために実施されていない．

　10月の水位低下時には堆積物の性状には，縦断方向に顕著な傾向が見られたという（増山ほか2011）．流路の水際には，上流側には粗い粒径の土砂が見られるのに対して，下流側では1～300 μmの細粒分が100％近くと卓越し

ていた．土壌を深度別に採取しても，ほぼ似た傾向が認められている．この，土砂の堆積プロセスについては，以下のように推論されている．止水（水域）環境にある高水位の時期には，融雪出水に伴って大量の細粒土砂が流入河川から供給され，水位変動帯全体に堆積する．水位の低下に伴って，エコトーンでは，堆積土砂の分級が起こり，上流側に粗粒分が下流側に細粒分が堆積する傾向が見られる．さらに，上流側にいったん堆積した細粒分も，流水環境が成立することで下流側に掃流される．このようにして，水位変動帯には顕著な縦断方向の土壌の粒度勾配が見られることになる．このような，変動帯の季節的な変化は，規模，地形や変動幅の小さな三春ダムの流入河川においては，確認されていない．

粒状有機物の縦断方向の分布も詳しく調べられている（増山ほか 2011）．水位低下時に河川から流入してきた有機物は，落葉などの大型粒状有機物も含めて水位変動帯に堆積することなく，湖内（止水域）に直接入ると思われる．水位変動帯に堆積している粒状有機物は，変動帯が止水状態の 6 月までに堆積したものと推定されている．

土壌粒度と有機物量の分布は，土壌環境にも大きな影響を与える．細粒分が多く，有機物も多い下流側では，好気的な環境の上流側（酸化還元電位で 227 mV）に比べて，より嫌気的な環境（酸化還元電位で $-35 \sim -19$ mV）になり，嫌気的な有機物分解に伴うメタン生成も起こるという．これについては，本書コラム 7 でさらに詳しく述べられている．

7.2.2 昆虫群集とその季節変化

寒河江ダム湖の水位変動帯（図 2-1 の網掛け部分）の陸上無脊椎動物（主に昆虫類）について，棲み場（ハビタット）の区分を見てみることにする．左岸側の微高地に形成された平坦部のテラスと中州（デルタ）が大きく区分され，さらに陸地になったときの植生に応じて細分され，併せて五つの棲み場が区別されている（中島ほか 2014）．すなわちテラスのヤナギ林，草地，湿地と，中州においては比高の低い湿地と微高地の砂礫地が区分されている．ヤナギ林では，ヤナギ群落があるために草本が少なく，コケ類が地表を覆うという．草地はイネ科草本を主体とするものである．湿地は，当初は裸地であるが，

干出期の後半にはカヤツリグサ科などの湿生植物群落が形成される．中州の湿地は，干出当初は水分の多いシルト堆積場であるが，後半にはタデ科などの湿生植物が見られるようになる．砂礫地は，干出時を通じて植生の発達しない裸地である．

　寒河江ダムの水位変動帯の陸上無脊椎動物群集の調査は，ピットホールなどの受動的な採集法ではなく，1mの方形枠について捕虫網や吸虫管を使った能動的な採集法で実施している（中島ほか 2014）．受動的な採集法に比べると，手間がかかり採集技術が必要ではあるが，定量的な評価は行いやすい．

　全体的な個体密度の季節変化は，干出直後の6月が少なく，8月に最大になり，10月はやや低密度になるといった傾向が報告されている．2010年は7月，8月，10月と，3回の調査時の差は少なかった．分類群としては，コウチュウ目とハエ目が卓越していた．コウチュウ目は，干出初期に多く，その後は徐々に密度が低下していた．この傾向は三春ダム湖とも一致しているようである．

　生息場ごとに見ると，テラスと中州ともに，湿地の個体密度が高くなっていた．これらの湿地では，全般にコウチュウ目とハエ目の密度が高かった．5つの生息場のなかで，もっとも低密度で推移したのは，中州微高地の砂礫地であった．水位変動帯というエコトーンのなかでも，水陸移行帯の水際に成立する湿地の無脊椎動物群集が豊富であることが見事に示されている．

　中島ほか（2014）は，とくにゴミムシ類のオサムシ科に注目している．湿地性のヨツモンコミズギワゴミムシ *Tachyura laetilica* などが干出初期に出現し，干出後期には草地性のゴミムシ *Anisodactylus signatus* やヒメケゴモクムシ *Harpalus jureceki* などが出現し，その後は安定的にこれらの種が出現するなどの興味深い知見をまとめている．優占種も含めた種組成などは，必ずしも三春ダム蛇石サイトと一致しない．ダム湖の水位変動帯が干出した陸地部の群集変化は，水位の変動幅，地形などによって，大きく異なるのだろう．群集組成については，人為的なダム管理でも制御できるかもしれない．今後の，詳細な比較研究が待たれる．

7.3 干出した水位変動帯の特性

　今回の，水位変動帯における陸上無脊椎動物の調査によって，三春ダム湖や寒河江ダム湖の水位変動帯に形成されたタチヤナギ林内や湿地などには，豊かな歩行性無脊椎動物の群集が見られることが判明した．また，干出直後から，林内が利用されていることも判明した．三春ダム湖については，一時的陸域になってから長い時間が経過していた 2008 年 10 月と干出直後の 2012 年 6 月は，同じサイトであったが，歩行性甲虫のゴミムシ相はまったく異なっていた．オサムシ科については，優占種が異なるだけではなく，共通して出現したのは，ムネアカヒメゴモクムシの 1 種だけであった．

　誘引剤などを使わないサンプリングのために，林内などをなんらかの形で利用している歩行性あるいは徘徊性の陸上無脊椎動物の種組成を適切に把握することができたと思われる．また，専門家の助言を受けることで，写真同定も一定の精度が担保され，非常に簡便な種組成の把握法であることが判った．陸上無脊椎動物のなかでは，オサムシ科については種レベル分類が確立していることや関連資料が揃っていることなど（日本産環境指標ゴミムシ類データベース作成グループによる「里山のゴミムシ」ウェブサイト）から，水位変動帯エコトーンが一時的陸域になったときには，その環境把握に適している材料と思われる．また，河川水辺の国勢調査の資料も充実し（石谷 2010），河原での詳細な研究事例もある（李・石井 2010）．

　ちなみに，2012 年 6 月については，地上性徘徊昆虫などの餌の把握のために，コア採集を実施したが，若干の貧毛類が採集されただけであった（谷田 未発表）．ゴミムシ類やハネカクシ類などの，捕食者の餌資源の状態については，さらに詳しい調査が必要であろう．

　三春ダムについては，3 回の調査資料しか分析できていないが，それぞれの時期によって，同じ蛇石サイトでも，動物相は大きく異なっていた．その動態や原因については，収集済みの資料について，さらに詳しく分析することで，解明できる部分が多いと期待される．

　寒河江ダムの大規模な水位変動帯では，経時的な調査がなされている．無

脊椎動物群集，とくにゴミムシ類の経時的（干出からの時間経過）な変化や季節的な動態について詳細な報告が待たれる．その動態は，水位変動帯エコトーンにおける湿地ビオトープなどの環境創出や，エコトーンに豊かな生物相を回復させるなど，ダム影響のミティゲーションや自然再生にも貢献すると思われる．

参照文献

石谷正宇（2010）地表性甲虫類を指標とした環境影響評価の現状．『環境動物昆虫学会誌』21: 73-83.

増山貴明・吉村千洋・藤井　学・伊藤　潤・大谷絵利佳（2011）寒河江ダム貯水池と流入河川のエコトーンにおける堆積土砂と土壌環境特性の空間分布．『応用生態工学』14: 103-114.

中島　拓・東　淳樹・江崎保男（2014）寒河江ダム水位変動帯の生態系　寒河江ダム後背湿地における水位変動と昆虫類の季節変化．水源地生態研究会報告書（平成20〜24年度）（印刷中）

日本産環境指標ゴミムシ類データベース作成グループ　里山のゴミムシ．http://www.lbm.go.jp/emuseum../zukan/gomimushi

李　哲敏・石井　実（2010）大和川の河川敷における地表性甲虫類群集の種多様性．『環境動物昆虫学会誌』21: 15-28.

第8章
ダム湖沿岸帯植生の魚類による利用

浅見和弘・一柳英隆

ダムによって作られたダム湖には，どのような魚が生息し，その生活にとって沿岸，特に水位変動帯の植生はどのように影響しているのだろうか．本章ではダム湖の魚類に焦点をあて，ダム湖の魚類相を全国的に整理し，その後，ダム湖の代表的な魚類であるギンブナ *Carassius auratus langsdorfii* の水位変動帯のヤナギ林利用に関する福島県・三春ダムの事例を紹介する．

8.1　ダム貯水池内の魚類相

8.1.1　ダム貯水池で確認される魚類

河川であったところが湖になると，それまで生息していた魚類相は大きく変わる．ダム建設は，川に湖を造ることであり，流水の止水化や水深の深化という環境変化を急速に招く．それに伴い水温・水質・有機物などの非生物的環境要素と，水生植生やプランクトン相などの生物的環境要素の変化をもたらし（Cowx and Welcomme 1998），これらの環境変化によって，魚類相や種組成が異なっていく（森 1999）．

奈良県十津川に位置する猿谷ダムでは，ダム建設前と建設後の魚類相と生息密度の比較が推定されている（水野・名越 1964）．ダム建設前の評価は事前調査によるのではなく，建設後のダム湛水域より上流部における調査結果に基づく推定であるが，ダム建設前はウグイ *Tribolodon hakonensis* がもっとも

優占し，次いでカワヨシノボリ Rhinogobius flumineus とアユ Plecoglossus altivelis altivelis が多く占めるとされる．一方，ダムが完成した後のダム湖の調査によると，ウグイが激減し，カワヨシノボリとアユの姿は見られなくなった．それらに代わって，オイカワ Opsariichthys platypus，ゼゼラ Biwia zezera，モツゴ Pseudorasbora parva などのコイ科魚類が激増した．また，コイ Cyprinus carpio やフナ Carassius sp. も増加し，ワカサギ Hypomesus nipponensis やヨシノボリ Rhinogobius sp. も捕獲されるようになった（水野・名越 1964）．

では，全国のダムには，現在どのような魚類が生息しているのだろうか．国土交通省直轄または水資源機構が管理する全国のダムを中心に行われている「**河川水辺の国勢調査**（ダム湖版）」の魚類調査の結果から，ダム湖の魚類相を確認してみたい．

河川水辺の国勢調査は，ダム湖およびその周辺において，5年に1度，調査が行われる（ただし，一部の陸上生物については 10 年に1度）．2006 年に調査マニュアルが改訂され，2010 年までの5年間で，その新マニュアルを用いた調査による結果が全ダムそろうことになる．その 2006〜2010 年の調査を集計した．

対象としたダム湖数は 104 である．河川水辺の国勢調査では，ダム湖内を含め，上流・下流の調査が行われる（国土交通省水管理・国土保全局河川環境課 2012），ここでは，ダム湖内の調査を集計した．各ダム湖では，刺し網，投網，タモ網などの漁具をつかった捕獲，潜水による目視確認など，さまざまな手法が用いられ，原則的に1年間に2時期の調査が行われる．それらをまとめて，出現の有無を確認した．ただし，多くのダムを比較するために（同定の精度をあわせるために），フナ属 Carassius は，ゲンゴロウブナ Carassius cuvieri 以外はまとめ，そのほか，ジュズカケハゼ種群 Gymnogobius spp. およびトウヨシノボリ類 Rhinogobius spp. もまとめた．

その結果，104 ダムで総計して 95 種が確認された．もっとも出現ダム数が多いのは，ギンブナを中心としたフナ属の 87 ダムであり，ウグイ（75 ダム），コイ（72 ダム）が続いた．フナ属など，中下流および湖沼に生息する種が多く確認されることがわかる（図 8-1）．

各ダムで確認される魚類の種数は，平均 13.5 種（標準偏差 5.9 種）であっ

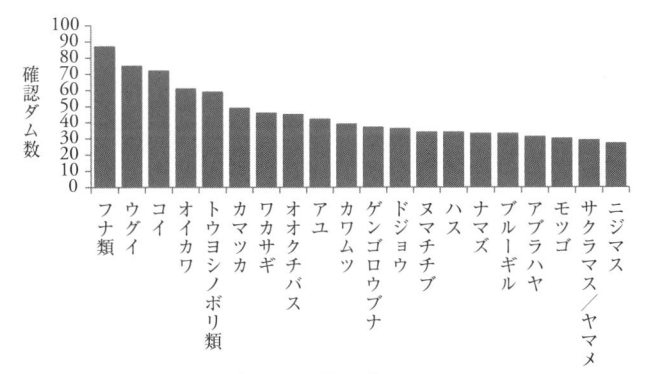

図 8-1 104 ダムの河川水辺の国勢調査 (2006 〜 2010 年) においてダム湖に出現した魚種の確認ダム数上位 20 種

表 8-1 全国 95 ダムの魚類確認種数を予測する式の係数，その標準誤差，およびその変数を除いた場合の AIC (赤池の情報量基準) の変化 (Δ AIC).

変数	係数	標準誤差	Δ AIC
切片	5.50×10^0	0.38×10^0	
緯度	-8.72×10^2	1.06×10^2	71.4
標高 (m)	-3.11×10^4	1.56×10^4	2.09
集水面積 (km^2)	1.74×10^4	8.74×10^4	1.82
湛水面積 (ha)	4.77×10^4	1.63×10^4	6.26
水質 (COD, mg/L)	4.75×10^2	3.32×10^2	0.01
ダム年齢	5.43×10^3	1.89×10^3	6.24

式は，一般化線形モデル (データが従う分布はポアソン分布) による (AIC = 568.14).

た．この各ダムで確認される種数は，ダムの位置，大きさ，建設からの年数 (ダム年齢) 等によってある程度予測可能である．対象とした 104 ダムから，島嶼であること等により種数が少ない沖縄および流入河川の酸性を中和しているダム (玉川ダム，品木ダム) を除いた 95 ダムから作成した回帰式の係数を表 8-1 に示した．一般に，高緯度・高標高 (寒冷地) ほど，魚類の種数は少なく，集水面積が大きいほど種数は多くなる．また，ダムの面積が大きいほど，水質は有機物が多い (COD が高い) ほど，そのダムで確認される種数が多い．ダム年齢と種数には正の関係がある．この正の関係があることは，自然および人為 (意図的なもの，非意図的なものの両者を含む) による移入が進

表8-2 全国104ダムで確認された環境省レッドリスト掲載種

レッドリストの カテゴリー	和名	学名	確認 ダム数	在来分布域外[3] ダム数
絶滅危惧ⅠA類（CR）	ワタカ	Ischikauia steenackeri	5	5
〃	ホンモロコ	Gnathopogon caerulescens	15	15
〃	リュウキュウアユ	Plecoglossus altivelis ryukyuensis	4	
〃	トミヨ属雄物型	Pungitius sp. 2	1	
絶滅危惧ⅠB類（EN）	ゲンゴロウブナ	Carassius cuvieri	37	37
〃	ニゴロブナ	Carassius auratus grandoculis	4	4
〃	オオガタスジシマドジョウ	Cobitis magnostriata	7	
〃	ホトケドジョウ	Lefua echigonia	2	
〃	イトウ	Hucho perryi	2	
〃	オヤニラミ	Coreoperca kawamebari	1	
〃	キバラヨシノボリ	Rhinogobius sp. YB	1	
絶滅危惧Ⅱ類（VU）	スナヤツメ北方種・南方種	Lethenteron sp. 1/L. sp. 2	7	
〃	キンブナ	Carassius auratus subsp. 2	1	
〃	ハス	Opsariichthys uncirostris uncirostris	34	34
〃	ゼゼラ	Biwia zezera	15	12
〃	スゴモロコ	Squalidus chankaensis biwae	14	14
〃	アジメドジョウ	Niwaella delicata	2	
〃	ヤマトシマドジョウ	Cobitis matsubarae	1	
〃	ギバチ	Pseudobagrus tokiensis	2	
〃	アカザ	Liobagrus reini	4	
〃	オショロコマ	Salvelinus malma krascheninnikovi	4	
〃	エゾトミヨ	Pungitius tymensis	1	
〃	メダカ北日本集団・南日本集団	Oryzias sakaizumii / O. latipes	7	
準絶滅危惧（NT）	ヤチウグイ	Phoxinus percnurus sachalinensis	3	
〃	サクラマス（ヤマメ）[1]	Oncorhynchus masou masou	29	
〃	サツキマス（アマゴ）[2]	Oncorhynchus masou ishikawae	21	1
〃	カジカ大卵型	Cottus pollux	17	
〃	ジュズカケハゼ広域分布種	Gymnogobius sp. "Widely-distributed species"	1	
〃	トウカイヨシノボリ	Rhinogobius sp. TO	1	
〃	シマヒレヨシノボリ	Rhinogobius sp. BF	4	
情報不足（DD）	ドジョウ	Misgurnus anguillicaudatus	36	
〃	ニッコウイワナ	Salvelinus leucomaenis pluvius	16	
絶滅のおそれのある 地域個体群（LP）	東北地方のエゾウグイ	Tribolodon sachalinensis	4	

1) ヤマメとして記録されたものも含めている
2) アマゴとして記録されたものも含めている
3) 国内外来の判断は，侵入生物データベース（http://www.nies.go.jp/biodiversity/invasive/）によった．国内外来が疑われても，在来分布する河川内であれば含めていない

むためであろう．

次に，重要な種（希少種）の出現状況を見てみよう．環境省のレッドリストに掲載された種で，河川水辺の国勢調査の2006〜2010年にダム湖内で確認された種を表8-2に示した．中下流や湖沼に生息する種も表8-1に含ま

れているが，ワタカ *Ischikauia steenackeri*，ホンモロコ *Gnathopogon caerulescens*，ゲンゴロウブナ，ニゴロブナ *Carassius auratus grandoculis*，ハス *Opsariichthys uncirostris uncirostris*，ゼゼラ，スゴモロコ *Squalidus chankaensis biwae* など，本来琵琶湖に生息する希少種で，人為的（意図的・非意図的）に各ダムに移入したと考えられる種が多い．減少が著しいと考えられる**氾濫原性**のタナゴ類などは確認されず，氾濫原性と呼べるものはメダカ（北日本集団 *Oryzias sakaizumii* および南日本集団 *O. latipes*）とドジョウ *Misgurnus anguillicaudatus* くらいである．その他の種は，比較的河川上流域を生息場としているものが多い．これはダムが主に山間部に建設されることが多いということによるのだろう．つまり，山間部に出現したダム湖は，もともと生息していた河川上流性の希少種の生息場になるものの，中下流・湖沼・氾濫原性の希少種が確認された場合，人為的に移入されたものであることが多いと考えられる．

8.1.2 各地域のダム貯水池の魚類組成

ダム湖魚類組成（種の個体数割合）の解析は，河川水辺の国勢調査から，一部の調査手法のみを取り出して行った．ここでは多くのダムで用いられる刺し網の採集個体数を用い，種の相対的な個体数割合を解析した．104ダムの中で，ダム湖内で刺し網を行っているダムは，100ダムだった．図8-2に示すグループで集計し，10区分の地方別に示した．

フナ属は地方にかかわらず10%前後を占めることが多かった．北方のダムでは，ウグイ，ワカサギ，サケ科 Salmonidae の割合が高かった．関東以西では，オイカワの割合が高かった．ニゴイ属 *Hemibarbus* は関東から中国でよく捕獲された．中部，近畿，中国では，「その他」が高い割合になっているが，この内部内訳としては，スゴモロコ，コウライモロコ *Squalidus chankaensis tsuchigae*，ゼゼラ，カマツカ *Pseudogobio esocinus* など，コイ科 Cyprinidae カマツカ亜科 Gobioninae の比較的小型の魚類が中心であった．

国外外来種であるオオクチバス *Micropterus salmoides*，コクチバス *Micropterus dolomieu*，ブルーギル *Lepomis macrochirus* は，関東以西で割合が高かった．沖縄は，ほとんどがティラピア類（外来種）だった．西南日本では，

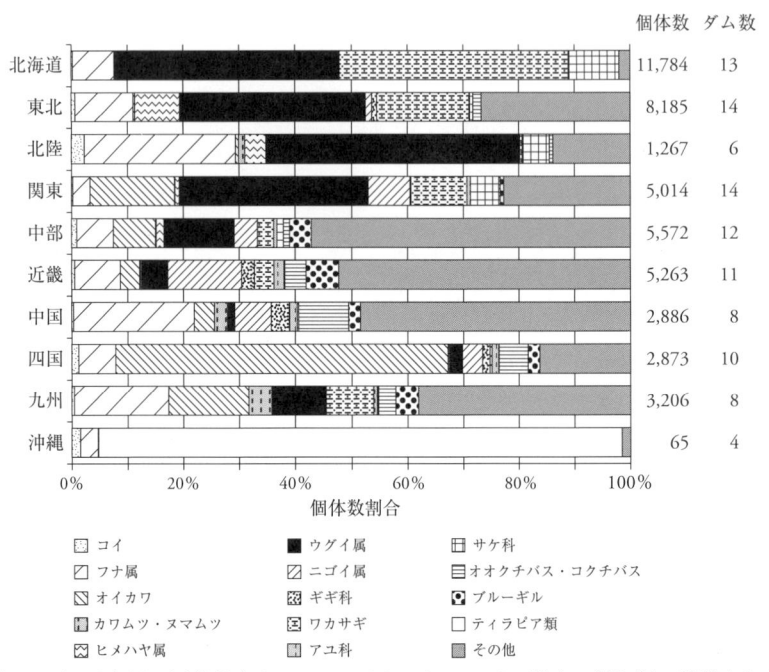

Part II　ダム湖水位変動帯の動物群集

図 8-2　河川水辺の国勢調査（2006〜2010 年）においてダム湖内で刺し網で捕獲された魚類の個体数割合（地方別）

外来種の割合が高く，無視できない（外来魚問題については，後掲する補遺で扱う）．

8.2　三春ダムにおける魚類の湖畔ヤナギ林利用

8.2.1　水位変動と魚類との関係

多目的ダムの運用には，**制限水位方式，オールサーチャージ方式**等があり，国土交通省と水資源機構が管理する多目的ダム約 100 のうち，制限水位方式をとっているのが約 70 である．制限水位方式は，非洪水期（10 月〜6 月）

は貯水位を高く設定し（**平常時最高貯水位**），洪水期（6月～10月）には，洪水に備え，貯水位を低く設定する（**洪水貯留準備水位**）．この下げた範囲の分だけ，洪水を貯めこめるようになっている．その結果，制限水位方式のダム湖畔は，毎年ほぼ同じ時期に冠水と水位低下を繰り返すことになる．平常時最高貯水位～洪水貯留準備水位の水位変動帯は，裸地が発達する場合もあるが，斜面の勾配や種子散布の条件が揃えば，ヤナギ群落などの植生が発達する（Azami et al. 2013）．ダム湖の水位変動帯に発達するヤナギ群落は東北日本の三春ダムをはじめ，御所ダム，四十四田ダム，鳴子ダムでも確認されている．

　天然湖沼では，沿岸部にヨシ *Phragmites australis*，マコモ *Zizania latifolia* などの**抽水植物**や，エビモ *Potamogeton crispus* などの**沈水植物**がみられ，琵琶湖に棲む約50種の魚類のほぼ半数は，生活史の一時期または全期間を通じてこの水生植物帯となんらかの形で関連をもって生活している（平井1970）．特に春から夏にかけては，コイやフナ類，モロコ類の産卵期にあたり（平井1970; 山本2002），湖や貯水池の浅い場所の水生植物帯は，多くの淡水魚の餌場や産卵場として，また**仔稚魚**や未成魚の生息場として，重要な役割を果たしている（Yamamoto et al. 2006）．前節でみてきたとおり，ダム湖には多くの中下流・湖沼に生息する魚が生息している．これらの種の生息にとって沿岸帯の植生は生息に影響を与えるはずである．

　ダム湖の湖岸部には，ヤナギ群落をはじめとする植物群落が発達しており，かつ，生活史の全期間を貯水池内で過ごすと考えられるギンブナなどが生活していることから，ヤナギ群落は何らかの機能を果たしていると考えられる．制限水位方式のダム湖畔の植生は，4～5月は水没していることが多く，この時期に繁殖期を迎えるコイやフナ類などの魚類も多い．コイやフナ類は，湖沼の水草や浮遊物に産卵する（中村1969）ため，水位変動帯の植生を産卵場として使う可能性は十分考えられる．三春ダム貯水池内では，在来魚で比較的多い種としてはギンブナが挙げられる（Azami et al. 2012; 熊澤ほか 2012）．ギンブナは当該地域では釣りの対象魚としても人気がある．ここでは，このヤナギ群落とギンブナの関係を紹介する．

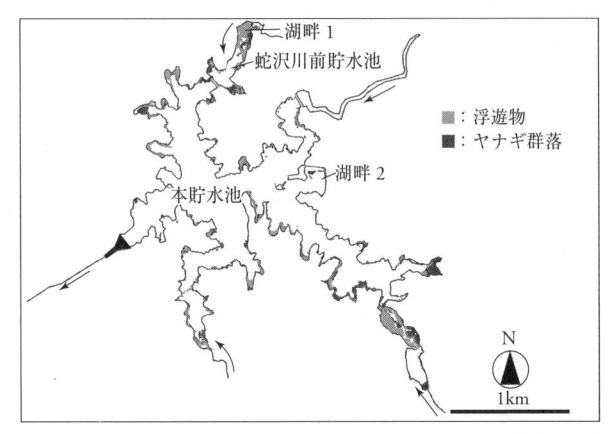

図 8-3　三春ダム貯水池内の浮遊物 (2011 年) とヤナギ群落の分布
矢印は河川の流れの方向を示す

8.2.2　三春ダム貯水池のタチヤナギ群落と浮遊物の分布

　ギンブナは，一般に3月下旬〜6月下旬に産卵し，その最盛期は4月上，中旬であり，全長77.9〜95.5 mmで成熟する (中村 1969)．三春ダムでは貯水池内には水草が少なく，ギンブナは，貯水池内のヤナギの落葉・落枝を含む植物遺体を中心とした浮遊物に産卵すると考えられた．そのため，ギンブナの繁殖期に，ボートを使って，本貯水池と前貯水池の全域を一周し，浮遊物の分布を観察，記録した．
　三春ダム貯水池内のヤナギ群落と浮遊物は，ヤナギ群落は入江に多く，浮遊物も類似した場所に多い傾向であった (図 8-3, 8-4)．全浮遊物の面積と，ヤナギ群落内外の浮遊物の面積ならびに割合をみると，浮遊物の64%がヤナギ群落内に存在した (表 8-3)．

8.2.3　ギンブナの移動状況

　次にギンブナが春先にどのような行動をとるか追跡した．冬季に，成熟しているギンブナ3個体 (全長290 mm 〜 360 mm) の体内に，音波テレメトリ発信器を装着した．その後，室内で約1か月飼育し，受信器が体内から外れ

第 8 章　ダム湖沿岸帯植生の魚類による利用

図 8-4　ヤナギ群落と浮遊物（破線で囲んだあたり）

表 8-3　三春ダム湖における浮遊物の分布箇所

	ヤナギ群落内	ヤナギ群落外	計
浮遊物（面積）	79,450 m^2	44,720 m^2	124,170 m^2
（割合）	64%	36%	100%

ていないこと，ギンブナ3個体が健康な状態であることを確認し，1月に蛇沢川前貯水池に放流し（口絵8），約6か月間追跡した（図8-5）．

図8-6に，2010年1月から6月上旬まで，ギンブナ3個体を追跡した音波テレメトリ調査結果を示す．3個体ともにリリースした1月から3月上旬まで，堤体近くの観測局（以下，堤体局）で連続して確認でき，貯水池の中央の局（以下，中央局）でも確認できた．これは，この間，ギンブナ3個体は貯水池の堤体から中央部，すなわち，貯水池の深い場所に生息していたことを示す．

その後，3月11日（水温5℃前後）ごろ，堤体局，中央局で受信が途切れがちとなった．前貯水池内の浅い場所に該当するヤナギ局は，受信器設置時には水没しておらず受信不能であったが，その後の水位上昇により3月22日になると受信器が湛水し受信可能になり，堤体局，中央局で受信が途切れる場合でもヤナギ局で比較的継続して受信が認められた．ヤナギ局では，4月

図8-5 ギンブナの放流状況

上旬までは，3個体とも確認できたが，4月10日すぎ（水温10℃）には個体A，個体Cの2個体が3局全てで受信できなくなった．個体Bは，5月下旬までヤナギ局で確認できたが，その後は確認例が減少した．

　堤体局，中央局で受信できなくなり，ヤナギ局で受信できたことは，ギンブナがヤナギ局の近くに移動したことを示している．個体A，Cは4月中旬以降，ギンブナからの信号が受信できなくなったが，これは，受信可能圏外に移動したか，釣られていなくなった，あるいは捕食されたことなどが考えられる．この地域の釣り人の話では，釣ったギンブナは持ち帰ることはせずリリースするというし，また，生きた大型のフナがほぼ同時に捕食されることは考えにくく，ギンブナに埋め込んだ発信機からの音波が受信できなくなったのは，ギンブナが圏外に移動した可能性がもっとも高いと考えている．

　水温に着目すると，貯水池の水温は3月以降，徐々に上昇した．ギンブナが動き始めたのは5℃であり，3月19日には7℃近くに達している．ギンブナはわずかな水温の変化を感じて，動き出したのではないかと考えられる．

8.2.4　ギンブナの繁殖行動，卵の観察

　では，ギンブナは湖畔で何をしているのだろうか．ギンブナの繁殖行動，

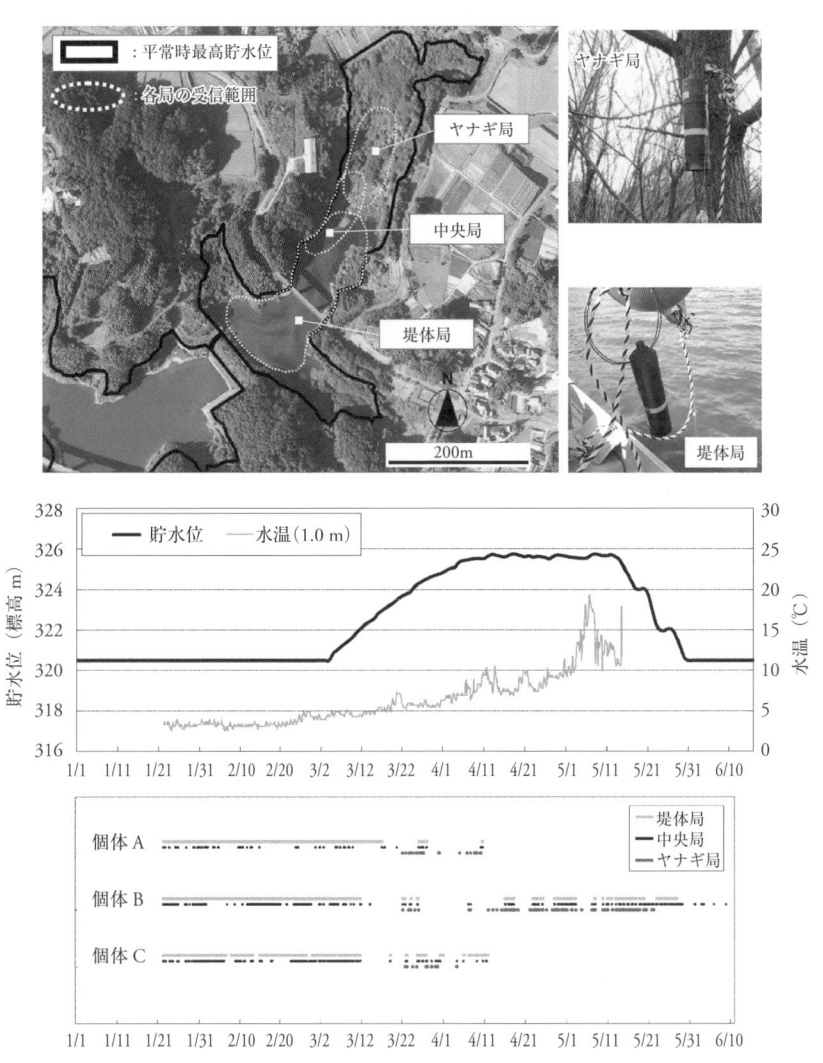

第8章　ダム湖沿岸帯植生の魚類による利用

図8-6　受信局3局の受信範囲，ギンブナ3個体の受信状況と水温，貯水位
上図：蛇沢川前貯水池に設置した受信局3局の受信範囲．空中写真は2005年撮影．受信局は，堤体局，中央局，ヤナギ局の3か所に設置した．中央図：貯水位と水温（水深1m）の変遷を示す．下図：受信局3局でのギンブナの受信状況．ギンブナは，2010年1月22日に3個体（A, B, C）をリリースした．1月22日は堤体局，中央局で受信可能であったが，ヤナギ局は受信器が水没しておらず，受信不能であった．その後，水位上昇に伴い3月22日に，ヤナギ局の受信機が水没し，受信可能な状態になった．

185

Part Ⅱ　ダム湖水位変動帯の動物群集

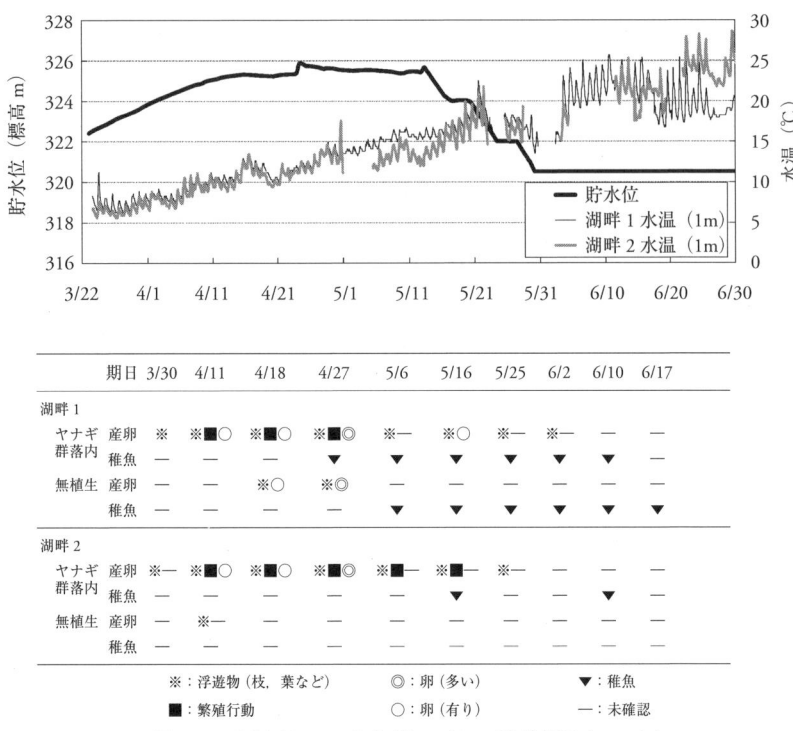

期日	3/30	4/11	4/18	4/27	5/6	5/16	5/25	6/2	6/10	6/17
湖畔1										
ヤナギ群落内　産卵	※	※■○	※■○	※■○	※—	※○	※—	※—	—	—
稚魚	—	—	—	—	▼	▼	▼	▼	▼	—
無植生　　　　産卵	—	—	※○	※◎	—	—	—	—	—	—
稚魚	—	—	—	—	▼	▼	▼	▼	▼	—
湖畔2										
ヤナギ群落内　産卵	※—	※■○	※■○	※■○	※■—	※■—	—	—	—	—
稚魚	—	—	—	—	—	▼	—	▼	—	—
無植生　　　　産卵	—	※—	—	—	—	—	—	—	—	—
稚魚	—	—	—	—	—	—	—	—	—	—

※：浮遊物（枝，葉など）　　◎：卵（多い）　　▼：稚魚
■：繁殖行動　　　　　　　○：卵（有り）　　—：未確認

図 8-7　水温（水深 1 m）とギンブナの繁殖状況（2011 年）
上図は，貯水位と水温．下図は，ギンブナの繁殖状況を示す．

　卵の確認をするため，2011 年 3 月末から 6 月中旬にかけて，10 日に 1 回程度，湖畔 2 地点（湖畔 1 および 2，図 8-3）で観察を続けた．各地点では，水際にヤナギ群落が存在する範囲と無植生の範囲を各々 10～30 m ずつ観察し，浮遊物，魚類の繁殖活動，浮遊物やヤナギに付着している卵，稚魚の有無を記録した．その結果を図 8-7 に示す．

　まず，浮遊物であるが，観察を始めた 3 月 30 日以降，5 月 25 日または 6 月 2 日まで，両地点ともヤナギ群落内では浮遊物は確認できたが，植生のないところでは浮遊物は少なく，湖畔 1 では 4 月 18 日，27 日の 2 回，湖畔 2 では 4 月 11 日の 1 回のみであった．

　フナ類の産卵行動は，魚群による波立ちやしぶき，それにヤナギの枝の動

き，音などで確認できる．これらの行動は，両地点ともヤナギ群落内が主であった．水温10℃を超える4月11日に，繁殖行動，卵を初めて確認したが，その後も継続して確認でき，4月27日がもっとも卵の確認が多かった．卵は浮遊物に付着しているため（口絵8右），浮遊物の多いヤナギ群落内での確認が多く，無植生の範囲では湖畔1での4月18日，27日の2回のみの確認であった．稚魚は4月27日の初確認後，継続的に確認できたが，植生や浮遊物のある範囲で多かった．なお，卵の一部を採取し，その後，水槽で飼育し，卵はギンブナであることを確認している．

　ギンブナは，浮遊物に産卵しており，植生の発達していない場所でも浮遊物があれば産卵していた．しかし，浮遊物はヤナギ群落内に多く，これはヤナギ群落内では波が弱まること，浮遊物が幹や枝にひっかかり，集積しやすいためと考えられる．その結果，ヤナギ群落内ではギンブナの産卵や稚魚が多いと考えられた．ヤナギは水位変動帯で発達しやすく，耐水性もあり，冠水している時期がギンブナの繁殖期と一致している．水位変動帯のヤナギ群落は，ギンブナの産卵場として十分に機能するとともに，仔稚魚の成育場所にもなっている．

8.3　ダム湖水位変動態植生と魚類の保全

　前節でみてきたように，三春ダム湖水位変動帯のヤナギ林は，水草や浮遊物等に産卵するギンブナのような種にとって，重要な産卵場・稚魚の生息場になっていた．ダムによっては必ずしもヤナギ林のような木本でなくてもよいかもしれない．例えば，本書でよくフィールドとして取り上げられる寒河江ダム（山形県）の水位変動帯は，一部にヤナギの低木がまばらに生えているものの，多くは草本に覆われている（本書第2章参照）．その水際では，春から初夏にはコイ科魚類の産卵が観察される（図8-8）．いずれにしても，水位変動帯の植生が産卵期に水没しており，植物体やそこにトラップされる浮遊物が存在することによって，産卵や仔稚魚成育のための基盤を提供し，ギンブナのような魚類の生息に正の作用があると考えてよいだろう．

図 8-8 寒河江ダム（山形県）の水位変動帯において産卵行動をするコイ科魚類（2012 年 7 月 11 日撮影）

　水位変動帯の植生には，もう一つ，食物源になるという面もある．第 11 章で詳しく述べられるが，寒河江ダムでは，上流河川やダム湖内の水深が大きい場所と比較して水位変動帯（ダム湖上流端の河川流入部）で魚類密度が高く，多くの魚類（特に，コイや，フナ類，アブラハヤ，モツゴなど）にとって一時的陸域の植物を含むデトリタスが重要な餌資源になっていることがわかっている．つまり，ダム湖水位変動帯の植生は，物理基盤と食物という魚類にとっての二つの機能を有していることになる．
　さて，ヤナギ林は斜面の勾配や干出する時期（および干出とヤナギ類の種子散布の時期の関係）を制御することによって管理することができると予想されているし（Azami et al. 2013 および本書第 3 章），草本植生も，ある程度はその出現が予測可能である（本書第 1, 2 章）．草本植生が発達するには粒径の小さな土砂の堆積が必要であるが，澪筋脇の地形を造成することや副ダムの設置により制御可能かもしれない．植生が制御できるなら，それを介したダム湖での魚類の保全もありうるだろう．
　三春ダムで調査されたギンブナや，寒河江ダムのコイやフナ類，アブラハヤ，モツゴは，どこにでも比較的多くいる，いわゆる「普通種」であり，8.1 節で見てきたように，湖沼性の希少種は，在来分布としてはダム湖にあまり

生息していない．そのために，水位変動帯の植生が生息に強く影響する魚類それ自身は保全対象となる場合は多くないかもしれない．ダム湖水位変動帯の植生管理は，普通種魚類にとってのメリットということになる．

　しかし，それらの普通種の量こそが生態系を豊かにするかもしれない．多量にいる魚類は，サケ科の大型魚や飛来してくる魚食性の水鳥類など（それらには希少種も含まれる）の食物となるだろう．普通種の魚が多く生息し，大型のイワナが泳ぎ，コウノトリが飛来する，というようなダム湖が望まれることがあるなら，それに近づけるために水位変動帯の植生を発達させることは有効である．

参照文献

Azami, K., Fukuyama, A., Asaeda, T., Takechi, Y., Nakazawa, S. and Tanida, K. (2013) Conditions of establishment for the *Salix* community at lower than normal water levels along a dam reservoir shoreline. *Landscape and Ecological Engineering* 9: 227–238.

Azami, K., Takemoto, M., Ootsuka, Y., Yamagishi, S. and Nakazawa, S. (2012) Meteorology and species composition of vegetation, birds, and fishes before and after initial impoundment of the Miharu Dam reservoir, Japan. *Landscape and Ecological Engineering* 8: 81–105.

Cowx, I.G., Welcomme, R.L. eds. (1998) *Rehabilitation of River for Fish*. Food and Agriculture Organization of the United Nations (FAO) by Fishing News Books, Alden Press.

国土交通省水管理・国土保全局河川環境課 (2012)『平成18年度版　河川水辺の国勢調査基本調査マニュアル　ダム湖版』(一部改訂).

熊澤一正・大杉奉功・西田守一・浅見和弘・鎌田健太郎・沖津二朗・中井克樹・五十嵐崇博・船橋昇治・岩見洋一・中沢重一 (2012) ダム湖の水位低下を利用した定置網による外来魚捕獲とその効果.『応用生態工学』15: 171–185.

平井賢一 (1970) びわ湖内湾の水生植物帯における仔稚魚の生態　I 仔稚魚の生活場所について.『金沢大学教育学部紀要第19号（自然科学編）』pp. 93–105.

水野信彦・名越　誠 (1964) 奈良県猿谷ダムの魚類　II．続生息状況のあらまし.『日本生態学会誌』14: 61–65.

森　誠一 (1999) ダム構造物と魚類の生活.『応用生態工学会誌』2: 165–177.

中村守純 (1969)『日本のコイ科魚類』財団法人資源科学研究所.

山本敏哉 (2002) 水位調整がコイ科魚類に及ぼす影響.『遺伝』56(6): 42–46.

Yamamoto, T., Kohmatsu, Y. and Yuma, M. (2006) Effects of summer drawdown on cyprinid fish larvae in Lake Biwa, Japan. *Limnology* 7: 75–82.

コラム5　ダム湖流入河川の魚類相と試験湛水

鬼倉徳雄

　一般に，ダムが建設されると，河川が湖へと変化するため，構造的，物理化学的な効果に伴い (Azami et al. 2012)，魚類相と群集は劇的に変化する（森1999）．河川の流水に適応した魚種は姿を消し，止水に適応できる魚種が生息するようになるが，日本のダムは山地に設置されることが多いこと（増山ほか2011），ダムが設置される河川上流部には元々止水に適応できる魚種が少ないことから，人為的に移植された魚種を中心とした魚類相が見られるケースも少なくない．ダム湖内への国外・国内外来魚の定着を示す報告は数多く（例えば，井原ほか2011），その原因が水産種苗や遊漁対象としての直接的な放流だけでなく，他の種苗に混入する非意図的移植もあるため（水野・名越1964），最近では同一種の遺伝的に異なる地域集団が非意図的に移植されることで起こる**遺伝的攪乱**なども問題視され始めている（梅村ほか2012）．

　ここまでは主にダム湖内の魚類の話である．そこに流入する河川はどうなのか？　特定の魚種に着目した場合，ダムで移動を阻止された魚種の生息地分断，海域と河川間を移動する通し回遊魚のダム湖による陸封などがある（例えば，高木ほか2011）．そして，魚類相に着目した研究からは，オイカワ Opsariichthys platypus などの河川下流に生息する魚種の個体数がダム建設後に増加する傾向などが報告されている（水野ほか1964；伊藤・二階堂1966）．

　それでは，オイカワの増加といったダム湖流入河川の魚類相の変化はいつから始まるのか？　ダム建設前とその数年後の魚類相を比較した研究は見られるが（伊藤・二階堂1966; Azami et al. 2012），**試験湛水**中の水位変化と魚類相との関係はこれまで調べられてこなかった．著者は2011年に竣工した佐賀県の嘉瀬川ダムの流入河川に4調査地（上流からA，B，C，D）を設置し（図C5-1），試験湛水中の水位変動に対する魚類相の変化を追跡した．その概略を図C5-2に示すとともに，そこでの魚類相の変化の様子を以下に記述する．

　水位上昇以前，全ての調査地の魚類相はタカハヤ Phoxinus oxycephalus

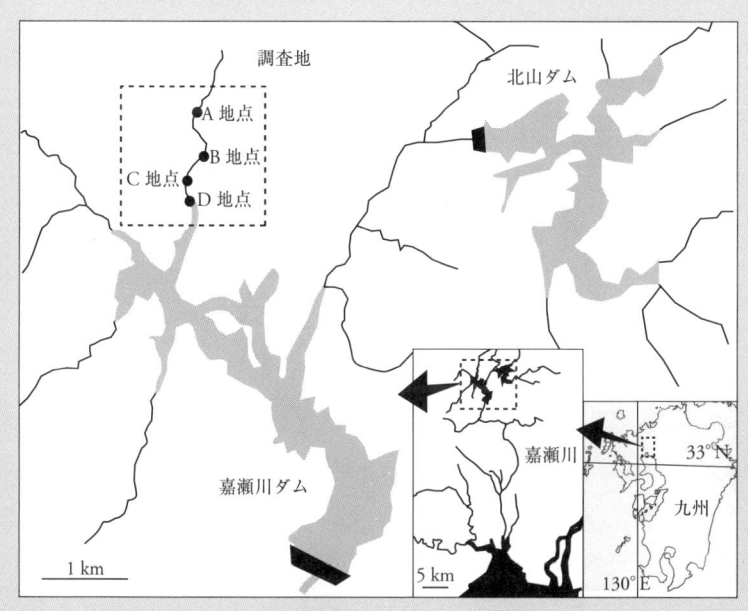

図 C5-1　嘉瀬川ダムに設置した調査地点図

jouyi，カワムツ *Candidia temminckii* といった河川の上中流に生息する魚種で構成された．最初の変化は平常時最高貯水位（HWL）到達直後で，ムギツク *Pungtungia herzi*，ヨシノボリ属 *Rhinogobius* の1種，絶滅危惧種のヤマトシマドジョウ *Cobitis matsubarae* といった恐らく湛水区間に生息していたと思われる中下流の魚が地点CとDで姿を見せ始め，元々生息した魚種と新たに生息した魚種が混在した．こういった湛水区間に生息した魚種の流入河川への押し上げ現象は，揖斐川上流に建設された徳山ダムでのアジメドジョウ *Niwaella delicata* についても報告されている（駒田ほか 2010）．その後，洪水時最高水位（SWL）到達直後には，それらの地点に元々生息した魚種が姿を消し，中下流に主要な生息場を持つオイカワなどが新たに加わり，湛水以前とは完全に異なる魚類相となった．その後の水位低下に対しては，中下流の魚種はそのまま残存，元々生息した上中流の魚種が復帰し，地点B〜Dの魚種数は期間を通して最大となった．その状態は，1

Part II　ダム湖水位変動帯の動物群集

地点	変動前		変動中		変動後
	1	2	1	2	1 & 2
A	u	u	u	u	u
B	u	u	u	d	u+d
C & D	u	u	u+d	d	u+d

魚類相構成魚種
河川の上中流域に見られる魚 (u)
　カワムツ，タカハヤ，ドンコ，
　カマツカ，ヤマメ
河川の中下流域に見られる魚 (d)
　オイカワ，ムギツク，ヨシノボリ属の1種，
　ヤマトシマドジョウ，コイ

SWL：洪水時最高水位
HWL：平常時最高貯水位

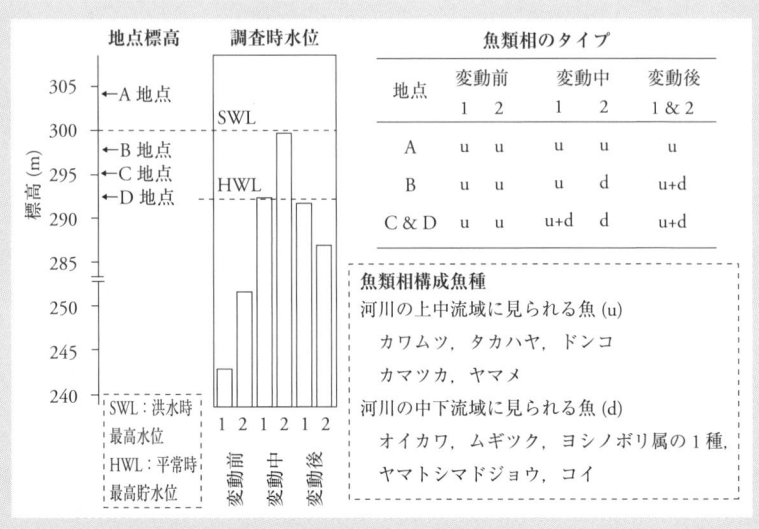

図 C5-2　嘉瀬川ダムの試験湛水調査における調査地，水位変動および魚類相の概要

年以上経過した 2013 年現在でも維持されている．要するに，試験湛水中の水位上昇に際して，湛水区間の魚種の押し上げ，元々生息する魚種の消失が，また，その後の水位低下に際して，新規加入魚種の残存と元々の魚種の復帰が起こり，最終的にそれらが混在する多様な魚類相に変化したとまとめられる．オイカワが個体数を増やした報告（水野ほか 1964；伊藤・二階堂 1966）と類似するが，そういった変化が最初の貯水である試験湛水で起こる点，また，水位上昇で湛水区間から押し上げられた魚種が水位低下で残存する点などは，ダム湖流入河川の魚類相構成要因を解き明かす興味深い知見と言えるかもしれない．

　水位低下に伴って流速などのハビタットの条件が元に戻ることを想像すれば，上中流の魚種が湛水終了後に復帰できることを容易に理解できる．一方，そういったハビタット条件は押し上げで加入した下流の魚にとっては不適に変化したはずである．にもかかわらず，水位低下後も生息できる理由は何か？　ダム湖流入河川でオイカワが増加する傾向を示した研究では，ダム湖が下流への稚魚の流下防止（伊藤・二階堂 1966）と成育場の提供

（水野ほか 1964）に寄与する可能性を述べている．そして，筆者の研究では，**nMDS 分析**を通して調査地からダム湛水部までの距離が近いほど，下流の魚種を含んだ魚類相が維持されやすい可能性が示された．ダム湖には遊泳力に乏しい魚種の流下防止など（伊藤・二階堂 1966），ハビタットの条件不足を生態学的に補う機能があり，それが機能する近い距離の範囲内に下流から押し上げられた魚種が残存するのだろう．

　これらの知見はダム湖岸生態系解明の一助になったと確信するが，その知見を生態系管理に寄与させるためには他の情報を補う必要がある．例えば，ダム湖の湛水区間に生息地を持つ在来の希少魚類が，試験湛水中の押し上げで流入河川に移動できたとしても，その後，そこで個体群を維持できるか否か，重要な検討課題であろう．筆者は九州の 44 基のダム湖のデータで各魚種の分布モデルを構築してみた．その結果，オイカワの分布が河川勾配と流入河川数に左右されることが明らかとなった．つまり，オイカワのダム湖流入河川での生息にはその分布条件を満たす環境要因の存在が重要となる．また，ムギツクやカマツカ *Pseudogobio esocinus esocinus* の分布モデルでは，物理基盤情報に加えてダム竣工後年数も変数として選択され，時間の経過に伴う流入河川環境要因の変化（本シリーズ第 II 巻第 1 章参照）がそれらの分布に関与している可能性が考えられた．つまり，ダムの湛水で生息場を失う在来魚種がダム湖流入河川で個体群を維持できるか否かの議論には，最低でも最初の湛水による押し上げ現象，ハビタット条件不足を補うダム湖の機能，分布を支配する時空間的要因の全てに関する知見がそろう必要がある．ここでは，湛水による押し上げ現象とその後の個体群維持に関して数種の魚種で可能性を示したに過ぎない．ダム湖生態系の適正な管理に向けて，更なる知見の集積が必要であろう．

参照文献

Azami, K., Takemoto, M., Otsuka, Y., Yamagishi, S. and Nakazawa, S. (2012) Meteorology and species composition of plant communities, birds and fishes before and after initial impoundment of Miharu Dam Reservoir, Japan. *Landscape Ecology and Engineering* 8: 81-105.

井原高志・乾　隆帝・大畑剛史・鬼倉徳雄（2011）ダム湖流入河川における国内外来魚ハス *Opsariichthys uncirostris uncirostris* の産卵環境.『日本生物地理学会会報』66: 41-48.

伊藤猛夫・二階堂要（1966）ダム湖の上流および下流における魚類の量的分布.『魚類学雑誌』13: 145-154.

駒田格知・青木　孝・陶山武士・村瀬温子・渡邉美咲・金田和美（2010）揖斐川上流域におけるダム湖湛水に伴うアジメドジョウの移動について.『淡水魚類研究会会報』16: 1-10.

増山貴明・吉村千洋・藤井　学・伊藤　潤・大谷絵利佳（2011）寒河江ダム貯水池と流入河川のエコトーンにおける堆砂土砂と土壌環境特性の空間分布.『応用生態工学』14: 103-114.

水野信彦・名越　誠（1964）奈良県猿谷ダム湖の魚類—II. 続・生息状態のあらまし.『日本生態学会誌』14: 62-65.

水野信彦・名越　誠・森　主一（1964）奈良県猿谷ダム湖の魚類—I. 続・生息状態のあらまし.『日本生態学会誌』14: 4-9.

森　誠一（1999）ダム構造物と魚類の生活.『応用生態工学』2: 165-177.

高木基裕・矢野　諭・柴川涼平・清水孝昭・大原健一・角崎嘉史・川西亮太・井上幹生（2011）愛媛県・重信川水系の石手ダムにおけるオオヨシノボリの陸封化と遺伝的分化.『応用生態工学』14: 35-44.

梅村啓太郎・二村　凌・高木雅紀・池谷幸樹・向井貴彦（2012）岐阜県産シロヒレタビラにおける外来ミトコンドリア DNA の分布.『日本生物地理学会会報』67: 169-174.

補遺　ダム湖における外来魚問題とその対策

中井克樹・浅見和弘・大杉奉功・小山幸男

1. ダム湖における外来魚対策の必要性

　日本の淡水環境は，淡水魚をはじめ多くの生物群で**固有種**を含む豊かな生物多様性を育んでいる（例えば，渡辺・高橋 2010）が，近年，さまざまな人為的影響によりその存続が脅かされるようになりつつある．なかでも湖沼や溜池などの止水環境においては，外来魚のオオクチバス *Micropterus salmoides* とブルーギル *Lepomis macrochirus*（以下，ここでは「バス・ギル」と呼ぶ）の分布拡大が顕著で，さまざまな水域においてそれらの侵略性の高さが懸念され，2005 年に施行された**外来生物法**により**特定外来生物**に指定されている（環境省 2004; 細谷・高橋 2006）．

　バス・ギルは，どちらも湖岸沿いの浅い水底にオス親魚がすりばち状の産卵床を造成し，メス親魚を誘引して産卵させ，両種とも卵・**仔魚**期，オオクチバスは稚魚期までオス親魚が保護を続けるという繁殖習性を持っている．オオクチバス，ブルーギルの産卵開始の目安となる表面水温はそれぞれ 15 ～16℃，約 20℃とされている（環境省 2004）．

　これまではバス・ギルは流水環境には定着しにくいため，河川への影響は限定的であると思われてきたが，河川流程の途中をダムで堰き止めることで人工的に形成された止水環境であるダム湖（ダム貯水池）は，これらの外来魚が定着した場合，湖内において増殖しそこに生息する生物に影響を与えるだけでなく，下流側の河川や湖水の供給先となる用水路や溜池などに増殖した個体が分散する可能性がある（中井 2014）．さらに，特にオオクチバスに関しては，今ある生息地が，現在も続くと推測される意図的放流に用いる個体の調達元となるおそれもある（角田ほか 2011）．

　このような観点から，バス・ギルの侵入・定着により，ダム湖がそれらの増殖・拡大装置にならぬよう，生息抑制を適切に行うことが重要課題である．しかし，ダム湖におけるバス・ギルを対象とした取り組みの事例は限定

的であり,効果的な手法と体制の確立が求められている(浅見ほか 2008).こ こでは,福島県三春ダム貯水池(さくら湖)とその**前貯水池群**を例に,人工 的に形成され人為的に管理された水域の特徴を活かしたバス・ギルの生息抑 制の手法について検討した事例を紹介する.

2. 三春ダムの水位変動特性

三春ダムは,福島県阿武隈川の支流・大滝根川に建設され,1996年に**試 験湛水**が始まった多目的ダムで,時間の経過とともに,ダム周辺の人為的影 響を強く受けた環境においても,さまざまな生物が生息・生育するように なっている(Azami et al. 2012).魚類では,コイ *Cyprinus carpio*,ギンブナ *Carassius auratus langsdorfii*,ゲンゴロウブナ *Carassius cuvieri*,ニゴイ *Hemibarbus barbus*,モツゴ *Pseudorasbora parva*,オイカワ *Opsariichthys platypus*, ヨシノボリ類 *Rhinogobius* sp. などに加えて,オオクチバスが試験湛水の時点 から,ブルーギルも1999年から生息が確認されている.

三春ダムは**制限水位方式**のダムであり,洪水防止のため貯水位は**洪水期** (毎年6月11日〜10月10日)には非洪水期(毎年10月11日〜6月10日)より も下げて管理される.すなわち,非洪水期には**平常時最高貯水位**(標高326.0 m)より上昇しないよう,洪水期には**洪水貯留準備水位**(標高318.0 m)より 上昇しないよう運用することを原則とし,洪水期の貯水位は非洪水期よりも 約8m低くなる.なお,貯水位の上限としては洪水時最高水位(標高333.0 m) が設定されている.また,三春ダムには「本貯水池」の他に,主要な四つの 流入河川に「前貯水池」が設けられている(第1章の図1-3参照).その貯水 位は本貯水池と連動して変化するものもあれば,本貯水池の水位変動の影響 をまったく受けないものもある.

このように洪水期を前に貯水位を下げる制限水位方式は多くのダムにおい て採用され,通常,洪水期の開始直前に貯水位を低下させる.この時期は, 水温で規定されるバス・ギルの繁殖期と重複する水域が多く,三春ダムの場 合,オオクチバスの産卵開始の目安とされる15〜16℃に表面水温が達する 時期がちょうど水位低下時期に含まれ,年によっては表面水温がブルーギル の産卵開始の目安とされる20℃を超えることもある.そのため,ダム湖に

特有の計画的水位低下を積極的に利用して，生息抑制のための装置の開発・改良や水位操作パターン自体に工夫を施すことで，バス・ギルのより効果的な生息抑制が可能になると期待される．

3. 水位低下式定置網による外来魚の捕獲

定置網と調査地の概要

　バス・ギルは，春から初夏にかけて水温が上昇すると，繁殖や摂餌のため湖岸沿いの浅い場所に集まるようになる．この習性のおかげで，多くの制限水位方式のダムにおいては，ちょうど水位低下時期にバス・ギルが湖岸沿いに集まっている傾向が見られる．そこで，あらかじめ定置網を岸沿いの浅い場所を囲うように設置しておくことで，水位が下がった際に網で囲った範囲の魚類を効率的に捕獲できる．こうした利用形態の定置網は青森県百石町根岸堤等での操業事例があり（齋藤ほか 2005），ここでは「水位低下式定置網」と呼ぶ．三春ダムでは，前貯水池の一つ蛇沢川前貯水池において水位低下式定置網を利用したバス・ギルの捕獲試験を 2007 年から 2011 年にかけて実施した（熊澤ほか 2012）．

　蛇沢川前貯水池には，堤体の上面の一部を通水のために水路状に低く掘り下げた「越流部」がある（標高 320.5 m）．本貯水池の水位を最大限（標高 318.0 m まで）低下させる洪水時には，前貯水池の水位はこの越流部までしか低下しないため，本貯水池の水位がそれよりも約 2.5 m 低くなり，前貯水池は本貯水池から堤体によって隔てられた独立した水域となる．一方，非洪水期には本貯水池の水位が越流部よりも高く維持されるため，前貯水池と本貯水池の水位は完全に連動し，越流部を経由して魚類が前貯水池と本貯水池の間を移動できるようになる．

　水位低下式定置網の設置は，通常のダム運用に伴って本貯水池の水位低下と連動して前貯水池の水位が低下する時期に行った．網の設置方法は，前貯水池の上流端部に広がる浅瀬を囲うように設置してその範囲の魚類の捕獲を試みた「第 1 次定置網」と，前貯水池の越流部排水ゲートを開放させ水位を 1.5 m 低下させる際に設置した「第 2 次定置網」の 2 種類とした（図 A1-1）．2007 年と 2008 年のシーズンには第 1 次定置網と第 2 次定置網を併用し，

Part II　ダム湖水位変動帯の動物群集

(a)

水位変動帯
標高 326.0 m→320.5 m

蛇沢川
前貯水池

第1次定置網
第2次定置網

堤体越流部：仕切網

本貯水池

(b)
浅いエリアを囲うように定置網を設置

袖網
袋網
袋網

水位低下後
干上がった範囲
袖網
魚類は自動的に
袋網に入る

水位低下前　　　　　　　　　　　水位低下後

水位低下
袖網
袋網　　　　　　　　　袋網

図 A1-1　網の設置位置 (a) と水位低下による魚類捕獲の概要 (b)
網は浅い場所に設置し，水位を下げることで囲った範囲の魚類が袋網に集まり，捕獲できる．第1次定置網では，通常のダム運用で水位低下するエリア（標高 326.0〜320.5 m）を対象とした．第2次定置網では堤体越流部のゲートを開くことで，水位を約 1.5 m 低下させたエリアを対象とした．(熊澤ほか 2012 より)

2009年のシーズンには第1次定置網のみ，2010年と2011年のシーズンには第2次定置網のみを設置して魚類を捕獲した．また，越流部には，前貯水池と本貯水池との間の魚類の移動を防ぐことを目的として，目合い 10 mm の仕切り網を設置して魚類の往来が困難になるようにし，2007年から2009年までの最初の3シーズンには，水位低下時期に水位低下式定置網の設置に加えて，仕切り網周辺での魚類の捕獲も行った．なお，捕獲した魚類のすべての個体は生きたまま全長を記録した後，バス・ギルは駆除のために再放流せずに回収し，それ以外の魚種は資源保護のために生きたまま現場に再放流した．

オオクチバス・ブルーギルの駆除

　蛇沢川前貯水池において2007年から2011年にかけて主に水位低下式定置網を用いて魚類の捕獲試験を行った結果を図A1-2に示す．

　オオクチバスは，捕獲個体数が年々減少する傾向が認められ，この傾向は継続的な捕獲による駆除の結果によるものと推測される．また，全長 300 mm を超える大型個体は2007年に多数が捕獲され，堤体越流部での捕獲を実施した2007年から2009年までは，大型個体のほとんどが越流部で捕獲された．このことは，水位低下期間にオオクチバスが繁殖開始時期を迎えたことから，岸沿いに繁殖適地を探索するために遊泳していた大型個体が堤体越流部を通りかかり，多数の個体が効率的に捕獲されたものと推測される．ただ，越流部での捕獲を行わなかった2010年と2011年には，第2次定置網で大型個体が捕獲されていることから，もし越流部での捕獲を行わなかったとすれば，より多くの大型個体が水位低下式定置網で捕獲された可能性がある．

　一方，前年生まれの当歳魚であると推測される全長 150 mm 未満の個体は調査期間を通して定置網により捕獲され，その個体数は2009年まで減少した後，2010年と2011年にはそれまでと比較して著しく増加した．この当歳魚の急激な増加は，オオクチバスの繁殖が前貯水池内で行われ，そこで産生した幼魚が，魚食性が強い本種の大型個体が減少したことによる捕食圧の低下のおかげで多数生き延びたことによるものと推測される．

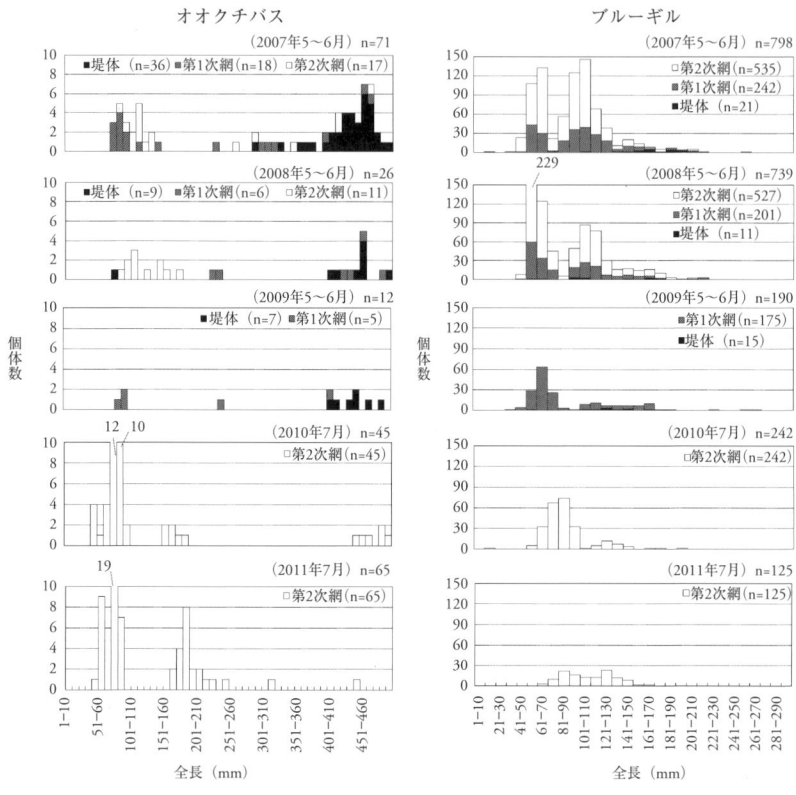

図A1-2　2007年〜2011年に堤体越流部と第1次定置網で捕獲したオオクチバス，ブルーギルの全長分布（熊澤ほか2012より）

　ブルーギルも捕獲個体数は2010年にやや増加した以外は年々減少を続け，継続的な駆除の結果が示唆された．ブルーギルでは，オオクチバスと異なり大型個体が堤体越流部で多数捕獲されることはなかった．このことは，ブルーギルは少なくとも捕獲を実施した時期に，オオクチバスのように岸沿いを活発に移動する傾向がないことを示すものと思われる．また，ブルーギルはオオクチバスの大型個体が減少し捕食圧が低下したと推測される2010年・2011年には，当歳魚が多数捕獲される傾向は認められなかった．ブルーギルの繁殖個体の全長は通常150 mm程度を超え，そのような大型個体が

2009年以降は激減したため，前貯水池内での繁殖がほとんど行われなくなったことを反映しているものかもしれない．また，ブルーギルの場合，親の保護から独立した直後の稚魚期に高い分散能力を持つと推測されており，前貯水池内で産生した稚魚が何らかの事情により堤体の越流部を経由してほとんど流下してしまった可能性も考えられる．この可能性は，蛇沢川前貯水池の直下に位置する三春ダム本貯水池を横切る蛇沢橋の橋脚の周囲で独立後間もない段階の稚魚がまとまって捕獲されていること（沖津二朗ほか 未発表）からも支持される．

このようにしてバス・ギルがまとまって捕獲される場合には，状況に応じて捕獲個体の適切な処理方法についても検討する必要がある（柳川ほか 2006; 大杉ほか 2007）．

既存魚種の動向

オオクチバスは主に生きた魚類や甲殻類を餌とする動物食性の魚で，1年間に捕食する餌生物の重量は体重の約4倍に達するという実験結果もある（内田・細谷 2007）．そのため，特に大型個体による捕食圧は，水域の魚類群集に大きな影響を与えることが推測される．蛇沢川前貯水池では，2007年には，大型個体を含めてもっとも多くの個体が捕獲・駆除され，計71個体の総重量は50 kgを超えた．この年に駆除されたオオクチバスは，そのまま水域に残れば200 kg程度の餌生物（主として魚類）を捕食していたものと推測される．以後も大型個体の捕獲数が年々減少する強度での駆除を継続したことにより，水域内におけるオオクチバスの捕食圧は相当に低下したものと期待される．

また，ブルーギルも動物食性が強く，特に魚類の卵や仔稚魚に対しては強力な捕食者となりうる．調査期間中には，駆除の継続によりブルーギルの生息個体数も減少してきていることから，水域内で卵・仔稚魚期の魚類に対する捕食圧も低下しているものと推測される．

バス・ギルと同時に捕獲されたギンブナとコイについて見ると，前年生まれの個体は，2007年から2009年にかけてほとんど捕獲されなかったのに対し，2010年には著しい数の個体が捕獲され，翌2011年もやや減少したもの

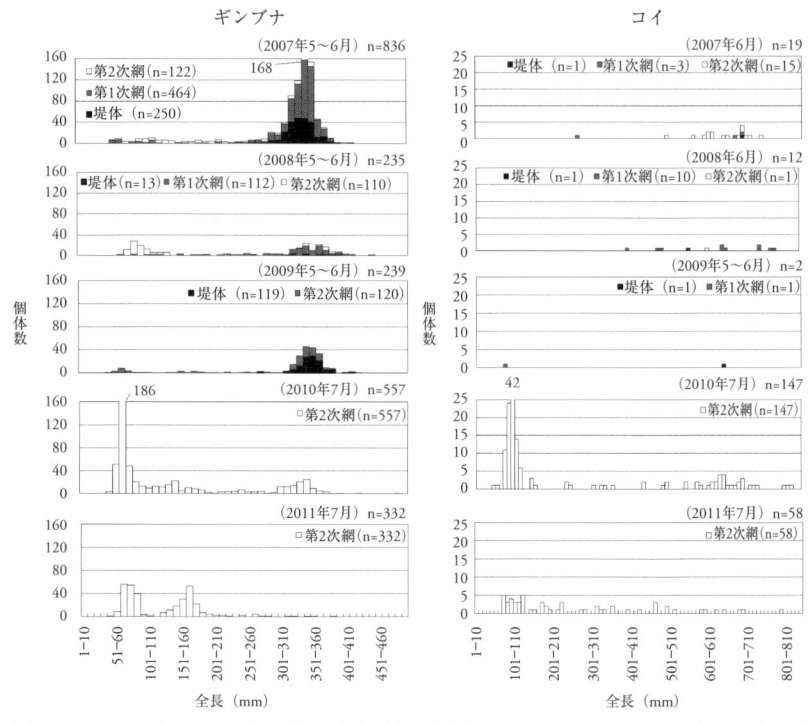

図 A1-3　2007 年〜2011 年に第 2 次定置網で捕獲したギンブナ，コイの全長分布の変遷（熊澤ほか 2012 より）

の 2009 年以前と比較するとはるかに多くの個体が捕獲された（図 A1-3）．このように前年生まれの個体が数多く生き延びているのは，継続的駆除によりバス・ギルによる捕食圧が低下した結果であると考えられる．

4. 段階的水位低下によるオオクチバスの繁殖抑制

オオクチバスの産卵床干し上げに関する予備調査

　三春ダム本貯水池は制限水位方式で管理されており，洪水期に備え洪水調節容量を確保するため，5 月後半から 6 月上旬にかけてダム貯水位を洪水貯留準備水位に向けて計画的に低下させる（以下，「ドローダウン」と呼ぶ）（図 A1-4 左上）．三春ダムの場合，このドローダウンの時期はオオクチバスの産

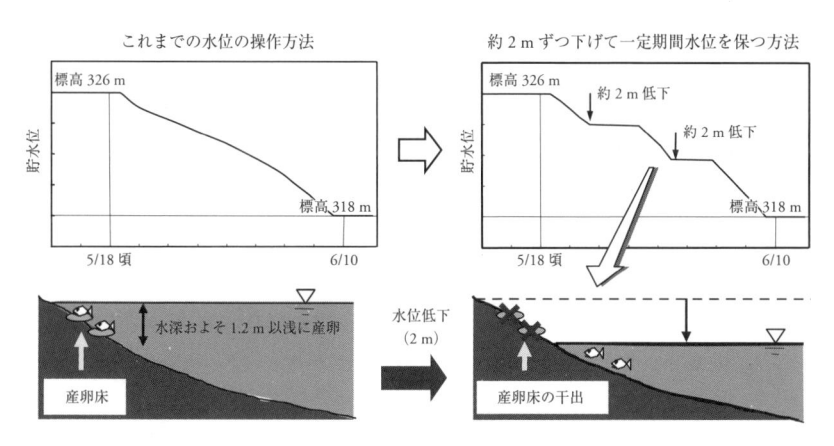

図A1-4　ドローダウン期間における水位低下パターンの工夫

卵開始時期と重なっていることから，オオクチバスの産卵床が干上がる現象が確認されていた（齋藤ほか 2003）．

そこで，三春ダム本貯水池と連動して堤体越流部まで水位が低下する蛇沢川前貯水池において，2007年にドローダウンが終わった直後と，第2次定置網設置のための排水ゲート操作による水位低下期間中に，干上がったオオクチバスの産卵床の目視による確認のため，湖岸沿いに水中・陸上で歩行，またはボートを曳航して，直前まで水面下にあった干出部分の踏査を行った．調査で確認されたそれぞれの産卵床は，GPSにより位置情報を計測し，産卵床の大きさ，底質のタイプ，水底の傾斜，樹木等の張り出しによる水面上のカバーの有無，卵塊の有無等を写真撮影とあわせて記録した（図A1-5）．

その結果，産卵床が確認された位置は，ドローダウン直後には324〜326 mに，排水ゲート操作後には319〜320 mに集中し（図A1-6a），どちらの場合も，それぞれ非洪水期と洪水期に安定して維持される貯水位の直下に該当した．このことは，産卵床の形成は急速に水位が低下するドローダウンの最中には行われず，産卵床の形成には，ドローダウン前や排水ゲート操作前のように一定期間，水位が安定していることが必要であることが示唆された．

| 産卵床調査状況 | オオクチバスの産卵床 |

図 A1-5　干出したオオクチバス産卵床調査の実施状況

水位低下によるオオクチバスの産卵床干し上げ

　このような結果を受け，筆者らはドローダウンの期間，一定の割合で徐々に水位を低下させ続けるのではなく，途中に水位を一定に固定する期間を設けると，その期間中にオオクチバスの産卵床形成が促進され，その直後の水位低下で効果的に産卵床を干出できると仮定し，2008 年から 2010 年にかけて，ドローダウン期間中に 2 回の水位固定期間を設けた後，第 2 次定置網の設置による捕獲を行うため排水ゲートを開放して一時的にさらに水位を低下させる「段階的水位低下」を試行した（図 A1-4 右上）．

　段階的水位低下を行った 2008 年から 2010 年は，水位固定期間を設けずに徐々に水位を低下させた 2007 年と比較して，干し上げられたオオクチバスの産卵床の数は，水位が固定された位置よりもやや低い位置に集中して確認された．このことは，ドローダウン期間中，いったん水位低下を止めて水位を固定することによって，オオクチバスの産卵床形成が促進され，その後，水位を低下させることにより，効率的に産卵床を干上がらせることができることを示唆していると考えられる（図 A1-6）．

　なお，蛇沢川前貯水池で干し上げられた産卵床に関するデータを分析したところ，産卵床が形成された場所の底質は，砂が 48％，細礫が 27％，中礫が 15％で，傾斜は 20 度以下とゆるやかである場合が 2/3 を超え，ヤナギのカバーで覆われている場所が多かった（図 A1-7，A1-8）．

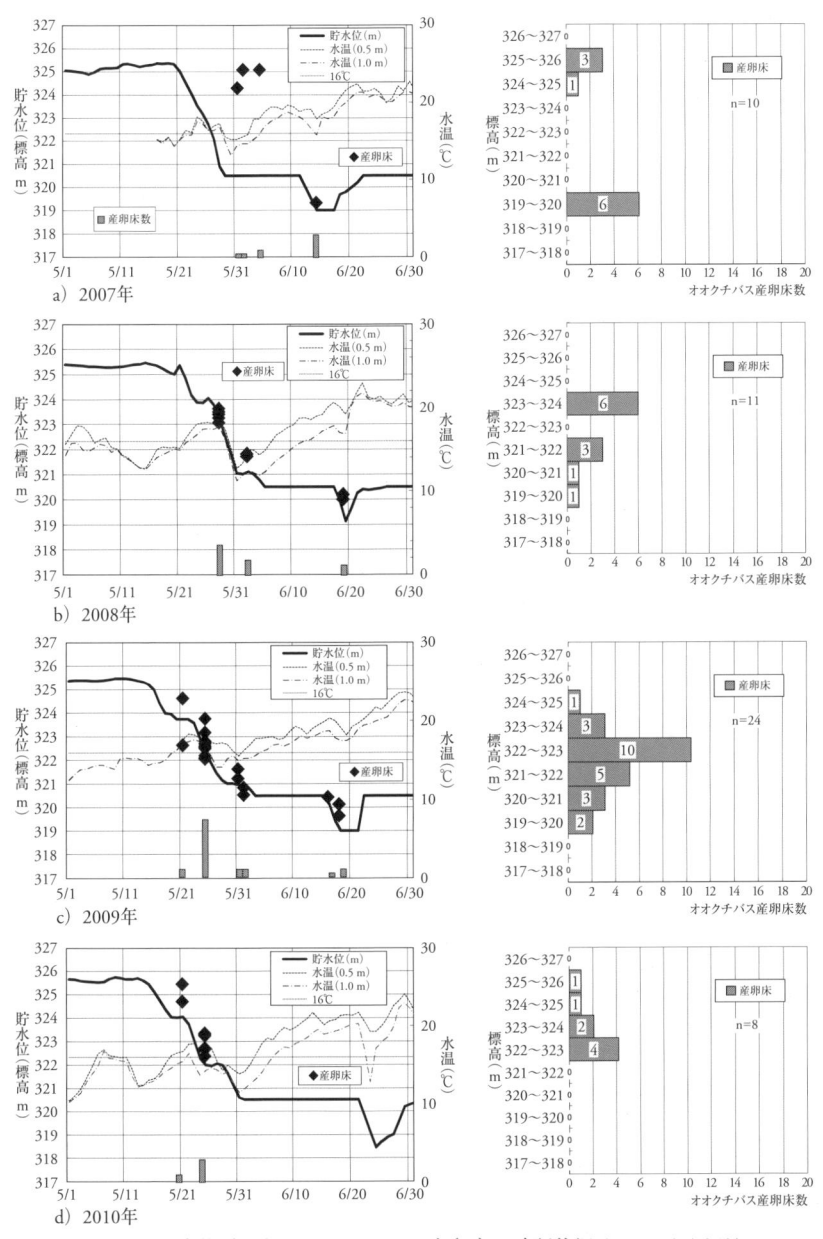

補遺　ダム湖における外来魚問題とその対策

図A1-6　水位低下とオオクチバスの産卵床の確認状況（蛇沢川前貯水池）

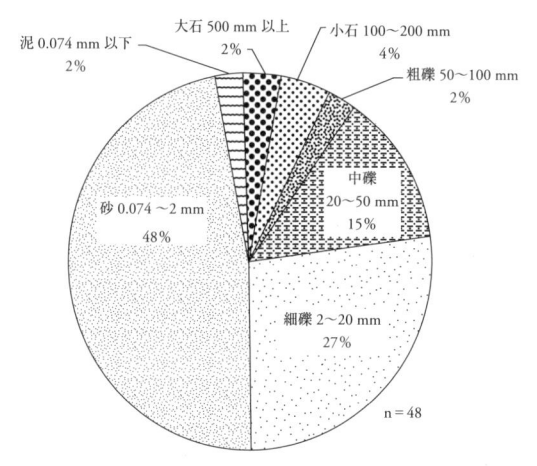

図A1-7 オオクチバスの産卵床が形成された場所の底質

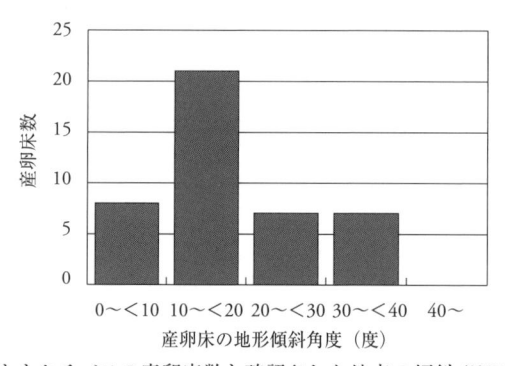

図A1-8 オオクチバスの産卵床数と確認された地点の傾斜（蛇沢川前貯水池）

　もう一種の外来魚ブルーギルに対しては，三春ダムにおいてはドローダウン期間中，表面水温が繁殖開始水温の目安となる20℃に至らないことが多いため，ドローダウン期間中の段階的水位低下による干し上げは期待できない．しかし，第2次定置網の操業の際に行われたように，堤体の排水ゲートを開放することによって，越流部の位置で維持されている水位より1.5 m程度，水位を低下させることが可能であるため，オオクチバスと同様に繁殖期を狙って産卵床を干出させることができると考えられる．

このように，蛇沢川前貯水池での試験調査では，ダムの段階的水位低下によって産卵床を干出させ，オオクチバスの繁殖が効果的に抑制されることがわかった．前に述べた水位低下追い込み式定置網を用いたバス・ギルの捕獲と併せた防除対策による効果として，モツゴなどの小型在来種の回復も確認されている．

5. 吊り下げ式人工産卵装置による繁殖抑制
オオクチバスに対するもう一つの繁殖抑制手法

　三春ダムにおいては，オオクチバスの繁殖開始時期がドローダウン期間と合致することから，水位固定期間を挟んで段階的に水位を低下させることにより，オオクチバスの産卵床を干し上げ，効果的に繁殖抑制が可能となった．しかし，この方法では繁殖に携わった親魚個体は，産卵床を放棄するだけで，ドローダウン期間が終わった後，繁殖可能な水温条件が続く限り，繁殖活動を続ける可能性がある．

　そこで，水位変動を利用しないオオクチバスの繁殖抑制方法として，オス親魚の産卵床形成を積極的に誘導する「人工産卵装置」を用いた野外実験を三春ダム本貯水池において 2010 年から 2012 年まで実施した．

　人工産卵装置は，もともと宮城県伊豆沼において「人工産卵床」として開発されたものである．伊豆沼式の人工産卵床は，3 辺を衝立（カバー）で囲った方形のプラスチックトレイに砂利を敷き，その砂利の上にオオクチバスのオス親魚による産卵床形成を誘導する装置である．この人工産卵床は，そこに形成された産卵床を破壊することによって，オオクチバスの繁殖努力を無効化することに加えて，装置に小型の刺網を仕掛けることで，うまくいけばオス親魚の捕獲も可能となる優れた手法として注目を集めた（環境省 2004）．

　しかし，この水底に直置きする仕様の人工産卵装置は，水域によっては現場での設置が難しいことがあり，また設置してもオオクチバスによってうまく利用されない事例も相次いだ（中井 2010）．そこで筆者らは，装置を軽量化して水面から垂下する「吊り下げ式人工産卵装置」を開発し，2009 年に愛知県と岡山県で予備的な試験を行ったところ，好成績を収めたことから，2010 年，三春ダム貯水池でも設置を試みた（口絵 10 左参照）．

水位低下への対策:「沖出し」の効果

2010年は,それまでの調査によってオオクチバスの産卵床が高密度で確認されていた本貯水池の原石山前の入江を調査地とした.ドローダウン期間の前に,湖岸線に平行して2本の測線をロープで設置し,そのロープに吊り下げ式人工産卵装置を計41基設置した.しかし,測線を設置した湖岸にはヤナギの樹林帯があり,水位低下にともなって水中から樹林が水面上に出現し,数多くの装置はヤナギの枝に絡まって水面上にぶら下がる状態になり,水位低下の著しい水域において湖岸に平行に測線を設置することが不適切であることが明らかとなった.また,装置には数多くの産卵が確認されたが,それらはオオクチバスの卵ではなく,ギンブナまたはコイの卵であった.

水位変動に対応するため,翌2011年には,ダム堤体の上流側に貯水池を横切る形で設置された流下物防止用フェンスである**網場**(あば)と,石畑の入江にある取水ポンプ筏という,湖岸線から沖方向に突き出した水面上にある既存の施設に注目し,これらの施設に人工産卵装置を係留した(図A1-9,A1-10).また,石畑入江の最奥部のヤナギの樹林のない部分に湖岸に平行して測線を1本設置し,そこにも装置を係留した.その結果,オオクチバスの産卵床形成が網場で1例,取水ポンプ筏で3例,計4例確認され,沖出しされた施設はオオクチバスの繁殖個体を岸から離れて沖方向へと誘導する効果のあることが明らかとなった(口絵10右参照).

2012年は,人工産卵装置の設置は,網場と取水ポンプ筏への係留を中心とし,これらの施設と同様に「沖出し」された状況を積極的に作り出すために,シーズン途中から湖岸から市販の防獣ネットに浮きと錘を付けて網場状とした「誘導フェンス」を沖方向に伸ばし,その先端への装置の係留も計4か所で試みた.取水ポンプ筏では計9基設置した装置のうちもっとも多い時で7基までがオオクチバスに利用される状況も認められ,網場には貯水池のほぼ中央に係留した装置にも利用が確認された.また,誘導フェンス先端の装置にも,1例だけであるがオオクチバスの産卵床が形成された(図A1-11).

このように吊り下げ式人工産卵装置は,沖出し施設や誘導フェンスを利用して設置することにより,オオクチバスの産卵床形成を誘導できることが明

図 A1-9　多くのダム湖に既存の「沖出し」施設である網場（あば）

図 A1-10　取水ポンプを載せた筏から導水する「沖出し」取水施設

図 A1-11　誘導フェンスの先端に人工産卵装置を係留した状態

らかとなった．特に重要なのは，2011 年と 2012 年に人工産卵装置に確認された産卵床形成の時期が全 29 例中，1 例を除き，ドローダウン時期が終了する 6 月 10 日以降であったことである．すなわち，三春ダム貯水池においては，吊り下げ式人工産卵装置は，階段的水位低下による産卵床干し上げと併用することで，オオクチバスの繁殖活動を効果的に抑制できるものと期待される．

6. 人工的水域におけるバス・ギルの適正管理に向けて

　ダム施設は規模の大きな人工的構造物で，周辺の自然環境に与える影響は甚大であると考えられる．その一方で，人工的に創出されたダム湖という水域は，多様な水生生物の新たな生息・生育環境としての役割も果たしている．しかし，ダム湖においては，しばしばバス・ギルなどの侵略的外来種の定着と増加により，生物相のバランスが大きく変化することがあり，特にバス・ギルの場合には水域自体がそれらの増殖・拡散装置として働いてしまう危険性についても，対策が求められるようになってきている．ダム湖は人工的環境であり，ある程度の人為的な環境操作が可能であるという特徴を積極的に活かし，治水面と利水面とのバランスを考慮しつつ，生態系に配慮した適正な管理方法を見出していくことが重要である．

参照文献

浅見和弘・大杉奉功・五十嵐崇博・西田守一・矢沢賢一 (2008) ダム湖における特定外来魚の生息状況と防除手法の検討．『日本生態学会東北地区会会報』68: 25-31.
Azami, K., Takemoto, M., Ohsuka, Y., Yamagishi, S., Nakazawa, S. (2012) Meteorology and species composition of vegetation, birds, and fishes before and after initial impoundment of the Miharu Dam reservoir, Japan (Review). *Landscape and Ecological Engineering* 8: 81-105.
細谷和海・高橋清孝編 (2006)『ブラックバスを退治する』恒星社厚生閣．
環境省編 (2004)『ブラックバス・ブルーギルが在来生物群集及び生態系に与える影響と対策』財団法人自然環境研究センター．
熊澤一正・大杉奉功・西田守一・浅見和弘・鎌田健太郎・沖津二朗・中井克樹・五十嵐崇博・船橋昇治・岩見洋一・中沢重一 (2012) ダム湖の水位低下を利用した定置網による外来魚捕獲とその効果．『応用生態工学』15: 171-185.
中井克樹 (2010) オオクチバス等の外来魚を対象とした防除の現状：「モデル事業」の課題．種生物学会編『外来生物の生態学：進化する脅威とその対策』文一総合出版．pp. 95-109.
中井克樹 (2014) ブラックバス・ブルーギルの生態と生息抑制．小倉紀雄・竹村公太郎・谷田一三・松田芳夫編『水辺の人と環境学 (中)』朝倉書店．pp. 69-71.
大杉奉功・山下洋太郎・柳川晃・浅見和弘 (2007) ダム貯水池内で大量捕獲した特定外来魚の有効利用．『ダム技術』249: 63-70.
齋藤大・浅見和弘・入沢賢一 (2005) 百石町根岸堤における外来魚駆除：水位低下式追い込み網による捕獲実験．『ないすいめん』39: 14-17.

齋藤　大・宇野正義・伊藤尚敬（2003）さくら湖（三春ダム）の水位低下がオオクチバスの繁殖に与える影響．『応用生態工学』6: 15-24.

角田裕志・満尾世志人・千賀裕太郎（2011）特定外来生物オオクチバスの違法放流：岩手県奥州市のため池の事例．『保全生態学研究』16: 243-248.

内田誠治・細谷和海（2007）オオクチバスはどのくらいのメダカを食べるのか．近畿大学水圏生態研究室編『ブラックバスを科学する駆除のための基礎資料』pp. 32-36. 財団法人リバーフロント整備センター．

柳川　晃・佐々木正夫・内藤信二（2006）一庫ダムにおける環境保全の新たな取り組み：漁業協働組合や地元住民との協働．『ダム技術』241: 62-68.

渡辺勝敏・高橋　洋（編）（2010）『淡水魚類地理の自然史：多様性と分化をめぐって』北海道大学出版会．

第9章
ダム湖沿岸の哺乳類による利用

荒井秋晴・浅見和弘・一柳英隆

9.1 ダムと哺乳類

　哺乳類は，基本的に陸上に適応した動物群である．しかし，進化的には水中に進出し，生活史の全てあるいは大半を水界に依存するか，または水辺を特異的に利用している種も少なくない．世界的にみれば，ダムと哺乳類の問題は，主にこれらの水生種に対する影響に関心が持たれてきた．例えば，中国の揚子江に生息するヨウスコウカワイルカ（バイジー）*Lipotes vexillifer* は，舟運や漁業，水質汚染およびダム建設とそれによる水利用を含めた河川開発によって絶滅してしまったと考えられている（例えば，WWF 2010）．日本でも，山地渓流に生息するカワネズミ *Chimarrogale platycephala* の生息環境の悪化が懸念されることもある．韓国では，すでに日本で絶滅してしまった（環境省2012）カワウソ *Lutya lutra* がダム湖に生息し，魚類の比較的豊富なダム湖が重要な生息地となっていることから，ダム湖をカワウソの保護に活かそうという動きもある（安藤 2008）．このように，ダム湖が希少哺乳類の生息地となっていることもある．

　一方，陸上の哺乳類からみた場合，ダム湖はどのような存在なのだろう．日本のダムは主に山地に建設され，それを取り囲む森林は多くの哺乳類にとって重要な生息地でもある．ダム建設工事とその後のダム湖の出現は，森を広範囲に消失させる．周辺開発や大型の工事，ダム湖の出現とその存続も哺乳類の生活に何らかの影響を及ぼしているはずである．また，ダム完成後

におけるダム湖の周辺環境および湖岸に出現する水位変動帯を哺乳類がどのように利用し，生物多様性の立場からどのように保全すべきかなどほとんど分かっていない．

本章では，まず既存データからダム湖の水位変動帯にどのような哺乳類が現れるのか概観する．その後，同様に森林を主な生息の場とし（関島 2008），**食物連鎖**の底辺をなして肉食動物を支えているネズミ類と，森林生態系の食物連鎖で上位に位置するテン Martes melampus がダム湖沿岸や水位変動帯をどのように利用しているのかについて触れたい．

9.2 水位変動帯に現れる哺乳類

国土交通省と水資源機構が管理している全国のダムを対象とした「**河川水辺の国勢調査**（ダム湖版）」では，ダム湖やその周辺において哺乳類を含むさまざまな生物の調査が行われている．2006 年以降，水位変動帯を調査対象箇所とするようマニュアルに記述された．

哺乳類調査を行った全国 12 ダムにおける 2006〜2010 年のデータ（表 9-1）から，水位変動帯で確認される種を整理した（表 9-2）．これらのダムでは，6 目 11 科 26 種（亜種を含む）が水位変動帯で確認された（ただし，飛翔するコウモリ類を除く）．リストを見るかぎり，テンのように森林性（テンの習性については後述）の種があたかも森林のギャップを利用するかのように出現したり，草原性のカヤネズミ Micromys minutus のような種が生息したりとさまざまである．

調査地 1 か所あたりの確認種数を見てみよう．水位変動帯と周辺環境（主に森林）とを比較したものが図 9-1 である．哺乳類の調査 1 回あたりの水位変動帯で確認される種数は周辺環境に比べてやや少ないものの，それに近い種数が確認されており，潜在的には多くの種が水位変動帯に出現し得ることを示している．

表 9-1　河川水辺の国勢調査の結果を用いて水位変動帯の哺乳類確認状況をまとめた 12 ダムの状況

ダム名	都道府県	水系	目的[1]	洪水時最高水位 (標高, m)	平常時最高貯水位 (標高, m)	洪水貯留準備水位 (標高, m)	最低水位 (標高, m)	年間水位変動幅[2] (m)
大雪ダム	北海道	石狩川	F. N. A. W. P	807.5	807.5	794.8	774.2	29.7
月山ダム	山形県	赤川	F. N. W. P	266.0	255.0	238.5	210.0	36.7
大町ダム	長野県	信濃川	F. N. W. P	904.0	900.0	879.6	861.9	30.4
三国川ダム	新潟県	信濃川	F. N. W. P	432.0	427.0	399.5	394.0	30.9
美和ダム	長野県	天竜川	F. N. P	815.0	815.0	808.0	796.5	16.3
蓮ダム	三重県	櫛田川	F. N. W. P	317.0	316.0	299.0	276.0	19.4
島地川ダム	山口県	佐波川	F. N. W. I.	297.1	286.5	—	247.5	9.6
温井ダム	広島県	太田川	F. N. W. P	381.0	360.0	351.0	289.0	12.1
中筋川ダム	高知県	渡川	F. N. A. W. I	93.6	74.1	72.1	49.0	12.9
新宮ダム	愛媛県	吉野川	F. A. I. P	—	234.2	227.6	211.0	15.8
富郷ダム	愛媛県	吉野川	F. W. I. P	454.0	445.0	—	400.0	18.1
厳木ダム	佐賀県	松浦川	F. N. W. I. P	218.0	199.1	—	168.1	2.4

1) F：洪水調節・農地防災, N：不特定用水・河川維持用水, A：かんがい・特定かんがい用水, W：上水道用水, I：工業用水道用水, P：発電
2) 1993〜2007 年の各年の水位変動幅の中央値

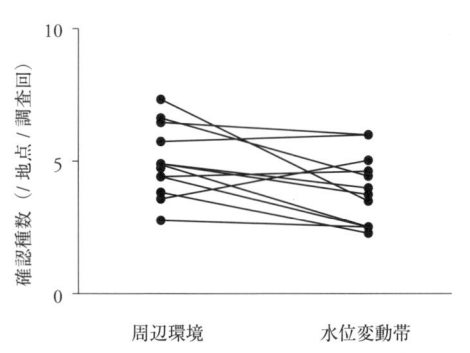

図 9-1　全国 12 ダムの水位変動帯を利用する哺乳類の種数（周辺環境との比較）

河川水辺の国勢調査（ダム湖版）では，水位変動帯および周辺の面積が広い 3 位までの植生区分に調査地点が設定され（周辺環境），それらの調査地点において，年 2〜3 回（季節）の調査が行われる．グラフでは，ダムごとに調査地点あたり，調査回あたりに確認された哺乳類（コウモリ類を除く）の平均値を示した．

表9-2 対象12ダムの水位変動帯で確認された哺乳類

目	科	種（亜種）	学名
モグラ目（食虫目）	トガリネズミ科	ヒメトガリネズミ	Sorex gracillimus
モグラ目（食虫目）	トガリネズミ科	オオアシトガリネズミ	Sorex unguiculatus
モグラ目（食虫目）	トガリネズミ科	ジネズミ	Crocidura dsinezumi
モグラ目（食虫目）	モグラ科	ヒミズ	Urotrichus talpoides
モグラ目（食虫目）	モグラ科	コウベモグラ	Mogera wogura
サル目（霊長目）	オナガザル科	ニホンザル	Macaca fuscata fuscata
ウサギ目	ウサギ科	エゾユキウサギ	Lepus timidus ainu
ウサギ目	ウサギ科	ノウサギ	Lepus brachyurus
ネズミ目（齧歯目）	リス科	ニホンリス	Sciurus lis
ネズミ目（齧歯目）	ネズミ科	エゾヤチネズミ	Clethrionomys rufocanus bedfordiae
ネズミ目（齧歯目）	ネズミ科	アカネズミ	Apodemus speciosus speciosus
ネズミ目（齧歯目）	ネズミ科	エゾアカネズミ	Apodemus speciosus ainu
ネズミ目（齧歯目）	ネズミ科	ヒメネズミ	Apodemus argenteus
ネズミ目（齧歯目）	ネズミ科	カヤネズミ	Micromys minutus
ネコ目（食肉目）	イヌ科	タヌキ	Nyctereutes procyonoides viverrinus
ネコ目（食肉目）	イヌ科	エゾタヌキ	Nyctereutes procyonoides albus
ネコ目（食肉目）	イヌ科	キツネ	Vulpes vulpes japonica
ネコ目（食肉目）	イヌ科	キタキツネ	Vulpes vulpes schrencki
ネコ目（食肉目）	イタチ科	テン	Martes melampus
ネコ目（食肉目）	イタチ科	ニホンイタチ	Mustela itatsi
ネコ目（食肉目）	イタチ科	イイズナ	Mustela nivalis
ネコ目（食肉目）	イタチ科	アナグマ	Meles anakuma
ウシ目（偶蹄目）	イノシシ科	イノシシ	Sus scrofa
ウシ目（偶蹄目）	シカ科	ホンドジカ	Cervus nippon nippon
ウシ目（偶蹄目）	シカ科	エゾシカ	Cervus hortulorum yesoensis
ウシ目（偶蹄目）	ウシ科	カモシカ	Capricornis crispus

　しかし，これらの結果は糞や足跡などの痕跡確認のデータが多く，水位変動帯をどの程度，何のために利用しているのかは明確ではない．そこで，ネズミ類とテンについて水位変動帯の利用状況をより詳細に検討してみた．

9.3 ネズミ類の水位変動帯利用

9.3.1 ネズミ類の特徴

日本の山林に生息する代表的なネズミは，アカネズミ *Apodemus speciosus speciosus*（口絵15）とヒメネズミ *A. argenteus* である．両種ともに手のひらに乗る程度のネズミ類で，種子や昆虫などを餌としている．

アカネズミの生息環境は，森林を中心に社寺林，農耕地，河川敷など多岐にわたる．高い移動能力を持ち，水や食物に対する飢餓耐性が高く，その上，林内においてもギャップを利用するなど，利用できる環境は広いとされる（塩谷 1996）．一方，ヒメネズミは体重がアカネズミの3分の1程度であり，柔軟な動きをする長い尾と広く開く細い指を備えた後足を持ち，樹上生活に適応している．採餌空間は地上に加え，樹冠を含めた地上 10 m 程度までに及び，樹冠が発達し，複雑な階層構造をもった餌生産量の高い林が生息場所にふさわしい（塩谷 1996）．

9.3.2 三春ダムのネズミ類

他の章でも調査対象となっている三春ダム（福島県）では，水位変動帯における小哺乳類の捕獲調査が行われた（西田ほか 2014）．この調査では，三春ダムの水位変動帯（ここでは，**平常時最高貯水位〜洪水貯留準備水位**の間と定義）から周辺環境（平常時最高貯水位より高い標高域）を含むエリア3か所に，各約 500 m のルートを設定し，そこにシャーマントラップ（折りたたみ式捕獲罠）を 10 m 間隔で1〜2晩設置し，捕獲を行った．調査は3年間（2006〜2008年）で計16回行われ，捕獲個体には印をつけて放逐することが繰り返された．捕獲できた小型哺乳類は3年間で計210個体（再捕獲によるダブルカウントを含む）であり，その内アカネズミが208個体，ヒミズ *Urotrichus talpoides* が2個体であった．ヒメネズミはこの調査では捕獲されていないが，1998年と2003年の河川水辺の国勢調査では捕獲されている．

調査地の植被率は，周辺環境では4月〜5月にかけて上昇し，6月にはい

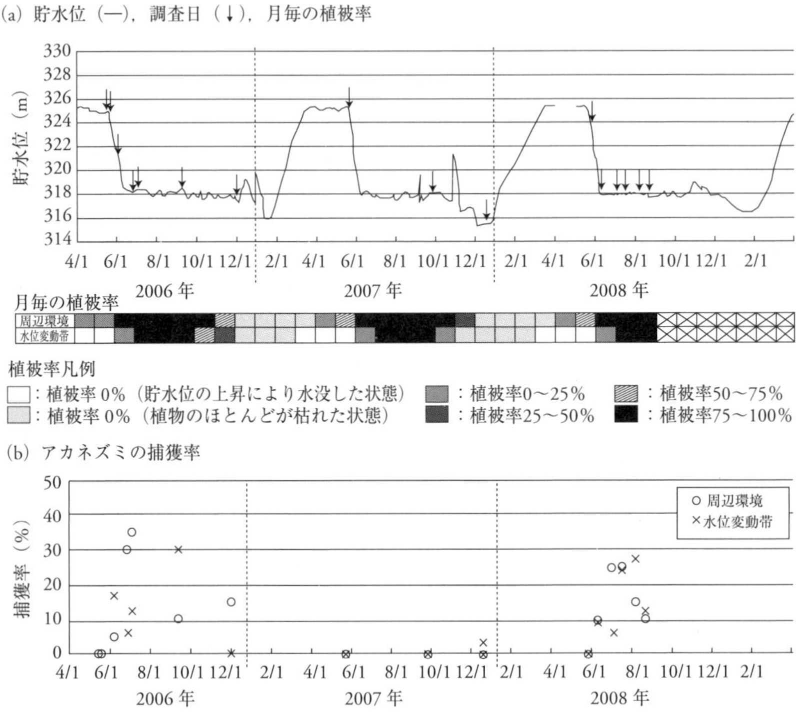

Part II　ダム湖水位変動帯の動物群集

(a) 貯水位（—），調査日（↓），月毎の植被率

植被率凡例
- □：植被率0%（貯水位の上昇により水没した状態）
- ▨：植被率0~25%
- ▧：植被率50~75%
- ░：植被率0%（植物のほとんどが枯れた状態）
- ▓：植被率25~50%
- ■：植被率75~100%

(b) アカネズミの捕獲率

図9-2　三春ダムにおける2006~2008年の貯水位，周辺環境と水位変動帯の植被率(a)，およびアカネズミの捕獲状況(b)
(a)の植被率において×印は調査がないことを示す．（西田ほか2014を改変）

ずれの年においても75~100%となった（図9-2）．一方，水位変動帯ではいずれの年も，水位が洪水貯留準備水位となる6月10日頃には0~25%と低く，その後約1か月で75~100%となり，通年陸域と比較して約1か月遅く植物が繁茂する傾向が見られた．アカネズミは，水位低下中から水位低下直後に該当する2006年6月5日~6日や2008年6月10日~11日にはすでに捕獲されることがあり，植生が25%未満でも早期に進出することが分かった．その後，植被率の上昇に伴いアカネズミの捕獲率も上昇した．つまり，三春ダムの水位変動帯では，水位が低下すると比較的早くアカネズミはそこに侵入し，植被率の上昇にあわせて密度が増加していったことになる．

個体識別をした調査の結果，34回再捕獲データが得られた．その中で，水位変動帯と周辺環境を移動していた個体はわずか2個体で，それ以外は全て周辺環境もしくは水位変動帯のそれぞれの内での再捕獲であった．これは，水位変動帯と周辺環境を行き来している個体が若干はあるものの，多くの個体が周辺環境内か水位変動帯内に留まっていることを示している．アカネズミの行動範囲は数100～3,000 m^2 と報告されており（Kondo 1977；中川 1986），高い移動能力がある（塩谷 1996）．今回の調査地では，アカネズミは6月になると新たに陸地となった水位変動帯にいち早く進出，その後そこに定住し，継続的に利用するようになると考えられる．

周辺環境と水位変動帯での捕獲率は，年間でみるとほとんど差がない．つまり，水位が低下し植被率が上昇すると，アカネズミにとって水位変動帯は周辺環境と同程度の価値の生息環境となり，定住が可能になると考えられる．

9.3.3　寒河江ダムのネズミ類

本書各章のもう一つの主要な調査対象ダムである寒河江ダム（山形県）でも，水位変動帯において小哺乳類の捕獲調査が行われた（中島ほか 2011）．水位変動帯として，ダム建設以前の高水敷（テラス）のヤナギ林内，堆砂デルタに生育する湿性草本群落内（ただし，テラスに近い場所），また比較対照としての周辺森林において，2010年10月にはじき罠を用いた1晩の捕獲調査が行われた（寒河江ダムの「テラス」および「堆砂デルタ」については口絵11，図2-4，2-5参照）．

この調査の結果，周辺森林では16トラップでアカネズミ3個体，ヒメネズミ2個体，ヒミズ1個体の合計6個体が捕獲された．テラスと中州では，それぞれ40トラップでアカネズミ各1個体のみの捕獲であった．アカネズミは，捕獲率が周辺森林では18.8％，水位変動帯（テラスおよび中州）ではわずかに2.5％であり，寒河江ダムでも水位変動帯に生息するものの，密度はかなり低いと考えられる．

9.3.4　水位変動帯におけるネズミ類密度のダムによる違い

三春ダムと寒河江ダムの水位変動帯におけるアカネズミとヒメネズミの捕

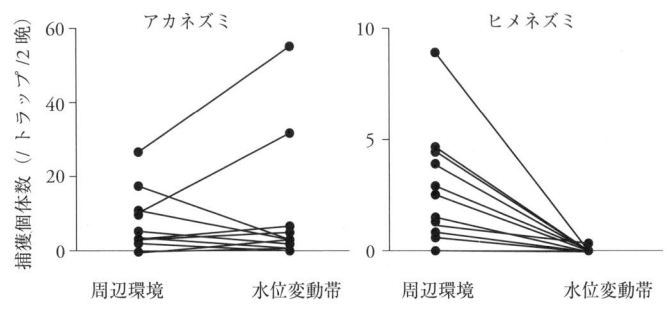

図 9-3　全国 12 ダムの水位変動帯でのアカネズミおよびヒメネズミの捕獲個体数（周辺環境との比較）
シャーマントラップあたり，2 晩あたり（河川水辺の国勢調査では連続 2 晩設置される）の捕獲個体数のダムごとの平均値をグラフに示した．地点および季節の扱いは図 9-1 と同様．

獲状況から，二つのダムには共通点と相違点があることが分かる．

共通点としては，アカネズミは水位変動帯によく侵入するが，ヒメネズミは少ないことである．上述した河川水辺の国勢調査（ダム湖版）における全国 12 ダムについても，トラップによるネズミ類の捕獲調査が行われ，定量的な比較が可能である．それによれば，アカネズミとヒメネズミの水位変動帯への侵入状況は，三春ダムや寒河江ダムと同様の傾向が認められる（図 9-3）．通常，アカネズミが森林にも草原にも生息するのに対し，ヒメネズミは森林性で，樹上もよく利用する．三春ダムのような一部のダムでは，水位変動帯にヤナギ類などの木本が生育するが，木があまり育たない多くのダムの水位変動帯はヒメネズミなどの森林性の動物の生息にあまり適さないと考えられる．

相違点としては，水位変動帯におけるアカネズミの密度が挙げられる．三春ダムでは時間が経って植物が繁茂すると，周辺と同等以上の高密度になった．それに対し，寒河江ダムでは，植物が十分茂った秋の調査にもかかわらず，周辺森林と比較してかなり低密度であった．しかし，上記の 12 ダムでみるかぎり（図 9-3），周辺環境より高密度になるダム，周辺環境と同等の密度に達するダム，あるいは周辺環境よりも低密度になるダムなど，ダムによっ

て大きく異なることが分かる．では，水位変動帯におけるアカネズミの密度は何によって左右されるのだろうか．考えられる一つの要因は，木本の多さである．三春ダムの水位変動帯ではヤナギ類が密に繁茂し，寒河江ダムでは比較的まばらである．河川水辺の国勢調査では，調査地の周辺環境が記録されている．そこで，裸地，草地および樹林に分け，その面積比率の違いとアカネズミの密度の関係を解析した．しかし，明瞭な関係は認められなかった．

水位変動帯に樹林あるいは草本類が繁茂すれば，アカネズミが単純に高密度になるというものでもなさそうである．もう一つの要因として，利用可能な土壌の厚さと関連しているのではないかと推測している．例えば，寒河江ダムの水位変動帯では，ネズミ類が坑道を掘ることができる程の土壌層がない．テラスでは，硬い地盤の上に細かな土砂が薄く堆積するだけである．寒河江ダムの水位変動帯でのアカネズミ 2 例の捕獲環境は，ヤナギ類の根元で落ち葉が堆積した場所と，中州のテラスとの境に近い転石の隙間がある場所であった．しかし，この要因に関しては現在十分なデータがないことから，今後明らかにしていかなければならないと考えている．

9.4 試験湛水時のテンのダム湖沿岸帯利用

9.4.1 テンという動物

テン（口絵 14）は本州，四国，九州に本来生息し，後に佐渡島と北海道に導入され，分布を広げている．頭胴長約 45 cm，尾長約 19 cm，体重 1.1〜1.5 kg の中型のイタチ科の哺乳類である（阿部ほか 1994）．イタチ科の動物にはテンのように樹上に適応するもののほかに，ニホンイタチ *Mustela itatsi* のように地表面を主な生活の場とするもの，アナグマ *Meles anakuma* のようにより地中に適応するもの，カワウソのように水辺に適応するものと，種によって主要な生活空間が異なる．

樹上性のテンがどの程度森林を利用しているか調べるため，畑瀬（佐賀県佐賀市富士町）と有氏（大分県竹田市久住町）において，捕獲したテンに小型の

表 9-3　畑瀬，脊振および有氏におけるテンの糞内容分析に占める動物質と植物質の出現頻度

調査地	標高 (m)	調査期間	分析糞数	動物質 (%)	植物質 (%)
畑瀬	260～440	2004年1月～2012年12月	5,862	33.8	66.2
脊振	900～980	2004年1月～2012年12月	7,877	38.1	61.9
有氏	800～950	1997年4月～2006年3月	2,334	48.6	51.4
		全域	16,073	40.2	59.8

発信機をつけ，追跡した(荒井ほか 未発表)．畑瀬は一般的な里山の景観で，有氏は広大な草原の谷筋に 20～150 m 幅の森林が帯状に発達する環境である．テンは，活動時や休息時に関係なく，畑瀬では約 90％，有氏では約 80％の時間，森林を利用していた．有氏のように森林面積割合が低くても，ほとんど森林に依存しており，広大な草原は森が発達する谷筋から谷筋への移動の際にごく短時間利用されるだけであった．

イタチ科の多くの種は，目立つ場所に糞をする習性がある．テンも登山道，遊歩道，舗装道路，大きな石の上および川原の転石など開けた目立つ場所でするため，比較的容易に糞の採取が可能である．テンの糞は，生息域が重なるニホンイタチ(あるいは外来種であるシベリアイタチ Mustela sibirica)としばしば見間違う程であるが，慣れた調査者にとっては十分識別可能である．糞の大きさや形状，臭いなどから種を識別したものと，糞から抽出したDNAの分析による種同定の結果とを比較した例では，85～93％の確率で識別可能であった(荒井ほか 未発表)．

採取された糞を実体顕微鏡下で内容分析することで，食性と採餌環境を把握することができる．テンの食性についてはこれまで多くの報告があり(荒井ほか 2003 参照)，雑食性であることが明らかになっている．そこで，畑瀬，有氏および脊振(佐賀県神崎市)における糞内容の分析から，地域間および季節による食性の違いを比較した．その結果，動物質と植物質の占める割合(表 9-3)や，優先的に出現する餌対象種(表 9-4)は地域によって異なった．つまり，糞内容をみることにより，テンの生息環境をある程度推し量ることができることが示唆された．また，季節によって動物質と植物質の出現頻度が

表 9-4　畑瀬, 脊振および有氏におけるテンの糞内容分析に占める動物質および植物質の出現頻度の上位 5 位

調査地	糞数[3]	動物質[1]					糞数[3]	植物質[2]				
		1位	2位	3位	4位	5位		1位	2位	3位	4位	5位
畑瀬	2,863	昆虫類・小動物類	哺乳類	鳥類	両生・爬虫類	魚類・カニ類	5,522	カキノキ	ムベ	ウワミズザクラ	フユイチゴ	サルナシ
		52.3%	31.8%	5.8%	4.1%	3.9%		16.5%	10.7%	10.4%	9.4%	7.3%
脊振	4,308	昆虫類・小動物類	哺乳類	鳥類	両生・爬虫類	魚類・カニ類	7,140	サルナシ	イヌツゲ	ヒサカキ	ウラジロノキ	ヤマボウシ
		43.7%	36.5%	9.3%	6.2%	2.1%		26.5%	17.0%	9.2%	8.3%	7.6%
有氏	2,283	昆虫類・小動物類	哺乳類	魚類・カニ類	鳥類	両生・爬虫類	2,279	サルナシ	アケビ	キカラスウリ	アキグミ	カキノキ
		36.9%	33.3%	14.1%	11.1%	2.0%		25.6%	9.5%	9.2%	8.1%	7.9%

1) その他, 不明種 (グループ) が含まれる.
2) 餌植物の確認種数：畑瀬 49 種; 脊振 41 種; 久住 34 種.
3) 全調査糞数：畑瀬 5,862; 脊振 7,877; 有氏 2,334.

異なることも分かった (図 9-4). 有氏を例にとると, 春期には果実類や昆虫類が非常に少なく, 哺乳類や鳥類を主体とする動物質の頻度が高い. 初夏になると, 春の果実類を中心に植物質が高くなる. 夏期には果実が少なく, さまざまな昆虫を中心とする動物食となる. 果物の季節の秋期には, 果実類を中心に採餌するようになる. 冬期には, 落下したものやわずかに枝先に残った果実を中心に食べている. このことは, 畑瀬や脊振でもほぼ同様の傾向であり, 多くの地域で共通の傾向だと思われる. この季節ごとの食性の変化は, テンの出産や子育てにも対応すると推察される. つまり, 春の動物食期はメス成体の着床 (前年の夏に交尾し, 遅延着床する) から出産の時期である. この時は, 果実類が極端に少ない季節でもあるが, 良質のタンパク質を必要とすることから, 哺乳類や鳥類を多く捕食する. 初夏の果実食期は授乳期で, 一斉に実る春の果実類が子育てを容易にしている. 夏の昆虫食期は新生個体の離乳や巣立ち時期で, 慣れない彼らが哺乳類や鳥類を捕食するのは困難である. しかし, 昆虫類や多足類などは新生個体の採餌を比較的容易にし, 成長のためのタンパク質を提供する. 秋の果実食期の豊富な果実類は, 全ての個体に越冬のための脂肪の蓄積を促し, 独立したばかりの子にとっても, 冬を目前にしての採餌を容易にしている.

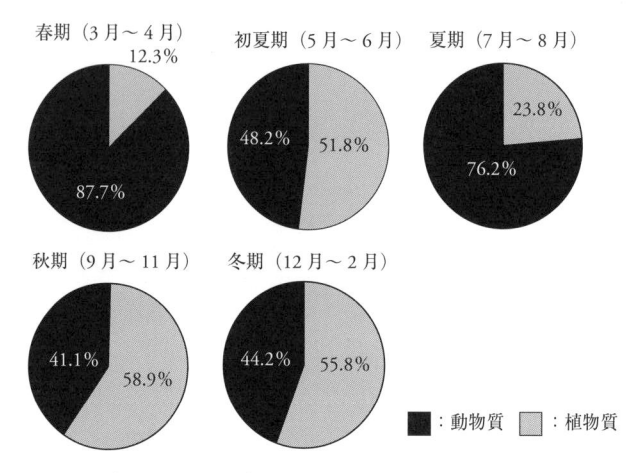

Part II　ダム湖水位変動帯の動物群集

図9-4　有氏における季節ごとのテンの糞の動物質と植物質の出現頻度

春期（3月〜4月）　動物質 87.7%　植物質 12.3%
初夏期（5月〜6月）　動物質 48.2%　植物質 51.8%
夏期（7月〜8月）　動物質 76.2%　植物質 23.8%
秋期（9月〜11月）　動物質 41.1%　植物質 58.9%
冬期（12月〜2月）　動物質 44.2%　植物質 55.8%

■：動物質　□：植物質

9.4.2　嘉瀬川ダム試験湛水前後のテンの動態

ダムの試験湛水

　ダムは，水を溜めて運用を開始する前に**試験湛水**が行われる．この試験湛水では，ダム完成後最初に水が溜められ，今まで一度も水に浸ったことのない陸地が水没していく．水位は，ダム湖の水かさがもっとも高い洪水時最高水位まで上昇する．その間，ダムの構造や施設，周辺などさまざまな項目がチェックされ，その後水位は下げられて通常の管理に至る．つまり，試験湛水の期間には，通常の管理時とは水位の変動パターンが異なるものの，上昇と下降が計画的に行われ，その変動により生物がどのように反応するかを調査することが可能である．なお，ダムの湛水域内（最近では一般に平常時最高貯水位以下）は，湛水後の栄養塩溶出などの懸念から，試験湛水前に植物が伐採除去され，その後芽生える植物で草本群落となっていることが多い．

　佐賀県佐賀市の嘉瀬川ダムにおいて，試験湛水期間を利用してダム湖沿岸および周辺のテンの調査を継続的に行っている．試験湛水以前のダム湖周辺では，周辺整備や堤体工事などさまざまな人為的改変が生じるが，ここではそれらの変化とダム湖周辺のテンの生息状況との関連を見てみたい．

表 9-5　嘉瀬川ダムにおける試験湛水の経緯

年	月	日	経　　緯
2003	7		仮排水路トンネル工事に着手
2007	10		嘉瀬川ダム本体コンクリート打設開始
2009	12		ダム本体コンクリート打設完了
2010	10	19	試験湛水開始
2011	8	17	副ダムゲート全閉
	8	31	平常時最高貯水位（標高 292.5 m）到達（水位上昇）
	11	19	洪水時最高水位（標高 300.0 m）到達
2012	2	13	平常時最高貯水位到達（水位降下），試験湛水完了
	3	20	嘉瀬川ダム竣工
	4	1	管理開始

嘉瀬川ダムの特徴

　嘉瀬川ダムは国土交通省が建設・管理し，洪水調節・不特定利水・灌漑・上水道用水・工業用水・発電に使われる多目的ダムで，堤高 97 m，湛水面積 270 ha である．ダムの立地およびその周辺は，シイ林上部からカシ林域の常緑広葉樹林域の植生帯に属する．谷筋や尾根筋の急峻地には夏緑広葉樹林やアカマツ林などが分布し，植生は多様である．しかし，山腹斜面の自然林や棚田の多くがスギ Cryptomeria japonica やヒノキ Chamaecyparis obtusa の人工林に転換されている．

　試験湛水は 2010 年 10 月に開始され，水位は次第に上昇し，2011 年 8 月 31 日に平常時最高貯水位に，同年 11 月 19 日に洪水時最高水位に達した（表 9-5）．水位はその後下げられ，2012 年 4 月 1 日からは通常の管理に移行している．

　嘉瀬川ダムは制限水位方式をとっていないので，**洪水期**（夏期）に洪水貯留準備のために水位を低下させることはなく，平常時最高貯水位近くの水位が通常保たれている．

嘉瀬川ダム試験湛水前後のテンの糞数変化

　嘉瀬川ダム周辺にセンサスルートを設け，2004 年 2 月からテンの糞サンプリングを毎月継続して行った．調査開始時には A～C の 3 本のセンサス

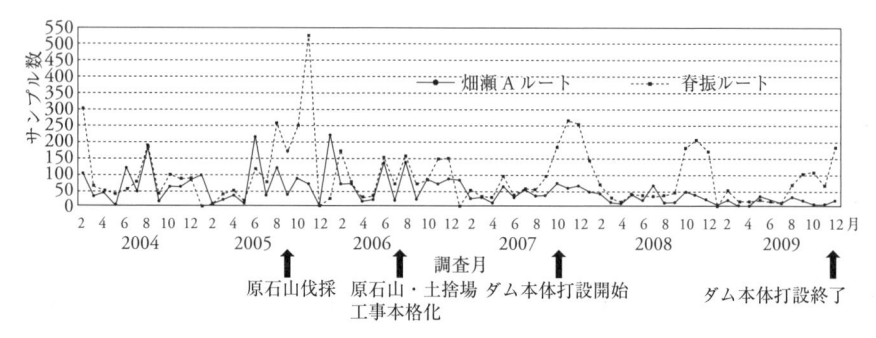

Part II　ダム湖水位変動帯の動物群集

図9-5　畑瀬Aルートと脊振ルートの2004年2月〜2009年12月におけるテン糞数の変動

ルートを，嘉瀬川左岸のダム堤体予定地から約1.5 km上流で，比較的広い自然林が存在する畑瀬地区に設定した．Aルートは，標高360〜440 m，ルート延長が約2.4 kmで，周辺で行われる工事の直接的な改変を受けず，ダム完成後も比較的ダム湖に近い部分にあるものの水没しない．BとCの2ルートは，ダム完成後にその一部が水没した．さらに，完成後には工事用道路跡のDルート（一部が水没）と，付け替え市道の一部を利用したEルート（水没しない）を新たに設定した．

　調査時に確認できる糞数は，気象条件や車の往来など主に物理的要因による消失の影響を受け，またテン本来の季節的な活動の変化により変動する．ダム事業の影響の検出のためには，自然変動を示す比較対照が必要である．そこで，ダム工事が行われていない対照地として，人為的影響の少ない脊振山（標高1,055 m）の中腹（佐賀県神埼市，標高900〜980 m）に脊振ルート（約2.8 km）を設定した．畑瀬との直線距離は約14 km，標高差約600 mで，畑瀬と同様の調査を毎月行い，両調査日をなるべく近い日とした．

　畑瀬Aルートと脊振ルートの2004年以降の糞数の変化を，図9-5に示した．テンの糞数は，秋を中心に多くなる年が多い．調査を開始した2004年には，畑瀬Aルートと脊振ルートとでは，糞数は同程度であった．しかし，原石山の樹木が伐採され，ダムの工事が本格化すると，脊振ルートに比べAルートでは糞の数が少なくなってきた．特に秋の糞数の増加が見られなく

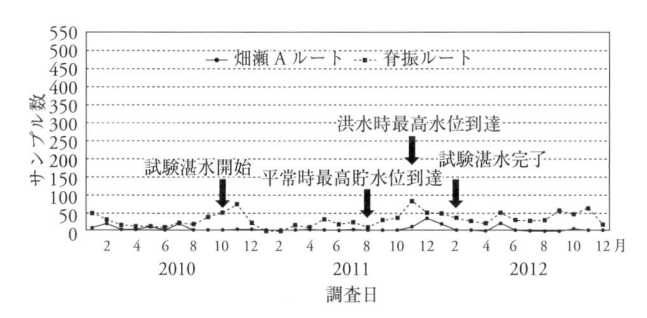

第9章　ダム湖沿岸の哺乳類による利用

図9-6　畑瀬Aルートと脊振ルートの本体工事終了後（2010年1月）から2012年12月におけるテン糞数の変動

なった．これには，統計学的にも有意な違いが認められた（一般化線形混合モデルにおける，調査時期と調査ルートの交互作用としての検出）．この畑瀬Aルートの糞数の減少（秋の糞数の増加の欠如）は，テンのこのルート近隣の利用の低下によると考えられる．

ダム湖に水が溜まり始めると，テンの利用状況はどうなるのだろうか．試験湛水を開始した2010年以降の畑瀬Aルートと脊振ルートにおける糞数の変化を，図9-6に示した．それによれば，Aルートの糞数は脊振ルートと比較して少ないままで，試験湛水が終了した2012年以降もこの傾向は継続している．もし周辺の環境が変化してテンの利用状況が変わった場合，糞の内容物にも変化が現れる可能性があるが，今のところ明確な変化は認められていない．

DNAから見た利用個体の特徴

採取された糞のDNA解析により，糞の個体識別ができる（中村ほか2012）．田悟ほか（2013）は，嘉瀬川ダムの畑瀬地域と阿蘇（熊本県南阿蘇村）において，テンの糞からDNAを抽出し，個体識別を行った．この調査では，テンは一定期間（ここでは6か月）同一場所にいる個体（定住個体）と，ごく短期間しかその調査地で確認できない個体（非定住個体）に分けられることが分かった．定住個体の割合は畑瀬18.0％，阿蘇13.7％であり，非定住個体が多い季節は秋から初冬であった．この季節は，多くの果実が実り，子の分散

227

時期 (Tatara 1994) でもある．畑瀬では，年による豊凶はあるが，テンの絶好の餌で，調査地内に点在するウワミズザクラ *Padus grayana* が一斉に結実する時期にも，一時的に非定住個体が増える傾向がみられた．つまり，餌を求めて徘徊する個体や子の移動・分散が非定住個体を増加させ，そのことにより糞数も増加すると考えられる．

畑瀬Aルート付近における定住個体の分布状況をみると，工事現場のごく近くまで頻繁に出現し，工事が本格化しても生息地に固執する傾向にあった．非定住個体は，工事現場の近くでは糞がほとんど見られず，工事の早い段階から現場周辺に近寄らない傾向にあった．このことから，工事による個体数の減少はまず非定住個体によってもたらされ，次第に定住個体に及んだと推察される．また，上述した畑瀬Aルートにおける秋の糞数の増加の欠如は，非定住個体の移入・利用が減少したためと考えられる（田悟ほか2013）．

テンの水際の利用

ダム完成後に一部が水没する畑瀬の3本のルートのうち，BとDのルートにおける糞の分布状況から，嘉瀬川ダムのダム湖水際のテンの利用状況を追ってみた（図9-7）．試験湛水において，テンの糞は水位上昇時にはごく水際に近いところまで確認できた．ところが，水位が洪水時最高水位に達し，その後低下する時には，テンの糞は洪水時最高水位以下では確認できなかった．つまり，水位上昇時にはテンは水際まで利用するものの，一度水没した地域には，水位が低下してもなかなか侵入しないことが示唆された．この水没地域で糞が見つからない（テンが利用しない）傾向は，干出後1年以上が経過しても継続している．

9.4.3 ダム事業，ダム湖とテン

糞を通して，嘉瀬川ダムの本格工事前から工事中およびダム湖の出現まで，一連のダム事業がテンの生息状況に及ぼす影響をみてきた．長期にわたる本体および周辺工事は，畑瀬Aルートの糞の減少という結果で分かるように，直接の改変現場だけでなく近隣のテンの生息にまで影響を及ぼした．

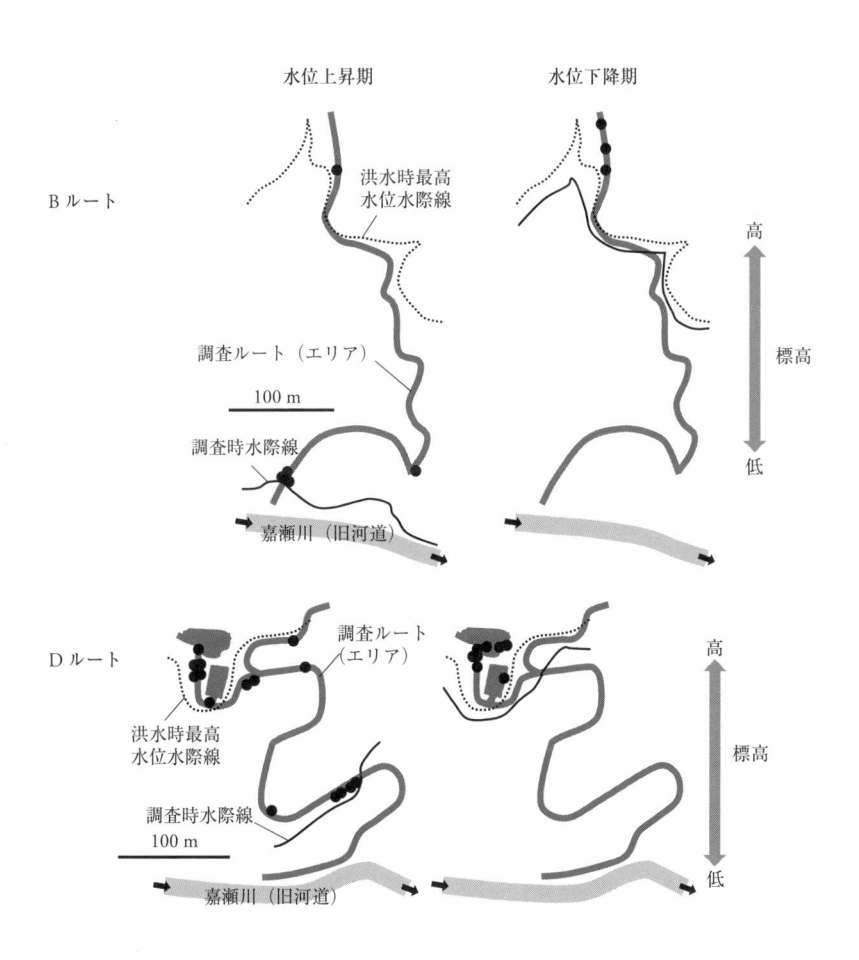

図 9-7 畑瀬 B ルート（上）と D ルート（下）における試験湛水の水位上昇期（左）と水位下降期（右）でのテンの糞の確認位置例
水位上昇期は 2010 年 12 月 9 日（水位：標高 245.78 m），下降期は 2012 年 5 月 24 日（B ルート；水位：標高 290.57 m），2012 年 3 月 22 日（D ルート；水位：標高 292.45 m）．テンの糞の位置を黒丸で示した．

その要因として，工事による騒音，振動，人や重機の頻繁な往来および夜間照明等々が挙げられる．しかし，直接改変が行われていないルートへの影響も大きいこと，工事終了後の回復に時間がかかっていることから，もう少し広範囲における継続的な環境改変の可能性も考えられる．近隣ではダムに関連した工事としての道路整備などにより，自然林が消失した場所もある．この消失は，テンのもっとも好む生息環境の消失を意味し，やや離れた畑瀬Aルートに及んだ可能性も否定できない．今後，回復の程度と回復までの時間を明らかにする必要がある．

　試験湛水におけるテンの反応について，水位の上昇時には糞は水際まで見られるのに，下降時にはいったん水没した洪水時最高水位（水没ライン）より低い場所ではほとんど確認されなかった．この状態が，長期間継続している．同様の傾向はイノシシ Sus scrofa，ノウサギ Lepus brachyurus およびアナグマでも認められたが，イノシシとノウサギは約1年後から水没地内で痕跡が時々発見されるようになり，中でもイノシシの痕跡は時間の経過とともにやや増加傾向にあった．これらの動物が水位変動帯になかなか入ろうとしない理由として，三つの要因が考えられる．一つには，これまでの一連のダム工事の影響（自然林の減少・劣化）により，周辺環境での生息密度が低下しているため．また，環境の良し悪しにかかわらず，いったん水没した範囲に踏み入ることを警戒しているようにもみえる．定住的でかつ学習能力が高い哺乳類の種では，ある負の影響があった場合それを学習して，影響が除去されても継続的にその地域を利用しなくなることが知られている（一柳 2003 参照）．さらに，上述したアカネズミの進入に植生の回復が関連しているように，水没による植物の枯死により植生の回復が遅れ，餌やねぐら環境が良くないためとも考えられる．これらの要因については，今後さらに検討していく必要がある．

9.5 ダム湖水位変動帯と哺乳類

　嘉瀬川ダムのように，完成直後の試験湛水による水位変動帯の哺乳類によ

る利用は，周辺環境での低い生息密度および水没による環境の大きな変化や警戒心などから，利用するようになるまでに時間を要するのかもしれない．しかし，既存の他のダムの水位変動帯での出現状況を見ても，嘉瀬川ダムの水位変動帯をテンがいずれは利用する可能性は高いと考えられる．ダムの通常管理では，平常時最高貯水位を超えるのは洪水の時だけで，超えてもごく短い期間であるために植物はほとんど枯死しない．試験湛水の時には，それよりも長い期間水没するので，平常時最高貯水位よりも高い場所の植物がしばしば枯死する（本書コラム 2 参照）．嘉瀬川ダムで哺乳類の水位変動帯の利用開始が遅れているとすれば，要因の一つに試験湛水時の水没による樹木や竹の立枯れ（口絵 13）が考えられた．枯れた樹林や竹林は植生の回復を妨げ，動物の生息の場としての機能の回復を遅らせていると思われる．三春ダムでみられたように，ある程度の植生の回復がアカネズミの進入を可能にするなら，さらにこれら小哺乳類が，それらを捕食するテンなど中型の哺乳類の進入を促すと考えられる．もしそうだとすれば，水没後の早い植生回復を図るため，試験湛水前に立枯れしそうな樹木などを伐採するか，水没に耐える樹種に事前に移植・転換するなどの対策をすれば，試験湛水後のテンなどの哺乳類（上位捕食者）の侵入も早くなるかもしれない．

　ダム湖周辺は森林であることが多く，水位変動帯を利用する種は，森林性の種が森林のギャップを利用するように現れるということを想像するのは難くない．ダムによっては水位変動帯に植生が発達し，草地を必要とするカヤネズミのような哺乳類も生息している．しかし，特に毎年水没する場所には，周辺（主に森林）からその都度個体が移入する必要がある．ところが，水位変動帯の多くは，ダム湖の周回道路で周辺環境と分断されている．そこで，森林から直接水位変動帯を通り水際まで移動できる連続した環境を広く確保したり，水位変動帯に一定規模の森林を確保することにより，哺乳類にとってダム湖周辺がより良い生息環境になると考えられる．

謝辞

　この一連の調査・研究を進めるに当たり，テンの野外調査や糞内容分析に関しては応用生態技術研究所の足立高行氏と桑原佳子氏に，行動や個体数の

推定および DNA 解析に関してはいであ株式会社の田悟和巳氏，中村匡聡氏，松村　弘氏にお世話になった．深甚なる謝意を表する．

参照文献

阿部　永・石井信夫・金子之史・前田喜四雄・三浦慎悟・米田政明（1994）『日本の哺乳類』東海大学出版会．
安藤元一（2008）『ニホンカワウソ：絶滅に学ぶ保全生物学』東京大学出版会．
荒井秋晴・足立高行・桑原佳子・吉田希代子（2003）久住高原におけるテン Martes melampus の食性．『哺乳類科学』43: 19-28．
一柳英隆（2003）人工雑音が野生生物に与える影響．『平成 14 年度ダム水源地環境技術研究所所報』pp. 80-86．ダム水源地環境整備センター．
環境省（2012）レッドリスト．http://www.biodic.go.jp/rdb/rdb_f.html
Kondo, T. (1977) Social behavior of the Japanese wood mouse, *Apodemus speciosus* (Temminck et Schlegel), in the field. *Japanese Journal of Ecology* 27: 301-310.
中川和浩（1986）秋の繁殖期におけるアカネズミ（*Apodemus speciosus*）の空間関係の変化．金沢大学大学院理学研究科修士論文．
中村匡聡・松村　弘・田悟和巳・荒井秋晴（2012）マイクロサテライト DNA 多型解析によるテン *Martes melampus* の個体識別．『DNA 多型』20: 334-339．
中島　拓・東　淳樹・一柳英隆・武浪秀子・小城伸晃・中村夢奈・江崎保男（2011）寒河江ダム月山湖の水位変動帯湿性草原における小型哺乳類の餌．『寒河江川流域自然史研究』5: 30-35．
西田守一・浅見和弘・荒井秋晴（2014）三春ダム貯水池湖岸における水位変動域のアカネズミ（*Apodemus speciosus*）による利用．『応用生態工学』16: 107-117．
関島恒夫（2008）種間競争と共存　アカネズミとヒメネズミ．本川雅治編『日本の哺乳類学　1．小型哺乳類』pp. 247-272．東京大学出版会．
塩谷克典（1996）アカネズミとヒメネズミ．『日本動物大百科　第 1 巻哺乳類 I』pp. 95-97．平凡社．
田悟和巳・荒井秋晴・松村　弘・中村匡聡・足立高行・桑原佳子（2013）糞から抽出された DNA を用いたテン *Martes melampus* の個体数推定．『哺乳類科学』53: 311-320．
Tatara, M. (1994) Notes on the breeding ecology and behavior of Japanese martens on Tsushima Islands, Japan. *Journal of the Mammalogical Society of Japan* 19: 67-74.
WWF (2010) *River Dolphins and People: Shared Rivers, Shared Future.* http://awsassets.panda.org/downloads/32580_wwf_delfinrapport_100904_final.pdf

コラム6　山間地のダム湖および渓流の鳥類

東　淳樹

　ダム建設によって山間に突如として現れる広大な湛水面は，多くのカモ類に利用される．利用が多いのは，マガモ Anas platyrhynchos，カルガモ Anas poecilorhyncha などの水面採餌型カモ類と堅果食のオシドリ Aix galericulata (Mori et al. 2000) であり，これらはダム湖を休息の場として利用している．自然湖沼と比較して利用が少ないのが，潜って水生植物やベントスを食べるキンクロハジロ Aythya fuligula やホシハジロ Aythya ferina などである（森ら2007）．その原因としては，ダムは河川の中上流域の山間のV字谷に建造されることが多いため，ダム湖がいきなり深くなる断面形状を持っており，浅水域が少ないためにエコトーンが発達しないから（本シリーズ第2巻第7章参照）だと考えられている．

　ダム湖はカモ類だけでなく，猛禽類の利用も多い．もともと猛禽類の生息地にダムを造成したのだから，それは当り前かもしれない．しかし，本来は沿岸や河口域を繁殖地，あるいは越冬地とし，大型魚類を主食とするミサゴ Pandion haliaetus，オオワシ Haliaeetus pelagicus，オジロワシ Haliaeetus albicilla がダム湖を利用している実態が見えてきた．

　河川水辺の国勢調査は，1990年度から実施され（1990年度は魚類のみの調査），鳥類調査も1991年度から行われている．表C6-1は，猛禽類の確認ダム数の比較である．ミサゴはオオタカ Accipiter gentilis，クマタカ Spizaetus nipalensis と並び，半数以上のダムで生息が確認されている．また，ミサゴは1991年度から2005年度までの15か年の間に，利用しているダム数の割合が増加傾向であることがわかる．同じく魚食のオオワシは3.6〜7.3%，オジロワシは16.0〜20.8%のダムをそれぞれ利用しており，オジロワシもミサゴ同様，利用するダム数の割合が増加傾向にある．その理由が，各地のダム湖に不法に放流されたオオクチバス Micropterus salmoides の増加の影響なのか，陸封化されたダム湖で，本来降海していたイワナ Salvelinus leucomaenis やヤマメ Oncorhynchus masou が大型化する影響なのか，それらの因果関係は明らかにされていない．

　いずれにしても，ミサゴは沿岸や河口域だけでなく，近年は内陸河川に

表 C6-1 猛禽類の確認ダム数の巡目間の比較

	1巡目 (1991〜1995年度)		2巡目 (1996〜2000年度)		3巡目 (2001〜2005年度)	
	ダム数 81	% 100	ダム数 83	% 100	ダム数 96	% 100
ミサゴ	31	38.3	52	62.7	66	68.8
オオワシ	4	4.9	3	3.6	7	7.3
オジロワシ	13	16.0	15	18.1	20	20.8
イヌワシ	7	8.6	12	14.4	12	12.5
オオタカ	43	53.1	55	66.3	68	70.8
クマタカ	35	43.2	48	57.8	53	55.2

平成22 (2010) 年度　河川水辺の国勢調査結果の概要 [ダム湖版] をもとに作成.

も進出してきており，ダム湖を含む内水面を重要な採餌および繁殖の場として確実に取り込んだと言えよう．また，オオワシ，オジロワシは本州中部以北から北海道の内陸のダム湖で越冬しており，日本のダム湖はこれら希少猛禽類の貴重な越冬地としての役割を担いはじめたと言えるかもしれない．

ダムにそそぐ川は上流の森に向かって川幅が徐々に狭くなっていくが，しばらくは川幅も広く，直射日光が当たる川面の岩の上や河原には，ヤマセミ *Ceryle lugubris* やイソシギ *Actitis hypoleucos*，カワガラス *Cinclus pallasii* などの姿がみられる．さらに上流に遡ると，川幅は狭くなり，両岸からの樹木で直射日光が遮られ，川面に陽がささなくなる．このような森のなかを流れる川，いわゆる渓流の存在は，森の鳥類相を豊かにする．河川そのものに食物や巣場所を依存する種の生息を支えるだけでなく，河川周辺を覆う森の植生構造が複雑であることにより，食物資源が豊富になるからだと考えられている．

渓流沿いの木の梢で囀るオオルリ *Cyanoptila cyanomelana* は，春から夏にかけての落葉広葉樹の開葉期に出現する陸生昆虫類や川から羽化するカゲロウやカワゲラなどの水生昆虫をフライングキャッチで捕える．オオルリのほかキビタキ *Ficedula narcissina* やセンダイムシクイ *Phylloscopus coronatus* など多くの夏鳥が森や川から発生する昆虫類に支えられている．

秋になり夏鳥が南へ渡るころ，日射量と気温の低下にともない，落葉樹は葉を落としはじめ，陸上昆虫の数は急激に減少する．その一方で，樹冠があいた川面には直射日光があたり，藻類の光合成が活発となる．また，川の中には水生昆虫の食物となる落葉が大量に供給される．水生昆虫はこの時期に成長し，冬から春に交尾産卵のために羽化する種が多い．北海道南部の落葉広葉樹林帯では，落葉期に生息する鳥類の食物に占める羽化水生昆虫の割合は，留鳥であるミソサザイ *Troglodytes troglodytes* でほぼ100％，シジュウカラ *Parus major* やゴジュウカラ *Sitta europaea* で40〜60％，春先のヒタキ類やムシクイ類などの夏鳥で40〜90％を占めている (Nakano and Murakami 2001)．このように森と川との間での植物の生産活動および虫の生活サイクルの相補性によって，渓流のある森に生息する鳥に，一年を通して安定的に食物が供給される（日野 2004)．川の面積自体は，森全体からみるとわずかである．しかし，森に暮らす鳥類が川から受ける恩恵は計り知れない．

ダム建設により新たに出現した山間部の巨大な湛水面は，カモ類や猛禽類の生息地を提供することになった．しかし，その一方でダム下流の河川環境は，一定量の土砂が下流まで運ばれ，定期的な洪水があったダム建設前と比較し，河床低下や河原の喪失などを招いている（本シリーズ第1巻参照)．また，ダム上流域では堆砂面勾配が元の河床の勾配より緩くなることで上流に向かって土砂の堆積，河道水位の上昇がみられ（背砂作用)，その結果として治水・利水機能上の諸障害や，山脚崩壊の被害が各地で発生している（吉良 1995)．さらには，ダムによる上下流ないしは，川と海との生態系ネットワークの分断により，ダム上流域ではサケ科などの回遊魚類の生息密度が低下しており，シマフクロウ *Ketupa blakistoni* やヤマセミなどのそれらを食物資源としている鳥類には直接的な影響を及ぼしている．

ダムによる河川生態系の変化とそれが鳥類やそのほかの動物に及ぼす影響についてはまだまだ不明なことが多い．しかし，ダム湖の上下流での河川生態系の変化は，河川を利用する鳥類の生息にも影響を与えていることを直視する必要があろう．

参照文献

日野輝明（2004）『鳥たちの森』東海大学出版会.

吉良八郎（1995）ダムにおける堆砂問題と排砂革新.『農業土木学会誌』63: 1-6.

Mori, Y., Kawanishi, S., Sodhi, N. S. and Yamagishi, S. (2000) The relationship between waterfowl assemblage and environmental properties in dam lakes, central Japan: Implications for dam management practice. *Ecology and Civil Engineering* 3: 103-112.

森　貴久・川西誠一・Sodhi, N. S.・山岸　哲（2007）ダム湖を利用するホシハジロの個体数と浅水域面積.『応用生態工学』10: 185-190.

Nakano, S. and Murakami, M. (2001) Reciprocal subsidies: Dynamic interdependence between terrestrial and aquatic food webs. *Proceedings of the National Academy of Sciences of the United States of America* 998: 166-170.

Part III

ダム湖水位変動帯の食物網と物質循環

　河川から流入した粒状有機物の一部は水位変動帯のエコトーンで捕捉される．水位に応じて堆積土砂内の物理化学的環境は変化し，それに応じて捕捉された有機物の分解過程が異なってくる．エコトーンに生育する植物は，土砂に蓄積する栄養塩を利用して生長し，枯死後に冠水すれば水生動物に取り込まれる．Part IIIでは，ダム湖水位変動帯の食物網と物質循環について論じる．

[前頁の写真]

嘉瀬川ダム（佐賀県，嘉瀬川水系）
　国土交通省九州地方整備局管理．2012年竣工．堤高97 m．重力式コンクリートダム．流域面積368 km^2．総貯水容量71,000千m^3．オールサーチャージ方式．目的：洪水調節，不特定利水，かんがい，上水道，工業用水，発電．
　洪水時最高水位以下の水田跡地が湿地ビオトープとして整備され，モニタリングが続けられている．（写真：国土交通省九州地方整備局筑後川河川事務所）

第10章
植生がダム湖の物質循環に与える影響

浅枝　隆

　水域の植生は**栄養塩**の循環の一端を担っており，水質管理からみても重要な要素である．この栄養塩の循環機構は物理的なものから生物的なものまで広範囲な過程で構成されており，植生のもつさまざまな機能がこれに関与している．

　わが国のダムは山岳地帯の谷間に建設される場合が多く，ダム湖岸は急峻で，新しい土砂が堆積し難く，植物群落は形成し難い．他方，河川流入部には流入土砂が堆積し勾配の緩やかな平坦部が形成される．そのため，陸域，水域を問わず，植物群落の発達する可能性は高い．

　常に冠水している場所では，**抽水植物**の他に，**沈水植物**や**浮葉植物**の生育も可能である．こうした水草は重力の影響を受けにくく，条件さえ整えば，急な湖岸の水中部にも生えることが可能である．

　一方，治水ダムの水位変動帯においては，洪水貯留準備水位を保った期間に繁茂する生長の速い一年生の草本類が主たる植物種である．しかし，長期間の冠水に対する耐性を備えたヤナギ類などの樹木，まれには，ヨシ *Phragmites australis* のような**多年生草本**類やヒシ *Trapa japonica* のような浮葉植物も生える（図10-1参照）．

　こうした植物群落が形成されると，水位変動帯はダム湖の栄養塩循環においても大きな役割を果たす場所になる．

Part Ⅲ　ダム湖水位変動帯の食物網と物質循環

(a) タチヤナギ（周囲はヨシ等）　　(b) 一年生のアレチウリ

(c) ヨシ　　(d) 浮葉植物のヒシ

図 10-1　三春ダム前貯水池の水位変動帯に生える植物

10.1 系外からの流入

　ダム湖の栄養塩の起源は，ダム建設以前に土壌中に貯蔵されていた栄養塩を除けば，大気からの窒素負荷，河川水や湖岸からの流入に伴って運ばれてくる窒素やリンである．大気による窒素負荷については，流域に降下したものは流入河川を介してダム湖に流入し，ダム区域に降下したものについては，冠水している時期においては，直接に水中の窒素の供給源の一つになるが，**洪水貯留準備水位**の時期には直接土壌へ供給される．河川水からの負荷の多くは，流域の人間活動によって生じた人為的なものである．しかし，富士山のように玄武岩質の火山では湧水が高いリン濃度を有していたりするこ

第 10 章　植生がダム湖の物質循環に与える影響

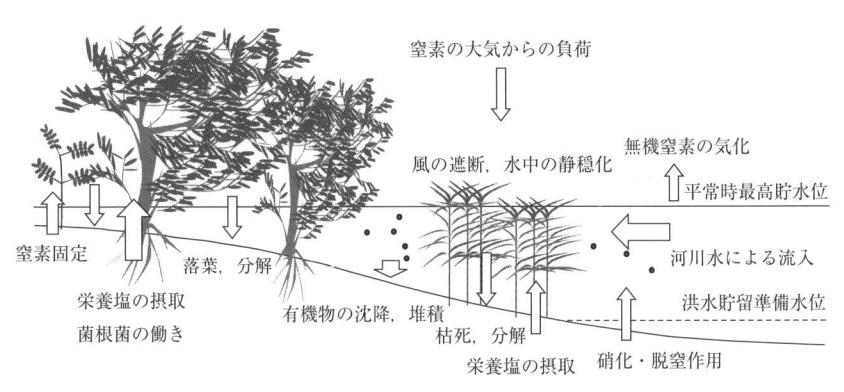

図 10-2　ダム湖岸における植生周辺の栄養塩の流れ

ともあり（小林・輿水 2005），自然由来のものもある．また，近年は山林が窒素飽和の状態にあることから，大量のリンや窒素が河川水を通じてダム湖に注がれる．

こうしてダム湖に流入した栄養塩に対し，植生は，図 10-2 に示されるように，懸濁態の栄養塩の沈降促進，植物による吸収や枯死・分解を介した循環，窒素固定，硝化・脱窒作用などのさまざまな働きで湖内での循環，系外への輸送を行っている．

10.2　物理過程に基づく働き

10.2.1　機械的機構による有機物沈降促進効果

水中の栄養塩は大きく溶存態のものと，微細な有機物の浮遊粒子からなる懸濁態のものとに分けられる．このうち，溶存態の栄養塩は水中に溶解しており，これが沈降することはない．ところが，懸濁態のものは，比重が水のそれよりやや大きいため，静穏な水域であれ徐々に沈降する．この沈降速度を支配しているのは，水流の中でも，変動成分，すなわち乱流成分である．ところが，ダム湖の場合，通常，風波や流入水による攪乱等，さまざまな擾

乱が存在している．しかも，水塊の規模は極めて大きい．
　流れが乱流状態にあるかどうかは，レイノルズ数（＝Re）というパラメーターで判別できる．このパラメーターは，代表的な長さスケールL，代表的な流速スケールUの積を動粘性係数ν（〜0.01 m^2/s）で割って得られる無次元パラメーターである（＝LU/ν）．湖沼の場合，河川と異なり，代表的な流速（平均流）は小さい．それでも風による吹送流などは数10 cm/sに達する場合がめずらしくなく，平穏な期間でも決してゼロというわけではない．さらに，障害物のない水域では代表的な長さスケールは数10 m〜数100 mであるわけであるから，レイノルズ数の値は容易に数万を超える値になる．この値が1000程度を超えると十分な乱流であることから，乱流成分がゼロになる層流（Re〜400以下）という状態になることはほとんどない．すなわち，障害物のない水域では，ダム湖といえども乱流成分が卓越しており，浮遊する有機物はなかなか沈降しないことが簡単な水理計算によってもわかる．
　さて，ダム湖の湖岸の近傍の冠水域に植生帯が形成された状態を考えよう．植生といっても，図10-3に示すように，樹木，抽水植物，浮葉植物，沈水植物帯でその効果は大きく異なる．
　タチヤナギ *Salix subfragilis* 等冠水に対して耐性の高い樹木であれば，冠水後もそのまま生存し続けることが可能である（浅見ほか2009）．
　樹林の場合には，樹木どうしの間隔が広く，植生帯の中で考えるべき代表長さには議論が必要であるが，ひとまずは，植物どうしの距離で考える．上記のレイノルズ数（代表長さ〜数m）はあまり低い値にはならない．ところが，吹送流を生じさせる風を遮蔽する．そのため，レイノルズ数という観点から言えば，むしろ，風を遮断することで代表流速である吹送流速を減少させ乱流強度を低下させる．ただし，群落外では風による水の流動は生じており，必ずしも大きな効果があるとはいえない．
　抽水植物群落の場合，植物種や生育環境にもよるが，ヨシやガマ *Typha latifolia* であれば葉茎の密度は高く，個々の葉茎間の距離は数cm〜10 cm程度となる．風の遮蔽効果が高いことから群落内の風は抑制され，また，水中の葉茎によって水の流動自体も抑えられる．そのため，水中の乱流強度を低下させる効果は樹木のそれよりも高い．こうした現象は，河川や湖岸で抽水

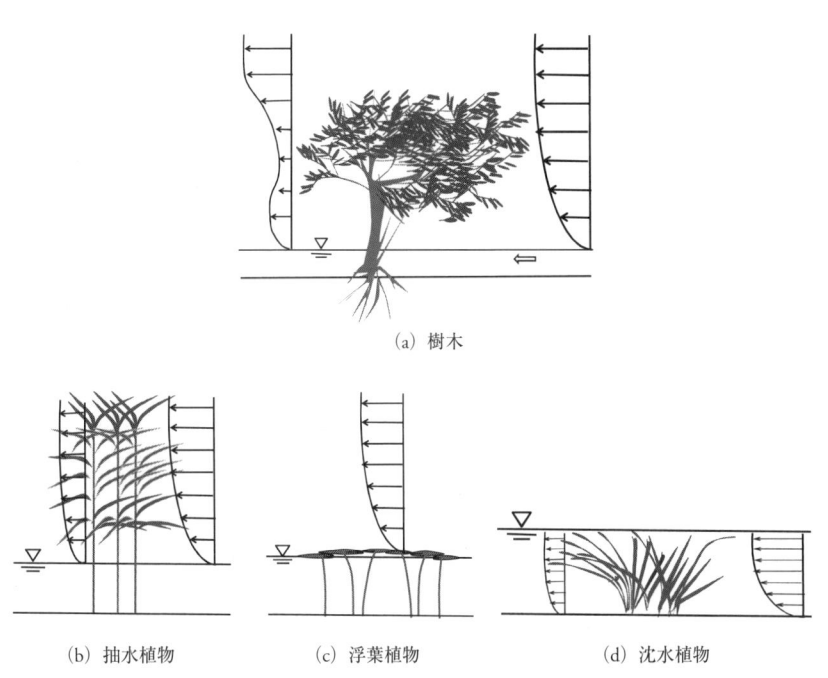

第 10 章　植生がダム湖の物質循環に与える影響

(a) 樹木

(b) 抽水植物　　　(c) 浮葉植物　　　(d) 沈水植物

図 10-3　水生植物近傍の流速分布と主たる流動抑制機構
樹木の場合，水面近傍は密でないので，風の遮蔽効果が少なく，水中には他の場所で生じた流動が存在する．抽水植物は風速を減らして水中の流動を減ずるのに対し，浮葉植物は風のせん断力を水に伝えないことで水中の流動を減らす．沈水植物は直接水中の流動を減らす．

植物群落内に対象の微細な土砂が堆積していることからも理解できる (Asaeda et al. 2010)．治水ダムの場合，季節による水位変動が大きくなるため，水位変動帯には地下茎を有する大型の抽水植物群落は発達しにくいが，水位変動のないダムでは，湖岸の浅い場所に平坦部があると，抽水植物群落が発達する．湖岸に形成された群落が浮遊有機物を沈降させる効果は大きい．

　浮葉植物群落は，水位変動の大きい場所で形成し難く，治水ダムでは形成され難い．しかし，水位が一定のダムでは，湖岸の水深 2 m 程度までのところには群落の形成は可能である．浮葉植物群落では，水面が葉で覆われるために，葉が密になると風からのせん断力が水に伝わらない．また，そのため，群落内には極めて低流速の場所ができあがる．一般に浮葉植物の茎自体

は細く，流れの抵抗にはなり難いが，群落内の水中の流速が極度に抑えられる分レイノルズ数の値は低く，乱流強度も抑えられる．

沈水植物群落の特徴は水中で流動の抵抗となることである (O'Hara et al. 2007)．特に，シャジクモ群落のように，湖底近傍に密な群落をつくる植物の場合，湖底面近傍の流速は大きく減少する．密な群落であれば，植物間の距離も小さく，代表長さも小さい．群落内のレイノルズ数は非常に小さい値となる (Sand-Jensen and Pedersen 1999)．

浮遊粒子が沈降する場合，いったん，湖底に堆積すると，微細土壌は粘着性を有するために，再浮上はし難い．すなわち，浮遊粒子が短い距離を沈降して，湖底に到達できれば，それだけ沈降量を増加させることが可能になるわけである．その意味では，湖底付近を横に広がるシャジクモ類のような沈水植物群落は浮遊粒子の沈降促進に対し，極めて効果的である．

かつてはわが国の自然湖沼の多くで，植生帯の最深部にシャジクモ帯が存在していた (Kasai et al. 2005)．ここでは，シャジクモ群落によって浮遊粒子の沈降が活発に行われ，有機物に富んだ微細な土壌で形成されるイッチャとよばれる土壌層が形成されていたことが知られている．他方，シャジクモ類はシャジクモ帯に浮遊粒子を捕捉することにより，水の透明度を保ち，生息を可能にしていたとも考えられる．

10.2.2 日射の遮蔽効果

湖岸の植物群落の役割は，機械的に乱流強度を抑えることに留まらない．樹木，沈水植物，浮葉植物や浮遊植物の場合には，日射を遮り，水域に陰をつくる．ここでは，水中の植物プランクトンによる光合成は抑制され，水中に酸素を供給する機能が低下する．樹木による陰の場合には，すでに述べたようにレイノルズ数は大きいことから，水中での流動が存在するため，混合が生じ影響は少ない．しかし，密な抽水植物群落内部では，流動も抑えられ，貧酸素水塊が形成される．さらに，日射エネルギーの供給も減ることから水温も上がらず，抽水植物群落から貧酸素水塊が湖底上をダム湖の深い方に流れ込む現象も生ずる．

水中に極度の貧酸素水塊がつくられると栄養塩の循環にも大きな影響を及

ぼす．

　通常，土壌中のリン酸は，湖底の土壌表面に生成される薄い酸化層の存在によって水中に溶出することを抑えられている．水中の貧酸素化によってこの層が消失すると，土壌中のリン酸が水中に溶出するようになる．また，土壌内部の貧酸素状態が強化されると，硫化水素やメタンといったガスの生成を招くこともある．望ましいダム湖の状態から離れたものになる．

10.3 生物・化学過程による働き

　生物・化学的な過程には，土壌で生ずる現象と植生を介して生ずるもの，他の生物による過程が存在する．

10.3.1　硝化・脱窒作用

　ダム湖の底質中は貧酸素状態にあり，硝化・脱窒作用により，土壌中の窒素分が系外に排出される．硝化・脱窒作用自体の詳細な機構の説明は本シリーズ第1巻等に譲ることにするが，これらの作用のダム湖における影響を考えることは重要である．

　生物の遺骸から生成される窒素化合物にはアンモニウムイオンの形で存在するものが多く，酸化条件下で，*Nitrosomonas*属や*Nitrobacter*属の細菌により，亜硝酸を経て，硝酸に酸化される．他方，脱窒作用は，*Pseudomonas*属や*Micrococcus*属などの脱窒細菌によって行われる硝酸呼吸であって，還元状態で生ずる．こうした過程で窒素分を系外に排出するためには，酸素の多い状態と嫌気状態の両方が必要である．

　治水ダムでは水位が洪水貯留準備水位と非洪水期の**平常時最高貯水位**で大きく異なることから，広い水位変動帯が形成し，夏季にはそれまで水底にあった土壌が露出，酸化され，また，冬季には，水没し徐々に還元状態になる．こうした変化は季節的なレベルで生じ，時間差があるために，これだけでは好気状態と嫌気状態が併存するという条件に結びつくわけではないが，水位の上下は，土壌中に酸化された場所や貧酸素な場所を同時につくりやすい環

境にはある.

この水位変動帯に植物が生えると，好気性と嫌気性の遷移効果は助長される.

湿地帯に生える植物の根には地上部から酸素が供給されている．こうした酸素は，根毛から滲み出て，周辺に酸化層を形作る．そのため，周囲の貧酸素な層との間で窒素化合物の移動が生ずることで，より効率的に硝化・脱窒の過程が進むことになる (Veraart et al. 2011).

10.3.2 窒素固定

近年ではさまざまな菌根菌が窒素やリンの摂取に関与していることが明らかになっているが，古くから知られている *Rhizobium* 属や *Bradyrhizobium* 属といったマメ科の植物と共生する根粒菌やハンノキなどと共生を行う *Frankia* 属のような放線菌の窒素固定では量的な評価も行われてきている．

窒素分子 N_2 は非常に安定で反応性に乏しいことから，これを還元するにはニトロゲナーゼのような強い還元力を有する酵素が必要である．ところが，自然状態にあるニトロゲナーゼの反応では，窒素1分子を還元するのに6個の電子と12分子のATPを必要とし，同時に働くヒドロゲナーゼ活性に更に4分子のATPが消費される．そのため，周囲に十分な窒素が存在している場合には活発な窒素固定は行われない．

図10-4は，多摩川および三春ダムで測定された土壌中の全窒素 (TN) 濃度と植物体内中の窒素のうち，大気窒素由来のものの割合である．土壌中の全窒素濃度が0.1％よりも低い場合には，極めて高い割合で空中窒素の固定が行われているのに対し，0.3％を超えると，ほとんどの窒素は根を介して摂取された土壌窒素由来となる．

10.3.3 形態に依存した栄養塩循環

栄養塩循環は植物の形態によって大きく異なる.

①陸上植物：木本植物については，土壌より吸収された栄養塩は根，幹や枝および葉に配分される．このうち，根や幹，枝に配分される量は毎年成長と共に増え続け，木本植物が比較的長期間生存し続けること，枯死後も分解

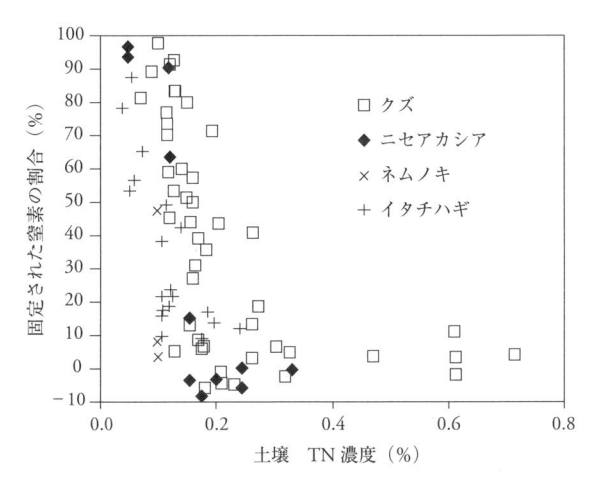

図 10-4 多摩川及び三春ダムで観測された代表的植物による窒素固定の割合
窒素固定には大量のエネルギーを消費するために，土壌中に十分な窒素が存在する場合には，窒素固定は行われない．

速度が遅いことから，長期間植物体内に捕捉され続けることが知られている．一方，葉に配分された栄養塩は，落葉と共に地面に落下，1年程度の間に分解されて表面土壌に回帰される．また，草本植物については，多年生のものでは地下茎に貯蔵される割合もあるが，水位変動帯に生える植物の多くは一年生草本であり，秋季に枯死後は1年程度の間に表層の土壌に回帰される．

②水生植物：陸域の植生と異なり，水生植物の場合には，水中とのやり取りがあるために，より複雑である．図 10-5 は，抽水および浮葉植物，浮遊植物，沈水植物，植物プランクトンを介した有機物（炭素）および栄養塩の流れを示す．

抽水および浮葉植物の場合は，湖底の土壌中の栄養塩を根で吸収，枯死後は，倒伏し水中で分解する．そのため，栄養塩についていえば，土壌中に蓄積されていた栄養塩を水中に回帰させることになる (Asaeda et al. 2002)．一方，炭素の流れは，空気中から二酸化炭素を摂取し有機物を合成，枯死後は，水中で分解することから，有機物を水中に供給するか，有機物が分解される過程で水中の酸素を消費する（山室・浅枝 2007）．そのため，前述のとおり，こ

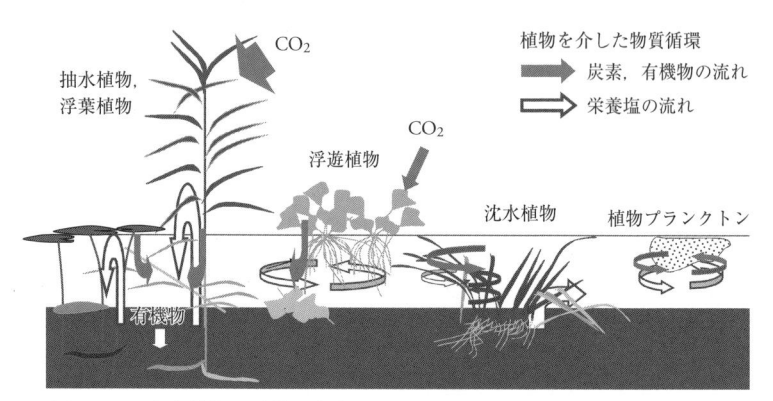

図 10-5 水生植物の形態別炭素および栄養塩の流れ (浅枝 2011 より引用)

うした植物は陰を作りやすく，そこでは光合成量が減少することと相まって，群落内の水中は貧酸素になることが多い．

　浮遊植物の場合は，炭素の流れは抽水もしくは浮葉植物と同様である．栄養塩については，水中から吸収し，枯死後は水中に回帰する．そのため，水中の栄養塩の収支はゼロである．

　沈水植物は，炭素を水中から炭酸ガスの形で摂取し，光合成を行う際に酸素を水中へ供給する．枯死後分解の過程では，ほぼ同量の酸素を水中から消費する．沈水植物の栄養塩源は，栄養塩の種類，植物の種類によって異なる．一部は水中から摂取するが，根を介して土壌から吸収する割合が高い．この場合には，やはり，土壌中の栄養塩を水中に回帰させることになる (Asaeda et al. 2000)．

　このように，水生植物の場合，植物を介した流れでは，水中の酸素濃度を低下させ，栄養塩濃度を上昇させるように働く．しかし，実際には，分解過程の枯死体は多くは土壌中に蓄積されるため，収支でみると，水中に回帰する割合よりも土壌中に堆積され，長期間かけて水中にでていく割合のほうが多くなる (Asaeda et al. 2002)．

　以上のように，湖岸の水草群落は，植物を介した過程だけでは，水中を貧酸素化し栄養塩濃度を上昇させるなど，ダム湖の水質に対して好ましい結果はもたらさない．しかし，これらの過程における栄養塩の流れの量を比較す

ると，機械的な沈降促進効果がもっとも大きい．また，枯死・分解に伴う栄養塩の動態も多くは土壌中に蓄積されることを考慮すれば，全体としては水質改善の効果を持っている．

10.3.4 動物を介した栄養塩輸送

水中や土壌中の栄養塩は植物によって動物にとって利用可能な形態に固定された後，草食動物，肉食動物の食物連鎖を経て，動物体内に蓄積される．動物が水域と陸域の間を移動すれば，それに伴って栄養塩も移動することになる．この量については，ダム湖の置かれた条件により，さまざまであることが予想されるが，詳細は Part II に譲る．

10.4 植生の生長を律速する栄養塩

ダム湖内のアオコの発生，湖岸の植生の繁茂，いずれをとっても植物の生産活動の結果である．このことは，栄養塩も一律に扱うことはできず，生産活動を支える栄養塩を明確にして扱う必要がある．

ダム湖の植物プランクトンの量は，多くの場合，水中のリン濃度に依存している．これは，植物プランクトンの体内の濃度比の概略値を示すレッドフィールド比，$C:N:P=106:16:1$ から求められる窒素とリンの比（〜7.2）と水中の全窒素と全リンの比を比較すると，多くの場合，水中の値の方が大きい．そのため，窒素よりもリンの方が不足しやすいためである．

同様な考察を湖岸に生える植物と土壌の全窒素と全リンの比で比較すると，様相は異なる．

図 10-6 は，三春ダムの前貯水池での値を示したものであるが，土壌中の全窒素と全リンの比をみると，植物の値（〜10）を大きく下回り，ここでは窒素濃度が植物量を決定する要素となっていることがわかる．リンの場合には，酸化条件下ではミネラルと化合し，植物にとって利用し難い状態にあることを考えれば，リンも重要な元素ではあることには違いないが，土壌中から栄養塩を吸収する維管束植物の場合，窒素の方がより生長を律速しやすい

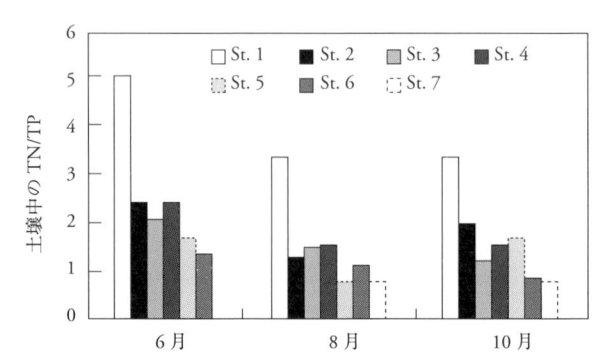

図 10-6　三春ダム水位変動帯の土壌の全窒素 (TN) と全リン (TP) の比
St. は図 1-11 に対応する.

元素である．海岸や河川の砂州等，冠水と露出を繰り返す場所においても，同様な現象が報告されている (Katchi and Hirose 1983; Asaeda and Rashid 2012).

10.5　ダム湖岸における栄養塩負荷源

ダム湖岸の土壌においては，動物の移動に伴う輸送の他に，主たる窒素源は，大気負荷や冠水にともなう水中からの供給および窒素固定であり，無機窒素分の気化や脱窒によっても大気中に回帰される．一方，リンについては，多くは，冠水時の水中からの供給である．

三春ダムで測定された土壌中の全窒素濃度を，水位変動帯の土壌と，通常は冠水しない標高にある領域の土壌とで比較すると，前者の方がやや高い値となっている．他方，窒素安定同位体比をみると，水位変動帯では 6‰ 以上の高い値を示しているのに対し，非冠水域では 3‰ 以下の比較的低い値となっている（図 10-7 参照）．

一般に下水由来の窒素の安定同位体比は高いことが知られている（高津 2006）．三春ダムのような富栄養化したダム湖の場合，冠水する期間のある水位変動帯においては，河川から流入した人為起源の窒素が沈降している可

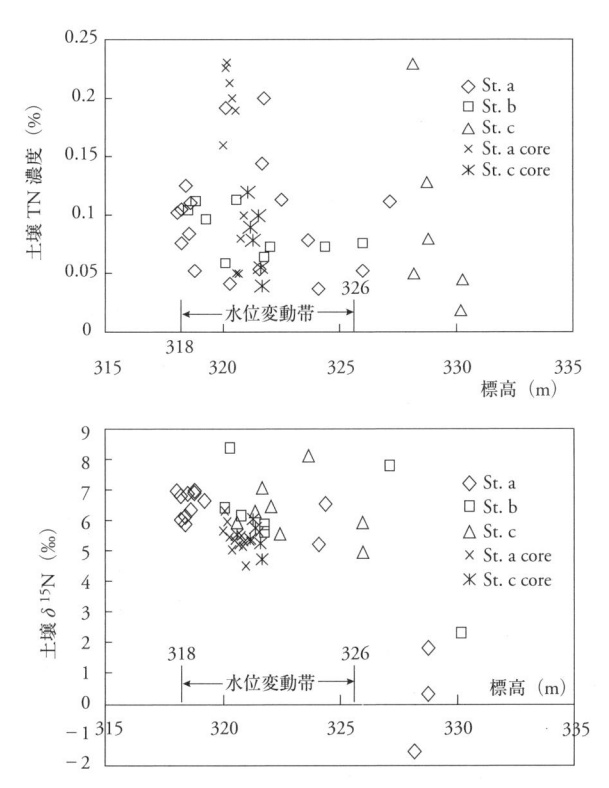

第10章　植生がダム湖の物質循環に与える影響

図10-7　三春ダムで測定された湖岸土壌中の全窒素（TN）濃度と安定同位体比の分布

能性が高い．ただし，一部は硝化・脱窒過程によって，大気中に放出されている．

　一方，非冠水域はクズ *Pueraria lobata* 群落で覆われている．土壌中の窒素濃度も，窒素固定を行うレベルの低い値にあり，ここでの局所的にみられる高い窒素濃度や低い安定同位体比の値は，大気中の窒素固定に由来する可能性を示している．

　ところが，2008年頃から，工事等のために低い水位を保つ期間が長くなった．それに伴って，水位変動帯では，長期間の冠水にも耐えるイタチハギ *Amorpha fruitcosa* が急増した．今後は，イタチハギによる窒素固定も増加

251

表 10-1 三春ダム牛縊川前貯水池における単位面積あたりの樹木群落に含まれる窒素量 (g/m^2)

タチヤナギ	幹および枝に含まれる窒素量	5.0	
	葉に含まれる窒素量	2.1	
イタチハギ	幹および枝に含まれる窒素量	0.048	
	葉に含まれる窒素量	0.022	
	上記のうち窒素固定に起因する量	0.018	

してくると思われる．

10.6 樹木群落が発達した水位変動帯における窒素量

　三春ダム牛縊川前貯水池において，それらの形態からタチヤナギおよびイタチハギの組織別バイオマスを見積もることによって，樹木内に捕捉されている窒素量を見積もったものが表 10-1 である．

　ここで，葉に蓄えられた窒素量の大半は秋季に落葉し，地表面もしくは水中で分解されて，土壌中や水中へ回帰される．現状では，この年間の循環量は，タチヤナギで約 2 g/m^2，イタチハギで約 0.02 g/m^2 になっている．この量は，河川水によって流入する値と比較すると，大きな値とはいえないが，年間大気降下量の約 1 g/m^{2}yr 程度の値と比較すると無視できない値である．今後貯水池の水質管理の上で考慮しなければならないものである．

　ダム湖の湖岸は急峻で植生帯が存在しない場合も多く，その場合，流入した栄養塩の多くはそのまま水中に滞留し続ける．しかし，緩い勾配をもった斜面が形成され植生帯が発達すると，植生帯のもつさまざまな機能によって流入した栄養塩に対しても大きく影響する．流入栄養塩負荷の管理にも活かせるものであり，今後，水中の栄養塩濃度の予測にも組み込んでいく必要がある．

参照文献

浅枝　隆編著（2011）『図説生態系の環境』朝倉書店.
Asaeda, T., Nam, L. H., Hietz, P., Tanaka, N. and Karunaratne, S. (2002) Seasonal fluctuations in live and dead biomass of *Phragmites australis* described by a growth and decomposition model: implications of duration of aerobic conditions for litter mineralization and sedimentation. *Aquatic Botany* 73: 223-239.
Asaeda, T., Rajapakse, L. and Kanoh, M. (2010) Fine sediment retention as affected by annual shoot collapse: *Sparganium erectum* as an ecosystem engineer in a lowland stream. *River Research and Applications* 26: 1153-1169.
Asaeda, T. and Rashid, Md H. (2012) The impact of sediment released from dams on downstream sediment bar vegetation. *Journal of Hydrology* 430-431: 25-38.
Asaeda, T., Trung, V. K. and Manatunge, J. (2000) Modeling the effects of macrophyte growth and decomposition on the nutrient budget in Shalloe Lakes. *Aquatic Botany* 68: 217-237.
浅見和弘・影山奈美子・小泉国士・伊藤尚敬（2009）三春ダム試験湛水において冠水した湖岸の樹木の成長量の変化と枯死.『応用生態工学』6: 131-143.
Kasai, F., Kaya, K. and Watanabe, M. (2005) *Algal Culture Collections and the Environment*. Tokai University Press.
Katchi, N. and Hirose, T. (1983) Limiting nutrients for plant growth in coastal sand dune soils. *Journal of Ecology* 71: 937-944.
小林　浩・輿水達司（2005）富士山麓及び甲府盆地周辺に位置する地下水及び湧水中のリン起源.『地下水学会誌』41: 177-191.
O'Hara, M. T., Hutchinson, K. and Clarke, R. T. (2007) The drag and reconfiguration experienced by five macrophytes from a lowland river. *Aquatic Botany* 86: 253-259.
Sand-Jensen, K. and Pedersen, O. (1999) Velocity gradients and turbulence around macrophyte stands in streams. *Freshwater Biology* 42: 315-328.
高津文人（2006）窒素安定同位体比による富栄養化診断.『水文・水資源学会誌』19: 413-419.
山室真澄・浅枝　隆（2007）湖沼環境保全における水生植物の役割.『水環境学会誌』30: 181-184.
Veraart, A. J., de Bruijne, W. J. J., de Klein, J. J. M., Peeters, E. T. H. M. and Scheffer, M. (2011) Effects of aquatic vegetation type on denitrification. *Biogeochemistry* 104: 267-274.

コラム7　堆砂デルタにおける有機物の堆積と変換プロセス

吉村千洋

　ダム湖上流端に形成される**堆砂デルタ**には，砂や礫などの無機物と共に有機物も多く堆積する．砂や礫などの無機物については第4章を参照していただくことにして，ここでは寒河江ダム貯水池での調査結果（増山ほか2011）を紹介しつつ，堆砂デルタ内の**粒状有機物**の分布とその変換プロセスについて紹介する．

　寒河江ダムでは貯水池上流端の堆砂デルタにおいて，2009～2010年に土壌や土壌間隙水などを対象とした土壌環境特性の調査が実施された（図C7-1）．その結果，高水位期（6月）には表層土壌の粒径分布と有機物含量は流下方向に大きな変化は認められなかったが，低水位期（8～10月）は下流側ほど粒径が細かく，有機物含量の多い土砂が堆積していることが確認でき，流下方向の一次元的な分級作用が確認された（図C7-2）．つまり，水位低下に伴い，堆砂デルタは流水帯の性質を帯び，上流の細かい土砂，特に軽い有機物が掃流され，流下方向に堆積物粒径と有機物量の空間変化が現れたと考えられる．

　このように堆砂デルタ内での土砂堆積プロセスを理解するためには，貯水池の水位操作によってもたらされる時間的な変動も重要となる．これは水位変動に応じて上流河川と貯水池の境界部（遷移帯）が移動し細粒土砂や有機物の堆積場所が変化し，またそれと同時に水位低下時に堆砂部が干出すると流水により堆積土砂の再浮遊や下流への輸送が生じるためである．寒河江ダムの場合，デルタ上流部では高水位期の6月に有機物含量が高く，8月，10月と徐々に低下していた（図C7-2）．これは止水帯から流水帯に変わる過程の中で軽い有機物が貯水池に流出したためだと考えられる．また，寒河江ダムの集水域には落葉広葉樹帯が広がるため，森林由来の倒流木や落葉などの粗大有機物が多く供給される．特に，春先には融雪出水に伴い，前年に林床に堆積した落葉や，その分解産物である細粒有機物が河川に多く供給されて貯水池に流入する．堆砂デルタ内の流水部の岸には土砂堆積の履歴が地層のように確認でき，その一部層では落葉が集中的に蓄積されていた．

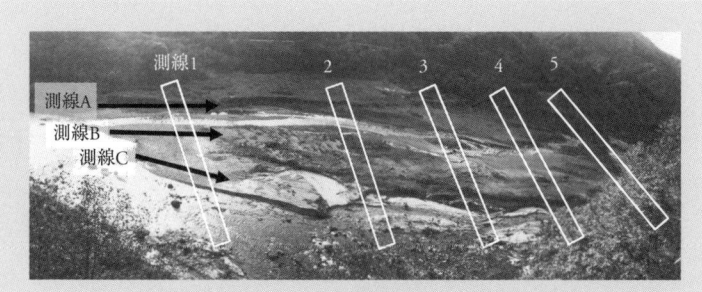

第 10 章 植生がダム湖の物質循環に与える影響

図 C7-1 寒河江ダムの堆砂デルタおよび調査測線の位置

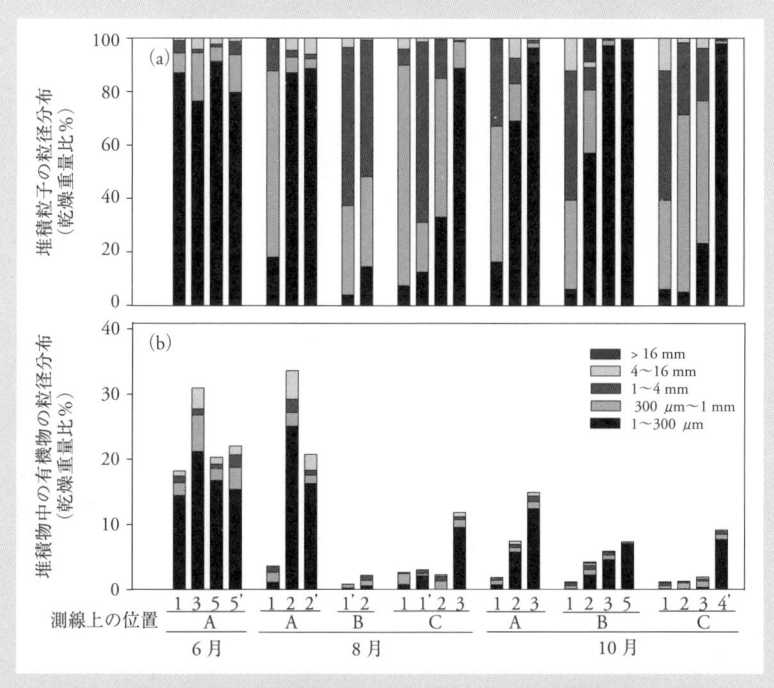

図 C7-2 堆砂デルタ内の表層土壌の粒径分布 (a) と有機物含有量の分布 (b)
測線 A〜C は横断方向の位置，測線 1〜5 は流下方向の位置を表す（図 C7-1）．ダッシュ付き番号は追加的な測線を表す．

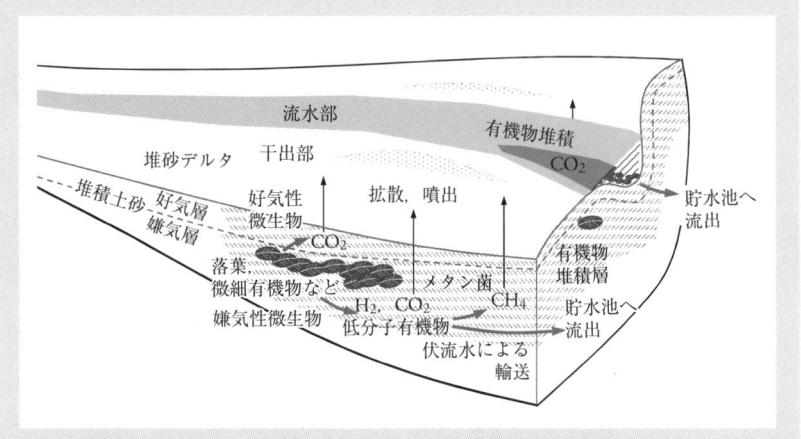

図 C7-3　堆砂デルタ内における有機物の堆積とその変換プロセス
貯水池の水位に対応して堆積土砂内の物理化学的環境が変化し，有機物の分解過程も変化すると推測される．

　そして，有機物は一般に砂礫に比べて反応性が高い．一般に有機物は土壌中の微生物のエネルギー源であり，堆積土砂中の生物作用を支配する重要な要素である．有機物は湿潤状態において微生物の分解作用を受け，低分子有機物，そして二酸化炭素やメタンなどの最終生成物へと変化する．図 C7-3 のように，好気的な環境では有機炭素は二酸化炭素まで酸化分解されるが，嫌気的環境ではメタン菌の増殖によりメタンとして大気中に放出されることもある (Bastviken et al. 2011; Yvon-Durocher et al. 2014)．また，表面積の大きな有機物はリン，溶存有機酸，鉄やマンガンなどの金属の吸着容量が大きく，酸化還元電位が金属の吸脱着現象を支配する．ダム湖上流端では有機物を含めた土砂の 1 次元的な分級が生じることから，土砂粒径や有機物含量の変化に応じて化学的・生物的プロセスも空間的に分布していると推測できる．
　メタンについては，ダム湖を含む世界の湖沼からの放出量が推定されており，大気中への放出量の 6～16％が湖沼やダム湖に由来すると推定されている (Bastviken et al. 2004)．メタンが二酸化炭素よりも温室効果が高い(約 25 倍)ことを考慮すると，温室効果ガスとしての観点では淡水域から

のメタン生成量は陸域生態系による炭素吸収量に匹敵すると概算されている (Bastviken et al. 2011). よって, 堆砂デルタを含むダム湖内におけるメタン生成プロセスは, 温暖化や気候変動と密接な関係がある. また, 水力発電では発電施設自体からは温室効果ガスが発生されないが, その背後の貯水池から発生する温室効果ガスを含めて水力発電の環境影響評価をすることも有意義だろう.

例えば, 寒河江ダムの場合, 干出後 50～70 日程度の堆積物における土壌環境特性の調査の結果, 土壌間隙水は上流側の測線 1 で好気的 (酸化還元電位 : 227 mV), 下流側の測線 4 で嫌気的 (-19～-35 mV) であり, その間は徐々に嫌気化する傾向にあった. 重回帰分析の結果, 酸化還元電位と微細有機物含量に負の相関が認められた. 微細有機物を多く含む土壌は透水係数が低く含水比が高いことにより, 大気から酸素が供給されにくいことが低い酸化還元電位の主因と考えられた. この結果から, 水位低下により土砂を干出させても, 測線 4 のような微細有機物含量の多い堆積層では, 干出後 50 日程度でも 30 cm 以深では好気的になりにくいことが分かり, このような堆積層は嫌気的な有機物分解によるメタン生成を伴う可能性が示唆された.

寒河江ダムではメタン生成量の観測は行われていないが, 北海道石狩市の望来(もうらい)ダム (森下・波多野 1999), 中国の三峡ダム (Chen et al. 2009, 2011), ドイツの Saar 川のダム群 (Maeck et al. 2013) などでメタン生成プロセスの調査研究が行われている. これらの研究によりダム湖でのメタン生成量プロセスの重要性が明らかになりつつあるが, そのプロセスは堆積する有機物の特性や量, 堆砂デルタの形態, 気候などにより変化するため, 体系的な理解や予測モデルの構築には更なる研究の蓄積が求められる.

以上のような表層土壌における物理化学的条件と物質動態を調べることは, ダム湖を生態系として理解し, 環境面においても適切なダム湖の管理手法を構築するために重要である. 例えば, 集水域やダム湖の条件に応じて, 土砂輸送, 堆砂デルタの形成, デルタ内での炭素や栄養塩の動態などがモデル化されると, 底生動物群集の餌資源分布 (第 6 章参照), メタン生成プロセス, 貯水池の水質形成プロセスなどの理解が進み, ダムの土砂管理や水位管理との関連付けが可能となる. これにより, 例えば**前貯水池**の

運用や浚渫の実施方法などを地球温暖化ガスの排出抑制という視点から検討することもできるだろう.

参照文献

Bastviken, D., Cole, J., Pace, M. and Tranvik, L. (2004) Methane emissions from lakes, dependence of lake charactertistics, two regional assessments, and a global estimate. *Global Biogeochemical Cycles* 18: GB4009.

Bastviken, D., Tranvik, L. J., Downing, J. A., Crill, P. M. and Enrich-Prast, A. (2011) Freshwater methane emissions offset the continental carbon sink. *Science* 331: 50.

Chen, H., Wu, Y., Yuan, X., Gao, Y., Wu, N. and Zhu, D. (2009). Methane emissions from newly created marshes in the drawdown area of the Three Gorges Reservoir. *Journal of Geophysical Research: Atmospheres (1984–2012)* 114 (D18).

Chen, H., Yuan, X., Chen, Z., Wu, Y., Liu, X., Zhu, D., Wu, N., Zhu, Q., Peng, C. and Li, W. (2011) Methane emissions from the surface of the Three Gorges Reservoir. *Journal of Geophysical Research* 116: D21306.

Maeck, A., DelSontro, T., McGinnis, D. F., Fischer, H., Flury, S., Schmidt, M., Fietzek, P. and Lorke, A. (2013) Sediment trapping by dams creates methane emission hot spots. *Environmental Science and Technology* 47: 8130–8137.

増山貴明・吉村千洋・藤井　学・伊藤　潤・大谷絵利佳（2011）寒河江ダム貯水池と流入河川のエコトーンにおける堆積土砂と土壌環境特性の空間分布.『応用生態工学』14: 103-114.

森下智陽・波多野隆介（1999）新設ダム湖からのメタン放出量と森林土壌へのメタン吸収量.『日本土壌肥料學雜誌』70: 791-798.

Yvon-Durocher, G., Allen, A. P., Bastviken, D., Conrad, R., Gudasz, C., St-Pierr, A., Thanh-Duc, N. and Del Giorgio, P. A. (2014) Methane fluxes show consistent temperature dependence across microbial to ecosystem scales. *Nature* 507: 488–491.

第11章
河川流入部の食物網構造

関島恒夫・児玉大介

11.1 ダム湖上流端に形成される複雑な生態系

　河川生態系は，一定方向の流れによる物質の移出入が卓越した動的システムである．河川連続体仮説（Vannote et al. 1980）によれば，北米の河川では，流下方向に対して水深や流量などの物理条件や有機物起源が大きく変化し，それに合わせて形成される生物群集も決定づけられるとしている．例えば，上流の森林域では，落葉や落下昆虫の供給が主要な有機物源となり，それらがトビケラやイワナ属 *Salvelinus* 魚類といった渓流域に生息する生物に大きく寄与していることが知られている（Fisher and Likens 1973; Doi et al. 2007）．また，中流域では開けた河川環境が拡がることで藻類の生産が盛んになり，それが主要な有機物源となり消費者を支えている．さらに下流域から河口にかけては，水深が深くなることで藻類の生産が妨げられ，植物プランクトンが主要な有機物源に切り替わる．同様のことは，やや低緯度の温帯域に位置する日本の河川についても当てはまるであろう．その一方，河川環境は上述したような地形勾配に基づく上流から下流にかけての変化だけでなく，人為的影響を受けて著しく変化する場合も多々ある．その代表例がダム湖である．河川生態系において，ダムは目的や規模にかかわらず，生物や有機物の移動の遮断といった，河川とは異なる流下方向の変化を生み出す大型人工構造物となっている（山本 2007）．そのため，河川生態系の中でも，ダム湖とダム河川は河川連続体仮説にあてはまらない特殊な環境と位置づけることが

できる.

　ダム湖は，河川と湖沼の両方の特徴を併せ持つ中間的な環境要素を持っており，その物理化学的特性の違いから，流下方向に対して，流水帯，遷移帯，および止水帯の三つのゾーンに分けることができる.さらに，それぞれのゾーンでは，異なる有機物動態が存在するといわれている (Thornton et al. 1990)．例えば，流水帯では，上流河川から土砂とともに大量の有機物が供給される．河川から流れてきた落葉由来の大型**粒状有機物** (CPOM: coarse particulate organic matter) は，河川からダム湖流水帯にかけて流速が減速することで，河川流入部に沈降して堆積する (角ほか 2010)．その結果，河川流入部は域内で生産される自生の有機物生産に加え，河川からの有機物供給の影響を受け，ダム湖内の他の環境に比べ高い生物多様性を示す (櫻井ほか 2007)．**河川水辺の国勢調査**でも，ダム湖内よりも河川流入部で多くの魚種が確認されているダム湖が報告されており (国土交通省 2005)，これは河川からの有機物流入に反応した魚種の増加と説明することができる．一方，止水帯では，運用を開始した湛水直後に植物プランクトンが大量発生し，それに合わせて動物プランクトンや魚類のバイオマスも増加するトロフィックサージという現象が起こることが知られている．これは，ダム建設の際に冠水した周辺陸域からの**栄養塩**の溶出が主な原因と考えられている (Stockner et al. 2000；山本 2007)．さらにダム運用後には，利水やフラッシュ放流といった管理の一環として，たびたび大きな水位調節が行われる．大きな水位変動が起こる水域では，冠水した周辺陸域からの栄養塩溶出が生物の増加に寄与しているという報告もあり (Peter 1995)，水位操作が頻繁に行われるダム湖では，周辺陸域からの栄養塩溶出が高い頻度で起きることで，生物群集に与えるインパクトはより大きくなると推察される．上述した流水帯および止水帯の二つの環境と比較し，遷移帯における有機物動態については知見が十分にないものの，止水帯と流水帯の両方の性質を併せ持つことから考えると，遷移帯では自生する有機物生産に加え，周辺陸域や河川流入といった複数経路からの有機物供給が存在するため，より多様で複雑な生物群集が形成されていると予測できる．このような有機物の供給経路の複雑さと形成される生物群集の関係は，生態系保全に配慮したダムの管理手法を考えていく上で不可欠な情報

といえるが，研究事例はほとんどなく，十分な理解が進んでいるとは言い難い．

そこで本章では，周辺陸域や河川流入といった系外からの有機物供給が，ダム湖生態系の形成に対し，どのような影響を与えているかを明らかにすることを目的として，国内ダム湖の中でも際だって大きな水位変動幅を持つ寒河江ダムを調査対象地として，有機物起源を含めた**食物網**構造の解析を行った．

11.2 大きな水位変動をもつ寒河江ダム

調査対象とした寒河江ダムは，最上川水系寒河江川に建設された東北地方でも最大規模のダムである（当該ダムの形態および設置目的については，第2章を参照のこと）．本ダムの最大の特徴は，先述したように，その大きな水位変動にある．年間の水位変動幅は約 50 m にもなり，国内ダム湖の中でもその値は際立って大きい．水位は 5 月に最高位（約 395 m）に達し，積雪が始まる 10 月後半頃まで水位の低下（約 370 m）が断続的に続く．これにより，8 月から 10 月頃にかけて，河川流入部の湖底が一時的に干出する（口絵 11）．一時的に出現した陸地（以下，一時的陸域とよぶ）では，大量の植物と無脊椎動物が発生することがこれまでの調査により確認されており（国土交通省 2005），翌年の水位上昇時にそれらの有機物がダム湖内の食物網の起源として寄与している可能性もある．また，一時的陸域が出現する場所は，本川である寒河江川の流入部にあたるため，河川から土砂とともに大量の有機物が供給され，それが上流端における食物網の形成に大きく関与している可能性もある．したがって，寒河江ダム湖の上流端では，季節的な水位低下に伴い，止水帯から遷移帯，そして流水帯へと環境が劇的に変化することが，ダム湖内の自生性有機物に加え，一時的陸域からの栄養塩溶出や河川流入などによる効果を介し，生物群集の形成に大きな影響を及ぼしている可能性が高い．このように，寒河江ダム湖の上流端は，水位変動に由来する複数の有機物流入経路が季節的に作り出されるため，生物群集の形成における系外からの有

機物の流入（allochthonous input；以下，異地性流入）の影響を検証する上で，格好の調査フィールドになる条件が揃っているといえる．次節では，上流端に形成される食物網構造の季節的変化を，水位の低下に合わせて概説する．

11.3 季節的に構造が変わるダム湖上流端の食物網

ここで，寒河江ダム湖上流端の食物網の説明に入る前に，本章で使用した食物網構造の解析手法について紹介したい．従来，食物網構造の評価には，採餌行動の観察を通して，あるいは胃内容物や糞など消化管内容物の分析結果に基づき，「食う‐食われる」という二者間の関係が調べられてきた．しかし，これらの方法には簡便かつ直接的に2者間の関係を評価できる利点がある一方，それらの情報を組み合わせて統合的に食物網全体を描くことには手法的な限界があった．近年，物理環境や生物などの各環境要素間のつながりを総合的に評価することのできる手法として，**安定同位体比**分析が注目されている（高津ら 2005）．生物を構成する元素の安定同位体比（δ値）は，同化作用を経て，生息場所の物理化学要因や食物を反映するため，その特性を活かした安定同位体比分析は物質動態の解析に適している（山本ら 2005）．特に，炭素安定同位体比（$\delta^{13}C$）は起源となる有機物（起源有機物）に対する相対的なエネルギー依存度の高さを（Deniro and Epstein 1978），窒素安定同位体比（$\delta^{15}N$）は栄養段階の高さを表す（Minagawa and Wada 1984）指標となり，両安定同位体比の値を二次元上に描くことで，物質循環と食物網構造を視覚的に捉えることが可能となった．なお，捕食者‐被食者間の安定同位体比の差は濃縮係数とよばれ，一般的に ^{13}C 濃縮係数については約1‰，^{15}N 濃縮係数については約3.4‰が用いられている．安定同位体比分析は特に陸水学や水産学への適用例が多く，これまでに，サケなどの遡河回遊魚による物質輸送（帰山 2005）や，イワシ類の資源量変動（Tanaka et al. 2008）などが，この方法により解明されている．

本章では，安定同位体比分析を適用することで，ダム湖上流端に形成されている食物網構造の特徴を，起源有機物も含めて統合的に理解することを目

指した．ここで，ダム湖上流端における起源有機物として，沈降して河床に蓄積されている堆積態有機物（sedimentary organic matter；以下，堆積有機物），河床の礫表面に付着した膜層（biofilm；以下，バイオフィルム），および不溶性の粒子の状態で水中に漂っている懸濁態有機物（particulate organic matter；以下，POM）の3種類を選定した．上位消費者に対する3種類の起源有機物の寄与率 f を，three-source mixing model（Phillips and Gregg 2001）を用いて算出した．寄与率 f は以下の三元一次連立方程式を解くことにより求めることができる．

$$\begin{cases} \delta^{13}C_{mix}=f_a\delta^{13}C_a+f_b\delta^{13}C_b+f_c\delta^{13}C_c \\ \delta^{15}N_{mix}=f_a\delta^{15}N_a+f_b\delta^{15}N_b+f_c\delta^{15}N_c \\ f_a+f_b+f_c=1 \end{cases}$$

ここで，mix は対象となる動物，a，b，c はそれぞれ3種類の起源有機物を表す．ただし，$\delta^{13}C_{mix}$ と $\delta^{15}N_{mix}$ は濃縮係数を加味した値である．すなわち，起源有機物と対象となる動物が n 栄養段階違う場合，対象動物の同位体比を $\delta^{13}C_{mix}'$，$\delta^{15}N_{mix}'$ とすると，

$$\delta^{13}C_{mix} = \delta^{13}C_{mix}' - 0.8n$$
$$\delta^{15}N_{mix} = \delta^{15}N_{mix}' - 3.4n$$

により表される．なお，解析には Phillips and Gregg（2001）により開発され，安定同位体比の標準偏差を考慮した計算が可能な IsoError を用いた．

それでは，次に寒河江ダム湖上流端に形成された食物網構造の季節的変化を見ていこう．調査を行った2009年6月，8月，および10月において出現したすべての生物および起源有機物の炭素および窒素安定同位体比を図11-1に示す．水位上昇期であり，かつ一時的陸域の冠水期にあたる6月については，堆積有機物，バイオフィルム，および POM を起源有機物とし，一次消費者として，底生動物（特にエビ類），動物プランクトン，ギンブナ *Carassius auratus langsdorfii* やコイ *Cyprinus carpio* の稚魚など，二次消費者として雑食性魚類の成魚，三次消費者としてイワナ *Salvelinus leucomaenis leucomaenis* やサクラマス *Oncorhynchus masou masou* といった肉食性魚類の成

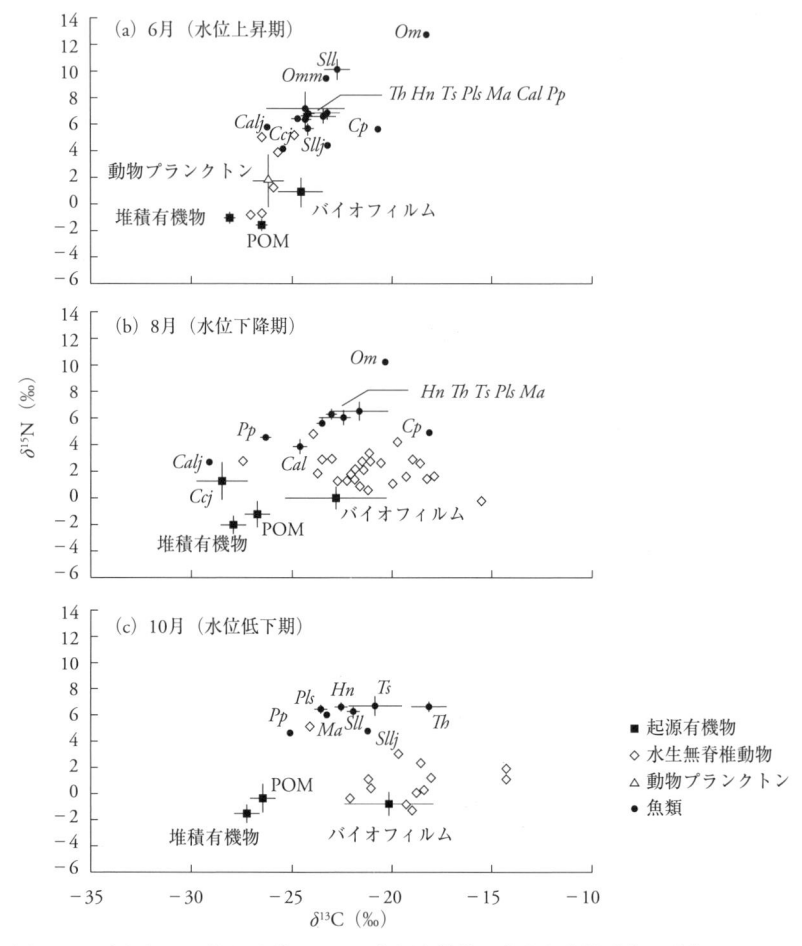

図 11-1　寒河江ダム湖上流端における起源有機物，水生無脊椎動物，動物プランクトン，および魚類の炭素安定同位体比（δ^{13}C）と窒素安定同位体比（δ^{15}N）．
アルファベットは以下に示す魚種の略号を表す：（Hn）ワカサギ，（Sll）イワナ，（Sllj）イワナ幼魚，（Om）ニジマス，（Omm）サクラマス，（Th）ウグイ，（Ts）エゾウグイ，（Pls）アブラハヤ，（Pp）モツゴ，（Cal）ギンブナ，（Calj）ギンブナ稚魚，（Cp）カジカ，（Ma）ドジョウ，（Ccj）コイ 稚魚．なお，いずれの魚種も体長 3 cm 以下の個体を稚魚とし，種名の略号の後に j で示した．各シンボルと誤差棒は，安定同位体比の平均値とその標準誤差をそれぞれ示す．

魚という構造が見られた．三つの起源有機物の安定同位体比は類似した値を示し，食物網も三つの起点から始まる系内にほぼ包含されていた．しかし，出現した魚類の種数に対し，一次消費者となる生物種が少ないのが特徴であった．数種類の水生昆虫が確認されたものの，動物プランクトンやエビ類といった他の一次消費者と比べ炭素安定同位体比の値が離れていたため，上流河川からダム湖に流入してきた外部流入因子と考えられ，この時期の魚類への餌源としての寄与はほとんどないと判断される．また，底生動物を摂食機能群で見たとき，藻類を主食とする刈取り食者 (grazer) に分類されるマダラカゲロウ属 Ephemerella と，捕食者 (predator) に分類されるアミメカワゲラ科 Perlodidae の 2 種が確認されたが，窒素安定同位体比では両者の「食う‐食われる」の関係が逆転していた．したがって，この 2 種は，流入先と流入時期が異なっており，上流端の食物網との関連が小さいと判断される．また，ニジマス Oncorhynchus mykiss とカジカ Cottus pollux の安定同位体比も他の魚類と離れて位置していた．サケ科魚類は回遊性が強く（川那部ほか 1989），またカジカは河川性の魚類であるため，これら 2 種も回遊または流下してきたと考えられた．

　水位下降期に入り，一時的陸域が陸地として出現し始めた 8 月においては，堆積有機物，バイオフィルム，および POM を起源有機物とし，一次消費者として底生動物，ギンブナとコイの稚魚，二次消費者として雑食性魚類の成魚，三次消費者としてニジマスという構造が認められた．起源有機物については，堆積有機物と POM の値は 6 月とほぼ同様の値を示していたものの，バイオフィルムは炭素安定同位体比の値が正の方向に大きく移行していた．この変化は 8 月から徐々に上流端の環境が止水帯から流水環境に変化し始めたことに起因すると考えられる．河川連続体仮説によれば，藻類が生産される条件は，水深が浅く，日光が河床に届くことであり，渓流環境中でも渓畔林の樹冠カバーによる日光の遮断が少ない場所は，藻類生産が一層盛んになるという報告もある (Doi et al. 2007)．したがって，バイオフィルムの炭素安定同位体比の変化は，8 月の上流端が流水環境となり，なおかつ樹冠から開放された空間になることで藻類の生産が活発になり，バイオフィルムが質的に変化したためと推察される．また，水生昆虫の種類数もこの時期から

増加したが，炭素および窒素安定同位体比の値から判断すると，多くの種がバイオフィルムに依存していると考えられた．さらに，多くの魚類の炭素安定同位体比も水生昆虫の炭素安定同位体比に連動して正の方向に移行していることから，バイオフィルムの質的変化が，生物群集全体に波及している状況が明らかとなった．一方，堆積有機物やPOMの上位にはギンブナやコイの稚魚が位置しており，これは6月にも確認された同様の系と考えられた．このことから，8月の上流端は大きく流水帯に移行しつつあるが，一部の場所では遷移帯の状態が残されていると推測できた．また，8月には一次消費者として動物プランクトンを確認することができなかったが，一般に流水には動物プランクトンはほとんど存在しないため(Hynes 1970)，流水環境への変化が影響していると推察される．

　さらに水位が低下する10月になると，堆積有機物，バイオフィルム，およびPOMを起源有機物とし，一次消費者として底生動物，二次消費者として魚類という構造になった．また，バイオフィルムの炭素安定同位体比の値は，8月よりもさらに高い正の値を示した．一般に河川のバイオフィルムの同位体比は季節的変動が比較的大きいとされ，炭素安定同位体比の値に影響を及ぼす要因の一つに藻類の増殖速度があげられる(高井・富永 2008)．したがって，10月のバイオフィルムの炭素安定同位体比は，流水環境が長く続いたことによる質的な季節変化を反映していると考えられる．この時期の上流端の食物網は三つの起源有機物の炭素安定同位体比の範囲内にほぼ収まっていたが，消費者の多くはバイオフィルムに依存していた．また，興味深いことに，6月に雑食性魚類の一栄養段階上位に位置していたイワナの窒素安定同位体比の値が，一栄養段階下位の雑食性魚類とほぼ同じ値を示した．遡河回遊魚にあたるサケ・マス類の**陸封**型には，河川に留まる個体，湖沼に留まる個体，および両環境を行き来する個体がいることが知られている（日本魚類学会 2012)．湖沼型個体は魚食性，河川型個体は昆虫食性を示す傾向があるといわれるが（三沢ら 2007；長坂ら 1996)，ワカサギ *Hypomesus nipponensis* やウグイ類の稚魚など小型魚類の個体数が6月から10月にかけて著しく減少したことの影響を受け（図11-2)，水位上昇期から低下期にかけて，イワナが小型魚類から水生昆虫類に餌種を切り替えたことに起因していると考え

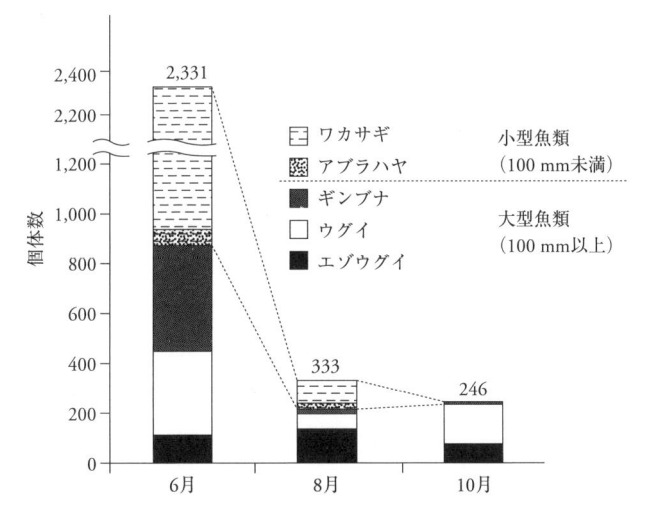

図 11-2　寒河江ダム湖上流端における雑食性魚類 5 種の個体数変化．
図中の数字は，各調査期における魚類の総捕獲数を示す．

られる．

　このように上流端における食物網構造には，初夏から秋にかけての水位低下に伴い，バイオフィルム依存型へのシフトが色濃く現れ，さらに最上位消費者のイワナの栄養段階が一段階下がることで食物連鎖長の短縮が生じるという動的な変化が確認された．

　次に，食物網を構成する消費者と各起源有機物とのつながりを明らかにするため，上流端の食物網の典型的な上位消費者であり，かつ種類数が多い魚類を対象に，先述した three-source mixing model を用いて，それぞれの餌源の候補を明らかにした．3 種の起源有機物の魚類への寄与率を算出した結果，魚種あるいは成長段階に応じて，利用する餌源が大きく異なることがわかった（図 11-3）．例えば，ギンブナやコイは季節に関係なく堆積有機物に対する強い依存性を示したが，アブラハヤ Rhynchocypris logowskii steindachneri は 3 種類の起源有機物に依存していた．一方，エゾウグイ Tribolodon sachalinensis，ウグイ Tribolodon hakonensis，およびワカサギの 3 種は季節を通じ堆積有機物をあまり利用しておらず，主に，バイオフィルムと POM に依存している実

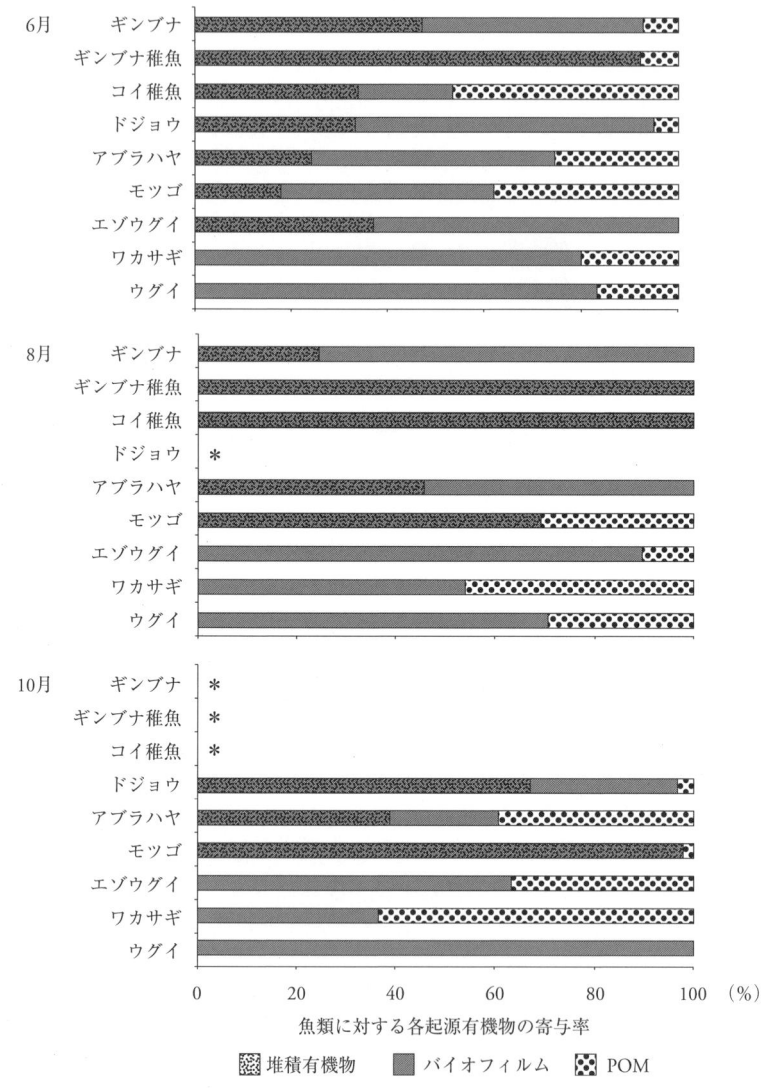

図11-3 各調査期における雑食性魚類の筋肉に対する起源有機物の寄与率．three-source mixing model, IsoError (Phillips and Gregg 2001) により推定された．
＊は未捕獲であることを示す．

態が明らかになった．本解析を通し，上流端で確認された9種（稚魚を含む）の魚類のうち7種において，種間で利用頻度の違いはあるものの，起源有機物として堆積有機物に依存している実態が見えてきた．

11.4 水中堆積物の由来からダム湖上流端に出現する一時的陸域の機能を探る

　前節で述べたように，安定同位体比分析を通して，上流端で確認された魚類の多くで，起源有機物として堆積有機物に依存している実態を捉えることができた．そこで本節では，堆積有機物の形成に対し，水位変動によって出現する一時的陸域由来の有機物がどの程度関わっているのかを明らかにするため，分解実験を通して両者のつながりを検証した．一時的陸域で発生した昆虫・クモ類，オナモミ属 *Xanthium* やホタルイ属 *Scirpus* など7種の植物に加え，上流から流れてきた落葉落枝をそれぞれ個別にリターバックに入れた後，一時的陸域に設置し，翌年の冠水後にリターバックを回収することで分解後の安定同位体比を測定した．また，サンプル回収の際，春先の水位上昇時に上流河川から流下してきた土砂も併せて採取し，上記サンプルと同様の解析を行った．Phillips and Gregg (2003) により開発された three-source mixing model を用いた安定同位体比混合モデル解析により，堆積有機物に対しての一時的陸域で発生した動植物や落葉落枝，および流下土砂の寄与率を算出した（図11-4）．各要素の堆積有機物への寄与率は，それぞれ，昆虫類（クモを含む）14.0％，オナモミ属4.8％，ホタルイ属10.7％，落葉13.1％，落枝27.4％，流下土砂29.9％であった．それ以外の試料については，安定同位体比が上述した試料と比べて，堆積有機物から離れた位置にプロットされたため，寄与はほとんどないと判断し，図には含めていない．結果として，堆積有機物の構成要素のうち，30％が一時的陸域の陸上動植物由来，70％が河川からの流下土砂およびリター類由来と推定され，河川からの有機物供給が多いものの，水位変動により出現する一時的陸域からの有機物供給も堆積有機物形成に少なからず寄与していることが判明した．一時的陸域は，陸域からダム湖生態系への栄養塩の流れを生み出すインターフェースとしての役割

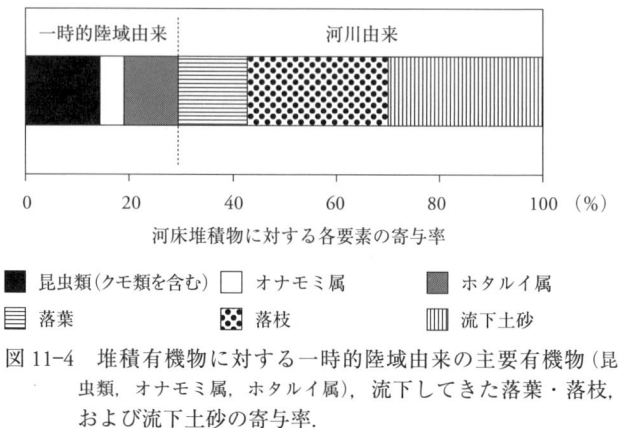

図 11-4 堆積有機物に対する一時的陸域由来の主要有機物（昆虫類，オナモミ属，ホタルイ属），流下してきた落葉・落枝，および流下土砂の寄与率.
各寄与率は，stable isotope mixing model, IsoSource (Phillips and Gregg 2003) により推定された.

を担っているという実態が見えてきた.

11.5 ダム湖上流端とその周辺の水域環境とのつながり

　前節では，ダム湖上流端に焦点をあて，食物網に対する水位変動の影響を解明するとともに，食物網の起点の一つをなす堆積有機物の形成に，河川や一時的陸域といった系外からの有機物供給が大きく寄与している実態を明らかにした．さらに 11.3 節で説明したように，堆積有機物が上位消費者である魚類に利用されることで，一時的陸域由来の栄養塩が上流端の食物網全体に行き渡るプロセスを解明した．そこで本節では，上流端の食物網に取り込まれた栄養塩が，ダム湖を取り巻く生態系においてどのように挙動するのかを明らかにするため，上流端に加え，上流河川とダム湖内を合わせた三つの環境の食物網を解析した上で，魚類を対象としてその餌源を特定することで，上記 3 環境をつなぐ栄養塩の流れを調べた.

　調査は，2011 年 6 月，8 月，および 10 月の 3 回にわたり実施した．上流河川，上流端，およびダム湖内の 3 環境において魚類の捕獲調査を実施した

結果，季節を通して，上流河川で4科7種，上流端で5科12種，およびダム湖内で2科2種の魚類が確認され，種数では上流端がもっとも多いことが明らかとなった．また，個体数についても，漁具1セット（刺網1基，定置網1基，投網5投）あたりに標準化した捕獲数は，上流端でもっとも多かった．

次に，上流河川，上流端，およびダム湖内における6月と10月の起源有機物と各生物の安定同位体比を図11-5に示す（8月の結果はここでは省略する）．水位上昇期の6月には，ダム湖内では，堆積有機物，表層のPOM，および底層のPOMを起源有機物とし，一次消費者としてイトミミズ *Tubifex tubifex* とギンブナ，二次消費者としてエゾウグイという食物連鎖が確認された．イトミミズはすべての起源有機物よりも低い炭素安定同位体比の値を示し，生産者との明瞭なつながりは検出できなかった．また，イトミミズから魚類への栄養的なつながりもみられなかった．上流端では，堆積有機物，バイオフィルムおよびPOMを起源有機物とし，一次消費者として底生動物，二次消費者として雑食性魚類とスジエビ *Palaemon paucidens*，三次消費者以上にイワナとヤマメが確認された．3種類の起源有機物は，湖内と同様，ほぼ類似した値を示しており，消費者もその上位に概ね位置していた．上流河川では，堆積有機物，バイオフィルムおよびPOMを起源有機物とし，一次消費者として水生昆虫類，二次消費者としてイワナ，ウグイ，およびエゾウグイが確認された．上述した二つの環境と比べ，バイオフィルムの炭素安定同位体比の値が高く，結果として食物網全体の炭素安定同位体比の幅がもっとも大きくなった．一次消費者の水生昆虫類は，起源有機物の中でも特にバイオフィルムの上位に位置しており，二次消費者の魚類もそれに連動するように炭素安定同位体比が正の方向に移行していた．イワナの栄養段階は，上流端に比べて一栄養段階下がっており，昆虫食の傾向を示していた．これは11.3節で述べた2009年10月の上流端で捕獲されたイワナと同様の傾向であった．

水位がさらに低下し，上流端が流水環境の様相を呈する10月になると，ダム湖内では，堆積有機物，表層のPOM，底層のPOMを起源有機物とし，一次消費者としてイトミミズとオオユスリカ *Chironomus plumosus*，二次消費

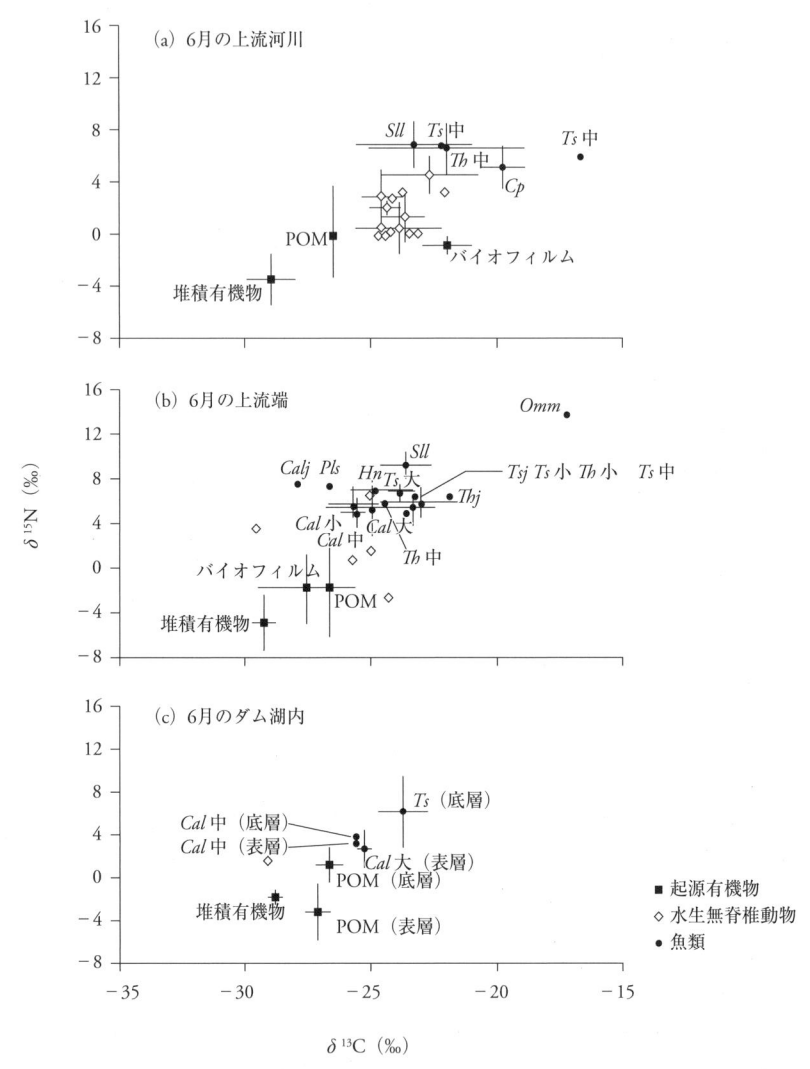

Part Ⅲ　ダム湖水位変動帯の食物網と物質循環

図11-5　6月と10月の寒河江ダム湖上流河川 (a, d)，上流端 (b, e)，ダム湖内 (c, f) における起源有機物，水生無脊椎動物，および魚類の炭素安定同位体比 ($\delta^{13}C$) と窒素安定同位体比 ($\delta^{15}N$).
図中のアルファベットは以下に示す魚種の略号を表す：(Lr) スナヤツメ，(Hn) ワカサギ，(Sll) イワナ，(Om) ニジマス，(Omm) サクラマス，(Th) ウグイ，(Thj) ウグイ稚魚，(Ts) エゾウグイ，(Tsj) エゾウグイ稚魚，(Pls) アブラハヤ，(Pp) モツゴ，(Cal) ギンブナ，(Calj) ギンブナ稚魚，(Cp) カジカ．

272

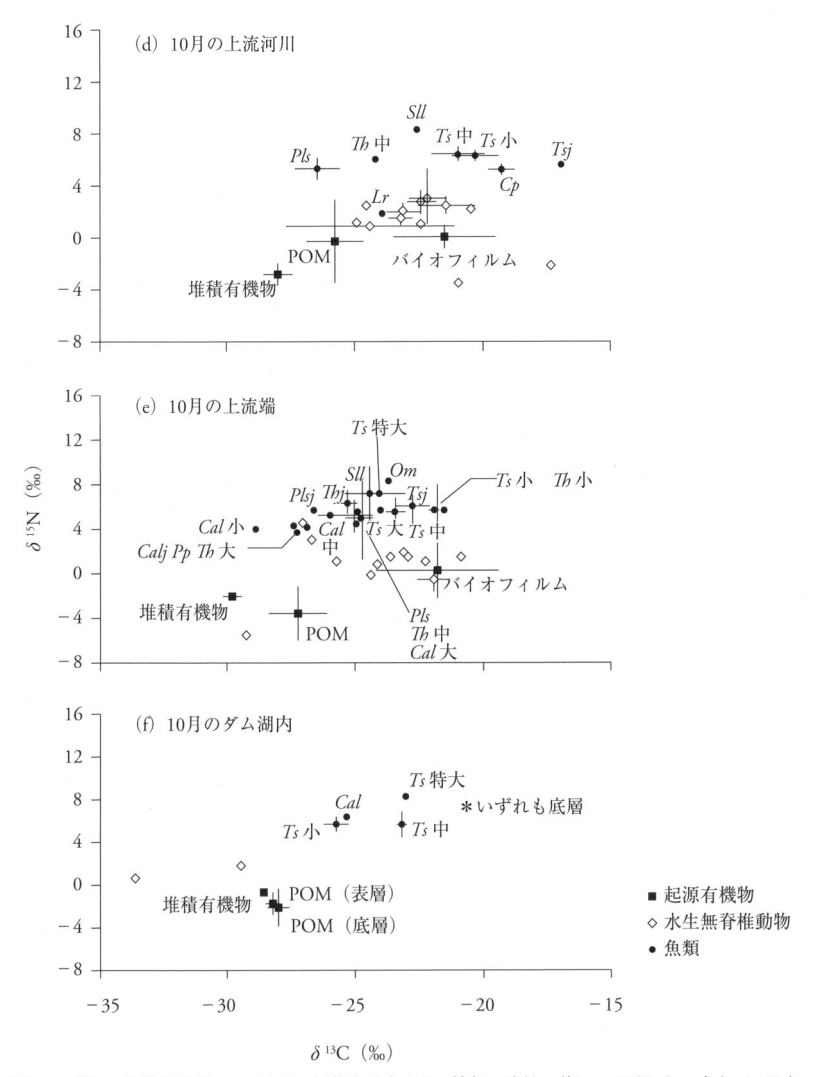

第 11 章　河川流入部の食物網構造

(d) 10月の上流河川

(e) 10月の上流端

(f) 10月のダム湖内

$\delta^{15}N$ (‰)

$\delta^{13}C$ (‰)

■ 起源有機物
◇ 水生無脊椎動物
● 魚類

なお，いずれの魚種も体長 3 cm 以下の個体を稚魚とし，種名の略号の後に j で示した．また，ウグイ，エゾウグイ，およびギンブナについては体長のばらつきが大きかったため，体長を特大 (35 cm 以上)，大 (20〜35 cm)，中 (10〜20 cm)，および小 (3〜10 cm) に分類し，それぞれシンボルを区別した．さらに，ダム湖については表層部と底層部で捕獲された個体をそれぞれ区別した．各シンボルと誤差棒は，安定同位体比の平均値とその標準誤差をそれぞれ示す．

者としてエゾウグイとギンブナが確認された．6月と同様，底生動物の炭素安定同位体比が起点から離れており，底生動物と魚類のつながりを示すことができなかった．上流端では，堆積有機物，バイオフィルム，およびPOMを起源有機物とし，一次消費者として底生動物，二次消費者として雑食性魚類とイワナ，三次消費者としてイワナとニジマスが確認された．この時期は，底生動物にイトミミズなどの止水性昆虫は確認されなかった．流水性の水生昆虫のみが確認され，炭素安定同位体比ではその多くがバイオフィルムとPOMの間に分布し，その上位に魚類群集が位置するという構造になった．11.3節で述べたように，2009年10月の上流端では，イワナが魚食から昆虫食にスウィッチングすることが確認されたが，2011年の調査では，魚食性と昆虫食性のそれぞれを示す個体が確認できた．同じサケ科魚類のニジマスは栄養段階の最上位に位置しており，イワナよりも強い魚食性を示した．上流河川では，堆積有機物，バイオフィルム，およびPOMを起源有機物とし，一次消費者として水生昆虫類とスナヤツメ，二次消費者として雑食性魚類，三次消費者としてイワナが確認された．炭素安定同位体比ではバイオフィルムとPOMの間に水生昆虫類と魚類が位置しており，同時期の上流端と類似した構造を示した．

　以上，上流河川，上流端，ダム湖内における魚類多様性および食物網構造の比較により，上流端は魚類の多様性が高く，季節を通し他の二つの環境に比べ，食物網構造が複雑であることが明らかとなった．上流端において高い魚類多様性を支えている要因としては，バイオフィルムの炭素安定同位体比の動的な変化にも現れていたように，季節を通し止水環境から流水環境に移行する中で多様な環境が創出され，それが多様な餌源を作り出したことに起因していると推察される．

　次に，魚類を対象として，three-source mixing modelを用いてその餌源を特定することで，三つの環境をつなぐ栄養塩の流れを明らかにした．6月と10月の上流河川，上流端，およびダム湖内で捕獲された各魚類の餌源候補を図11-6に示す．上流河川で確認されたカジカを除き，ほとんどの魚種は，季節に関係なく，ダム湖内，上流端，および上流河川の3環境すべての起源有機物を大なり小なり利用していることが明らかとなった．この結果から，

第 11 章　河川流入部の食物網構造

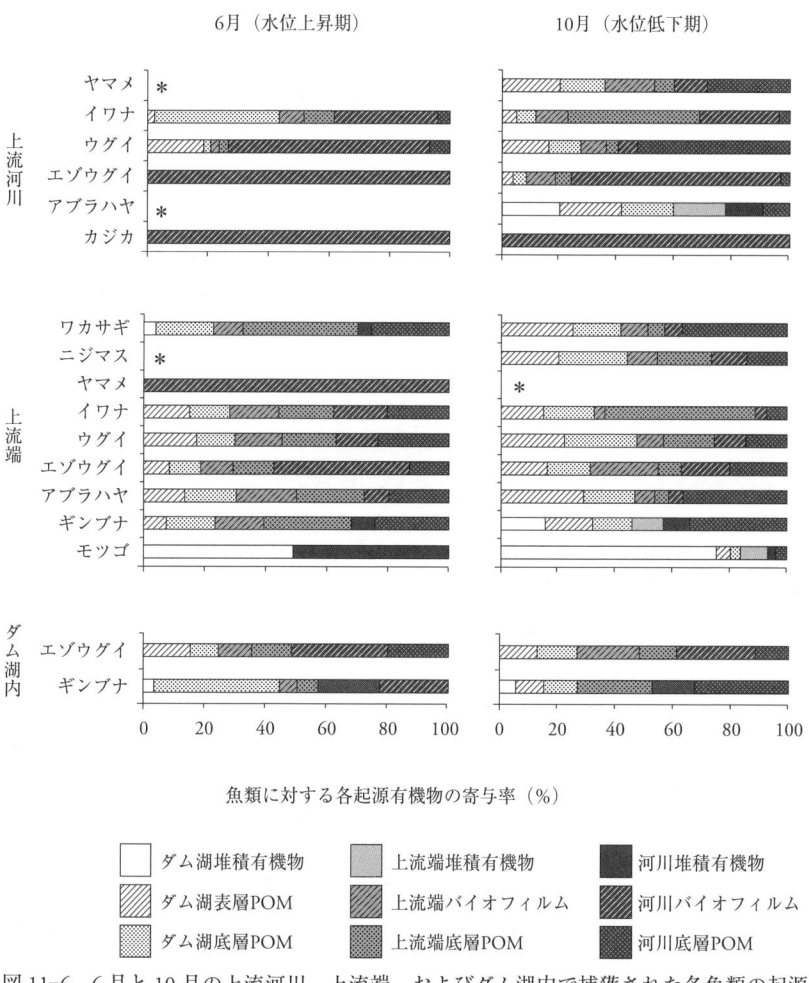

図 11-6　6 月と 10 月の上流河川，上流端，およびダム湖内で捕獲された各魚類の起源
有機物候補．
*は未捕獲であることを示す．

　いずれの種も回遊性が高く，河川からダム湖までの水域環境を幅広く利用し
ているという実態が見えてきた．実際，エゾウグイはいずれの環境において
も捕獲されていることから，場所間を活発に移動することで，各環境の起源
有機物を幅広く利用していると考えられる．一方，ダム湖内で捕獲されたギ

ンブナは流水環境を生息の場としていないにもかかわらず，餌源として河川の堆積有機物やPOMが寄与している可能性が示された．これは，回遊の影響というより，上流河川からの流下土砂が上流端あるいはダム湖内まで運搬されてきたことで，それを餌源として利用した可能性が高い．上述したように，上流河川，上流端，ダム湖内の3環境において，それぞれ特徴的な食物網が形成されていた．しかし，多くの魚類の餌源が3環境にまたがっていたという解析結果は，起源有機物や消費者の時間的・空間的な流動あるいは移動を通して，それぞれの食物網が密接につながっているということを改めて認識させた．

また，上流端の堆積有機物の餌源としての寄与は，8月以降に上流端で捕獲されたギンブナ，コイ，モツゴのほか，10月の河川で捕獲されたアブラハヤでも認められた．このことは，一時的陸域で発生した陸域由来の動植物の遺骸が冠水後に堆積有機物となり，それは上流端に留まらず，魚類などの生物を介して周辺の水域環境に広く栄養塩の拡散をもたらしている可能性を示唆した．

11.6 ダム湖の生態系形成に重要な異地性流入

本章では，安定同位体比分析を用いて，ダム湖上流端に形成された食物網構造の特徴を明らかにするとともに，水位変動により季節的に出現する一時的陸域からの有機物供給が，翌年の堆積有機物の形成に寄与し，さらに，それが水生昆虫類を通して上位消費者の魚類に利用されていくという物質輸送を明らかにした．また，上流河川とダム湖内との比較を通し，水位変動に由来する環境変化が上流端に形成された食物網構造の複雑化に寄与しているという実態を示すことができた．このように寒河江ダムの生態系を考える上で，水位調節によってもたらされた一時的陸域は，陸域からダム湖内への異地性流入を促進する一つの経路となっており，当該ダムの生態系形成に不可欠な物質循環であることが示唆される．

このように，ダム湖という比較的新しい陸水環境における生態系の理解に

は，系外からの複雑な有機物流入の評価が不可欠である．現時点では，ダム湖における生物多様性の決定機構に関する理解が必ずしも進んでいるとはいえない中で，本章では有機物流入経路の複雑さ・多様性という要因が，その理解に不可欠であるという事実を明らかにした．今後，ダム湖生態系における異地性流入の重要性がより明確になれば，それぞれのダムで個別に異地性流入の効果を可能な限り活かすダム管理策を考えていくことで，ダム湖生態系における生物多様性の長期的かつ広域的な保全が可能になるかもしれない．

参照文献

Deniro, M. J. and Epstein, S. (1978) Influence of diet on the distribution of carbon isotopes in animals. *Geochimica et Cosmochimica Acta* 42: 495–506.

Doi, H., Takemon, Y., Ohta, T., Ishida, Y. and Kikuchi, E. (2007) Effects of reach-scale canopy cover on trophic pathways of caddisfly larvae in a Japanese mountain stream. *Marine and Freshwater Research* 58: 811–817.

Fisher, S. G. and Likens, G. E. (1973) Energy flow in bear brook, New Hampshire: an integrative approach to stream ecosystem metabolism. *Ecological Monographs* 43: 421–439.

Hynes, H. B. N. (1970) *The Ecology of Running Waters*. University of Toronto Press.

帰山雅秀（2005）水辺生態系の物質輸送に果たす遡河回遊魚の役割．『日本生態学会誌』55: 591–597.

川那部浩哉・水野信彦・細谷和海（1989）『日本の淡水魚』山と渓谷社．

国土交通省（2005）『東北地方ダム管理フォローアップ定期報告書：寒河江ダム』国土交通省　東北地方整備局．

Minagawa, M. and Wada, E. (1984) Stepwise enrichment of ^{15}N along food chains: Further evidence and the relation between δ^{15}N and animal age. *Geochimica et Cosmochimica Acta* 48: 1135–1140.

三沢勝也・米田隆夫・井上　聡・谷川幹雄・小長谷博明・木村明彦（2007）十勝川水系札内川ダム湖におけるオショロコマとニジマスの生息空間および摂餌に関する種間関係．『魚類学雑誌』54: 1–13.

長坂　有・柳井清治・佐藤弘和（1996）河畔林から川への落下昆虫とサクラマスの胃内容物の比較検討．『北海道立林業試験場研究報告』33: 70–77.

日本魚類学会（2012）在来渓流魚（イワナ類，サクラマス類）：利用，増殖，保全の現状と課題．『魚類学雑誌』59: 163–167.

Peter, B. B. (1995) Understanding large river: Floodplain ecosystem. *Bioscience* 45: 153–158.

Phillips, D. L. and Gregg, J. W. (2001) Uncertainty in source partitioning using stable isotopes. *Oecologia* 127: 171-179.

Phillips, D. L. and Gregg, J. W. (2003) Source partitioning using stable isotopes: coping with too many sources. *Oecologia* 136: 261-269.

櫻井　泉・柳井清治・伊藤絹子・金田友紀 (2007) 河口域に堆積する落ち葉を起点とした食物連鎖の定量評価．『北海道立中央水産研究所研究報告』72: 37-45

Stockner, J. G., Rydin, E. and Hyenstrand, P. (2000) Cultural oligotrophication: Causes and consequences for fisheries resources. *Fisheries Habitat Perspective* 25(5): 7-14.

角　哲也・内藤淳也・竹角康弘 (2010) ダム堆砂の進行に伴う貯水池生態系の有機物起源の変化．『京都大学防災研究所年報』53B: 751-762.

高井則之・富永　修 (2008) 安定同位体比分析を始める人たちへ．富永　修・高井則之編，日本水産学会監修『安定同位体スコープで覗く海洋生物の生態：アサリからクジラまで』pp. 9-30. 恒星社厚生閣．

高津文人・河口洋一・布川雅典・中村太士 (2005) 炭素，窒素安定同位体比による河川環境の評価．『応用生態工学』7: 201-213.

Tanaka, H., Takasuka, A., Aoki, I. and Ohshimo, S. (2008) Geographical variations in the trophic ecology of Japanese anchovy, *Engraulis japonicus*, inferred from carbon and nitrogen stable isotope ratios. *Marine Biology* 154: 557-568.

Thornton, K. W., Kimmel, B. L. and Payne, F. E. (1990) *Reservoir Limnology: Ecological Perspectives*. Wiley-interscience.

Vannote, R. L., Minshall, G. W., Cummins, K. W., Sedell, J. R. and Cushing, C. E. (1980) The river continuum concept. *Canadian Journal of Fisheries and Aquatic Sciences* 37: 130-137.

山本直樹・渡辺幸三・草野　光・大村達夫 (2005) 炭素・窒素安定同位体分析による河川底生動物群集の栄養構造の解明：宮城県広瀬川流域を例として．『水環境学会誌』28: 385-392.

山本民次 (2007) ダム建設によるエスチュアリーの貧栄養化と植物プランクトン層の変化．『日本水産学会誌』73: 80-84.

コラム8　魚類を介した栄養塩の拡散

佐川志朗

　魚類は河川を通じた物質循環の担い手であり，特に**遡河回遊魚**では，遡上，産卵，死亡を介して海域の栄養塩を河川上流域へ回帰させる（例えば，Kline et al. 1990; Jonsson and Jonsson 2003）．しかし，このような魚類の移動を介した物質循環に関する研究は，ダム湖陸封域においては進んでいない．

　ダムで水域が**陸封**化された場合，遡河回遊魚はダム湖を海のように機能させ，流入河川に遡上・産卵するように生活史を変化させる（森田・森田 2007）．例えば，イワナ Salvelinus leucomaenis も降湖型（ダム湖に降下し成長，遡上・産卵するタイプ）の生活史適応を示す一種である（Nakano et al. 1990; Maekawa et al. 1994）．また一方で，本種には河川残留型（河川に留まり生活史を全うするタイプ）も存在する．これらの両タイプのイワナは，いずれも支流域（1次もしくは2次河川）まで遡上して産卵する生活史戦略を示すため（中村 1998；佐川ほか 2000），ダム湖で巨大に成長するイワナ降湖型の河川回帰は，ダム湖生態系の物質循環に寄与していると考えられる．

　イワナの生活史二型（降湖型と河川残留型）を区別するには，体や成熟卵のサイズを計測するとよく，降湖型の方が河川残留型より大きな値を示す（山本ほか 1992）．しかし実は，両者の計測値が重複するため境界域の個体の区別はできない．そして一方では，イワナと同じサケ科魚類のブラウントラウト Salmo trutta において，降海型と河川残留型の炭素と窒素の**安定同位体比**（$\delta^{13}C$, $\delta^{15}N$）には明確な差異があることが報告されている（McCarthy and Waldron 2000）．

　筆者らは，ダム湖陸封域におけるイワナの生活史二型が安定同位体比により識別可能かどうかを検証し，ダム湖流域における産卵個体群の二型の割合を推定しようと試みた．研究の舞台となったのは，最上川水系寒河江川上流に位置する寒河江ダム月山湖および49本の流入支川である．まず，イワナ産卵期の10月中旬にダム湖および降湖型イワナの遡上が不可能なダム（砂防ダム）より上流の河川区域で全長20～30 cmの成熟イワナを捕獲し，安定同位体比分析を行った．そして，以上の分析値を用いて**線形判別分析**を行い，降湖型と河川残留型を識別し得る線形判別関数を求めた．

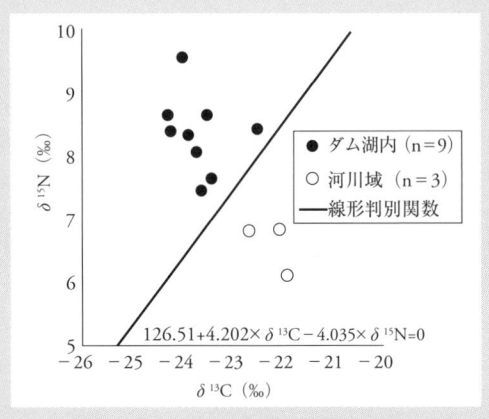

図 C8-1　ダム湖内および河川域で捕獲され
たイワナの窒素・炭素安定同位体比
と線形判別関数（佐川 未発表）

グラフ内：$126.51+4.202\times\delta^{13}C-4.035\times\delta^{15}N=0$
縦軸：$\delta^{15}N$ (‰)　横軸：$\delta^{13}C$ (‰)
凡例：● ダム湖内（n＝9）　○ 河川域（n＝3）　― 線形判別関数

　さらに 49 の調査支流のうち，降湖型の産卵遡上河川として機能し得る支流において全長 20〜30 cm のイワナ成熟個体の捕獲を 10 月〜11 月に実施し，安定同位体比分析を行った．そして，前の研究により算出された判別関数を用いて降湖型と河川残留型を推定した．
　$\delta^{13}C$ と $\delta^{15}N$ のいずれについても降湖型と河川残留型の間には統計的に有意な差が確認された．また，線形判別分析の結果，両タイプを100％区分できる判別関数を得ることができた（図 C8-1）．判別の特徴としては，降湖型の方が河川残留型より $\delta^{13}C$ が小さく $\delta^{15}N$ が大きい値を示した．既存研究では，ダム湖内の食物網のベース（基礎資源）は植物プランクトンもしくは湖岸部に生育する付着藻類からなり，これらの $\delta^{13}C$ は河川の食物網のベースとなる付着藻類よりも，安定同位体分別等の要因により小さい安定同位体比を示すことが知られている（Finlay et al. 2002）．以上のことが $\delta^{13}C$ に差異が生じた要因かもしれない．また，$\delta^{15}N$ が異なる理由としては，イワナ河川型は水生昆虫類を主食としているが，イワナ降湖型は栄養段階が高い魚類を主食としていることが考えられる．このように一見すると理に叶った判別式が得られてはいるが，そもそも供試個体の数が少ないため，サンプルの充足により判別関数の信頼性をより頑健なものにして

図 C8-2　捕食者によるものと思われるイワナの目の後ろの傷

いく必要がある．
　流入支川において得られた116個体のイワナに対して前項により明らかとなった判別関数を適用した結果，降湖型が65個体(56%)，河川残留型が51個体(44%)と推定された．以上より寒河江ダム流入水域においては，ダム湖で成長した個体が多く産卵遡上していることが示唆された．多くのサケ科魚類は産卵後その場で死亡して，周辺森林や生物に物質回帰することが報告されている（例えば，Kline et al. 1990; Jonsson and Jonsson 2003）．一方でイワナは多回産卵型の生活史特性を有すため（森田・森田 2007），前述の1回の産卵で死亡する種よりも周辺森林域への物質供給は少ないのかもしれない．しかし，遡上捕獲個体の多くには外敵による捕獲痕がみられた（図C8-2）．したがって，捕食者の多寡によっても森林域への栄養塩寄与が異なってくる可能性がある．また，ここではイワナに着目した調査を実施したが，ダム湖で成長し遡上産卵する魚種としては，ウグイ属 *Tribolodon* spp. やサクラマス *Oncorhynchus masou* も挙げられる．これらの種についても知見を蓄積することによりダム湖流域における水域—周辺森林域の物質循環の理解がより深まるであろう．

参照文献

Finlay, J. C., Khandwala, S. and Power, M. E. (2002) Spatial scales of carbon flow in a river food web. *Ecology* 83: 1845-1859.

Jonsson, B. and Jonsson, N. (2003) Migratory Atlantic salmon as vectors for the transfer of energy and nutrients between freshwater and marine environments. *Freshwater Biology* 48: 21-27.

Kline, T. C. Jr., Goering, J. J., Mathisen, O. A., Poe, P. H. and Parker, P. L. (1990) Recycling of elements transported upstream by runs of Pacific salmon: I, δ^{15}N and δ^{13}C evidence in Sashin Creek, southeastern Alaska. *Canadian Journal of Fisheries and Aquatic Sciences* 47: 136-144.

Maekawa, K., Nakano, S. and Yamamoto, S. (1994) Spawning behaviour and size-assortative mating of Japanese charr in an artificial lake-inlet stream system. *Environmental Biology of Fishes* 39: 109-117.

McCarthy, I. D. and Waldron, S. (2000) Identifying migratory *Salmo trutta* using carbon and nitrogen stable isotope ratios. *Rapid Communications in Mass Spectrometry* 14: 1325-1331.

森田健太郎・森田晶子 (2007) イワナ (サケ科魚類) の生活史二型と個体群過程. 『日本生態学会誌』57: 13-24.

中村智幸 (1998) イワナにおける支流の意義. 森 誠一編『魚から見た水環境―復元生態学に向けて / 河川編―』pp. 177-187. 信山社サイテック.

Nakano, S., Maekawa, K. and Yamamoto, S. (1990) Change of the life cycle of Japanese charr following artificial lake construction by damming. *Nippon Suisan Gakkaishi* 56: 1901-1905.

佐川志朗・山下茂明・入江 潔 (2000) 支笏湖流入小河川におけるアメマスの産卵床.『森林野生動物研究会誌』25, 26: 108-113.

山本祥一郎・中野 繁・徳田幸憲 (1992) 人造湖におけるイワナ *Salvelinus leucomaenis* の生活史変異とその分岐. 『日本生態学会誌』42: 149-157.

Part IV

ダム湖岸の環境整備

　流域の生態系と生物多様性を保全するために，ダム湖水位変動帯のエコトーンを活用できるのではないだろうか．そのためには，どのような環境を整備・創出し，管理していけばよいのだろう．現代においては，ダム湖の底に沈んだ場所の代償という位置づけを超えて，地域に必要な環境を地域とともに作り上げていくことが必要である．Part IVでは，これまで行われてきた環境代償措置としてのビオトープ造成の実態を紹介するとともに，これからのダム湖岸エコトーンの環境創出について論じる．

[前頁の写真]

田瀬ダム（岩手県，北上川水系）
　国土交通省東北地方整備局管理．1954年竣工．堤高81.5 m．重力式コンクリートダム．流域面積749 km^2．総貯水容量146,500千m^3．制限水位方式．目的：洪水調節，かんがい，発電．
　東北地方のダムは水位変動帯に勾配が小さい場所があるダムがいくつかあり，田瀬ダムもその一つである．水位変動帯には希少植物の生育が多く確認されている．（写真：国土交通省東北地方整備局北上川ダム統合管理事務所）

第12章
ダムにおけるビオトープの造成

大杉奉功・澁谷慎一

12.1 ダム事業における環境影響評価

　ダムは建設に伴い，ダム貯水池の出現や**原石山**の確保，道路の付替え等の土地の改変や湛水による陸域・河川環境の水没など，大規模な土地の改変を伴う．このような大規模な土地の改変など環境に大きな影響を与えるおそれのある事業の実施にあたっては，あらかじめ環境への影響について調査，予測，評価を行い，その結果に基づき環境の保全について適正に配慮しようとする環境影響評価の実施が必要である．環境影響評価は1969年にアメリカにおいて「国家環境政策法 (National Environmental Policy Act)」により，世界で初めて制度化された（環境庁環境影響評価研究会1999）．我が国における環境影響評価への取り組みは，アメリカから遅れること3年の1972年に「各種公共事業に係る環境保全対策について」が閣議了解され，事業ごとの環境影響評価の実施に始まり，1984年の閣議決定に基づく環境影響評価が15年にわたって実施された（閣議アセス）．

　その後，1993年に制定された「環境基本法」において，環境影響評価を法的に位置づけることが定められ，中央環境審議会における審議等を経て，1997年に「環境影響評価法」が制定された．これを受けて，翌1998年にはダム事業，放水路事業等に係る環境影響評価の指針等を定める省令が制定され，ダム事業における環境影響評価に基づく自然環境の整備と保全が本格的に実施されることとなった（法アセス）．なお，国の制度に加えて，地方自治

体では環境影響評価法を踏まえて条例による環境アセスメントが実施されている.

また，同年の1997年に河川法の改正が行われ，河川法の目的に従来の治水・利水に加えて「河川環境の整備と保全」が位置づけられ，河川環境の利用や管理において自然環境や生活環境の積極的な保全や整備が実施されることとなった(建設省河川法研究会1997). これらの法整備は，ダム事業を含む河川環境の保全における非常に大きなターニングポイントであったといえ，現在，ダム事業者は，このような社会的要請の変遷に対応して，自然環境に対する影響の評価と環境保全措置に関する取り組みを試行錯誤しながら進めている.

閣議アセス，法アセス等の対象となったダムについては，ダムの建設が自然環境へ及ぼす影響について調査，予測，評価し，必要な場合には環境保全措置を講じている. また現在では，法アセス等の対象外となるダムであっても，法アセス等を参考にした環境影響の評価検討を行っている例も多い. ダム事業の実施にあたって，環境影響評価とそれに基づく環境保全措置の取り組みが定着してきているといえる(大杉ほか2004).

12.2 ダム事業における環境保全措置

ダム事業の環境影響評価においては，大気(粉じん・騒音・振動等)，水質，人と自然の触れあい活動の場等の社会環境の項目に加え，自然環境の項目として地形・地質や動物,植物,生態系を対象として影響評価を行うこととなっている(河川事業環境影響評価研究会2000). 影響を予測，評価し，その影響を回避，低減，あるいは代償するため，土地の改変や施設整備を実施するにあたって，まず，事前に環境調査を行い，生物の生息・生育環境などを把握したうえで，ダム事業が環境に及ぼす影響について予測評価を行う. 影響が予測される場合には，生物の生息・生育環境に与える影響を可能な限り低減ができるように環境保全措置等を講じることとなる. これまでのダム事業で検討された具体的な環境保全措置の例を表12-1に示す.

第12章　ダムにおけるビオトープの造成

表 12-1　ダムの環境影響評価手続きにおける環境保全措置の検討状況

区分		環境保全措置の検討結果
大気質（粉じん）		散水
水質		沈砂池の設置, 選択取水設備の設置, 曝気施設の設置, 導水路の設置
地形・地質		記録保存
動物		樹林環境の整備・保全, 湿地環境の整備, 人工巣の設置, 個体の移植, 移動経路の確保等
植物		移植, 継続的監視等
生態系	上位性	樹林の整備・保全, 工事実施時期の配慮等
	典型性	湿地環境の整備, 工事用道路の残置
景観		植生の回復
人と自然との触れあい活動の場		迂回路の設置
廃棄物等		再利用の促進, 発生の抑制

（国土交通省 2008 より）

　環境影響評価においては，事業の自然環境に対する影響を低減させるための環境保全対策（ミティゲーション＝影響緩和策）が行われる．ミティゲーションとしては，「回避 (avoidance)」，「低減 (reduction)」，「代償 (compensation)」の三つの考え方がある（表 12-2）．これらは個々のダム事業によってさまざまな取り組みがなされており，多数の事例が存在する．

　水源地環境センターで収集整理したダム事業に関するデータベースから，国土交通省の直轄と水資源機構が管轄する 60 のダム事業におけるミティゲーション事例を整理した（表 12-3）．「回避」としては，道路ルートの変更や改変面積の縮小が多く実施され，「低減」としては，クマタカのような猛禽類等の繁殖期を考慮した工事時期の変更・中断の事例が多かった．また，魚道などを設け水生生物の移動路を確保したり，ダム湖周辺に整備した道路の側溝を環境配慮型（転落した小動物の移動路確保など）にした例も多い．なお，植物の移植は，ここでは「低減」に含めている．地域の個体群の一部を消失させるものの，それを移植することで個体群サイズを保とうとすることは低減になると考えられ，これは 27 と多くのダムで行われている．「代償」としては，樹林復元（直接改変地の植生を回復される）とともに，湿地ビオトー

表 12-2 環境保全措置の種類

回避	行為（環境影響要因となる事業行為）の全体または一部を実行しないことによって影響を回避する（発生させない）こと．重大な影響が予測される環境要素から影響要因を遠ざけることによって影響を発生させないことも回避といえる．具体的には，事業の中止，事業内容の変更（一部中止），事業実施区域やルートの変更などがある．つまり，影響要因またはそれによる景観，触れ合い活動の場への影響を発現させない措置といえる．
低減	低減には，「最小化」，「修正」，「軽減/消失」といった環境保全措置が含まれる．最小化とは，行為の実施の程度または規模を制限することによって影響を最小化すること，修正とは，影響を受けた環境そのものを修復，再生または回復することにより影響を修正すること，軽減/消失とは，行為期間中，環境の保護および維持管理により，時間を経て生じる影響を軽減または消失させることである．要約すると，何らかの手段で影響要因または影響の発現を最小限に抑えること，または，発現した影響を何らかの手段で修復する措置といえる．
代償	損なわれる環境要素と同種の環境要素を創出することなどにより，損なわれる環境要素の持つ環境の保全の観点からの価値を代償するための措置である．つまり，消失するまたは影響を受ける環境（景観・触れ合い活動の場）にみあう価値の場や機能を新たに創出して，全体としての影響を緩和させる措置といえる．

（生物の多様性分野の環境影響評価技術検討会 2002 より）

プの造成が多く行われている．このように，ダム事業で実施されている代償措置として湿地ビオトープの造成は数多く，ダム事業の環境影響を緩和する保全対策としてビオトープの造成は重要な位置を占める．

12.2.1 代償措置と多様性オフセット

ミティゲーションが「回避」，「低減」，「代償」からなることは先に述べたが，この三つには「順位」がある．回避・低減を優先し，それでも影響が残る場合に，代償は行われる．代償が優先されないのは，生態系を新たに創出するという行為は不確実性が大きいことによる．代償において，失われる生物多様性と得られる生物多様性が比較され，失われるものが相殺される（ノーネットロス）か，付加される（ネットゲイン）といった保全の成果のことを**生物多様性オフセット**と呼ぶ（足立 2012）．ノーネットロスまたはネットゲインが判定されるためには，失われるものと得られるものが測定可能（定

表 12-3 ダム事業における各環境保全対策（ミティゲーション）の検討状況

実施時期	種類	保全対策の内容	ダム数
工事中	低減	工事時期の変更・中断	13
		工法・機械の変更	4
		防音フェンス（騒音低減）	3
		迷彩・色彩の配慮	3
		立ち入り制限区域の設定	1
		巡視・手帳の作成・教育	4
存在共用時	回避	道路ルートの変更	4
		原石山の変更	2
		部分的な改変回避	2
		改変面積の縮小	4
		植生の保全（樹林の残置）	3
	低減	移植（植物）	27
		移動（動物）	9
		植物移植地の造成	2
		環境配慮型道路側溝	16
		照明の配慮	5
		移動路（道路・ダム湖横断・水辺〜森林）	11
		移動路（魚道）	15
	代償	生息場造成・誘導（動物）	2
		餌場・狩場の創出	1
		池・湿地・ビオトープ	18
		浮島・生態礁	16
		樹林・植生復元	20
		棲み場の創出（石積み護岸・魚巣ブロック等）	8
		棲み場の創出（食樹，食草の植栽）	7
		巣箱等の設置（鳥類・小動物・コウモリ）	12

量的）であることが必要である．生物多様性オフセットの考えは1970年代にアメリカで始まり，その後ヨーロッパなどに拡大し，「**ビジネスと生物多様性オフセットプログラム**（BBOP: Business and Biodiversity Offsets Program）」など，世界共通の枠組みが作られつつある．

これまでの環境影響評価では，定量的な予測評価は実施されてこなかった．

ダム事業において湿地ビオトープ造成が，代償において果たす役割は大きい．失われる湿地環境と新たに成立する湿地ビオトープの両方を定量的に分析評価し，目標値を達成する生物多様性のオフセットの評価手法が今後のさらなる環境影響検討においては求められるようになるだろう．

12.2.2 代償措置としての湿地ビオトープの造成

ダム事業によって消失する山地の谷沿いに広がる低地部は，中山間地域であるために小規模な田畑が点在し，渓流環境だけでなく，生物多様性の保全地域として重要な湿地や水田，ため池，水路等が存在する里山環境が成立していることが多い（江崎・田中 1998；環境省自然環境局 2012）．そのため，ダム事業による環境影響の保全対策の代償措置として湿地ビオトープの整備は効果的で，表12-3で示したようによく行われる．

湿地ビオトープは，保全対策が必要な湿地性の絶滅危惧種（トンボなどの昆虫類や湿地性の植物等）の移植先として整備されるケースが多い．また湿地ビオトープの整備がなされたことによって絶滅危惧種が生息するようになる場合も多数確認されている．このように，ダム事業で整備された湿地ビオトープは，ダム事業で影響を受ける山地の低地部の里山環境の代償措置としての機能を果たしているといえる．

湿地ビオトープの整備箇所は，基本的には，事業者であるダム事務所が管理する区域に整備されることが多い．しかし，それ以外にも，地方自治体と連携し，市町村等の官有地や学校ビオトープとして整備されるケースもみられる．

ダムでは，洪水調節や利水補給のために貯水池運用として水位を管理しているため，ダム事務所が管理する場所に整備された湿地ビオトープは，貯水池管理のための水位操作との関係で，図12-1に示すような4タイプに分けられる．

事例が多いのは，**洪水時最高水位**と**平常時最高貯水位**の間に整備される②のケースである（表12-4）．ダムの水位管理は，通常は，平常時最高貯水位と洪水貯留準備水位の間で行われ，洪水時最高水位には，ダムの洪水調節の計画規模である100年に一回など，通常管理では冠水しない場所である．

第 12 章　ダムにおけるビオトープの造成

（図）
- ①水没しない場所での湿地整備（湖岸公園・学校ビオトープ等）
- ②大規模洪水時には水没する場所での湿地整備
- ③毎年，水没と干出を繰り返す箇所での湿地整備
- ④貯水池末端の副ダムで成立する湿地
- 洪水時最高水位
- 平常時最高貯水位
- 水位変動帯
- 洪水貯留準備水位

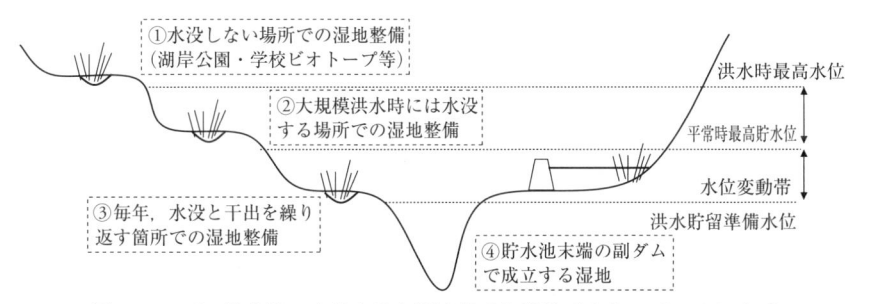

図 12-1　ダム貯水池の水位変動と関連付けた湿地ビオトープの 4 タイプ

表 12-4　湿地ビオトープの整備場所のタイプ分け

ビオトープのタイプ	設置箇所	整備の有無	ダムの事例
①水没しない場所に整備	洪水時最高水位以上	人為的に整備	胆沢ダム，嘉瀬川ダム，灰塚ダム[1] 等
②大規模洪水時には水没する場所での湿地整備	洪水時最高水位～平常時最高貯水位	人為的に整備	富郷ダム，灰塚ダム，西之谷ダム等
③毎年，水没と干出を繰り返す箇所の湿地	平常時最高貯水位～洪水貯留準備水位	人為的に整備またはダム運用の中で自然に成立	御所ダム[2]，灰塚ダム等
④貯水池末端の副ダムで成立する湿地	副ダムにより形成された場所	ダム運用の中で自然に成立	三春ダム，七ヶ宿ダム，灰塚ダム等

1) 灰塚ダムでは，副ダムの下（平常時最高貯水位以下），上（平常時最高貯水位以上），洪水時最高水位以上の広域にわたり環境が整備されている（コラム 9 参照）。
2) 御所ダムは基本的には自然に成立した湿地であるが，その機能を強化するために，一部盛土などがされている。

そのため維持管理等がしやすく，湿地ビオトープの整備もしやすいものと考えられる．

また，毎年の水位変動によって水没と干出を繰り返す平常時最高貯貯水位以下の水位変動帯では，湿地を整備するケースもあるが，湿地環境として整備しなくても，貯水池末端や副ダムなどで自然に湿地が成立しているケース

も多い．また，貯水池の水質対策や土砂の流入防止のためにダム湖の流入末端に設置される副ダムにおいても湿地環境が成立しているケースもあり，このようにダム事業によって既存の湿地環境が失われるものの，新たに湿地環境が成立しているケースも多数存在する．また灰塚ダムなど，ビオトープが広い場合には，さまざまな冠水頻度の場所があるなど，いくつかのタイプが組み合わさって成立している複合型の湿地ビオトープも存在している．

12.3 ダム事業における湿地ビオトープ整備の現状

12.3.1 湿地ビオトープ整備の全国的な状況

　国土交通省と水資源機構が管理する全国の管理ダムにおいては，1990年より，「**河川水辺の国勢調査**（ダム湖版）」が実施されている．この調査は，当初は，ダム湖内やダム湖周辺の河川や陸域環境でどのような生物が生息しているのかについて広く生物相を把握する目的で調査が実施されてきたが，2006年のマニュアル改訂により，ダム事業の影響評価の基礎情報収集を目的として，ダム事業で改変された原石山跡地・**残土処理場**の環境や整備されたビオトープ等の環境創出箇所についても調査が実施されるようになっている．2006（平成18）年度から2010（平成22）年度までに調査が実施されたダムは107ダムであり，そのうち，ビオトープ等の環境整備箇所での調査がなされたダムは14ダムであった（表12-5）．

12.3.2 ビオトープ整備の事例

　整備されたビオトープの具体的な代表事例についていくつか紹介する．

奈良俣ダムの環境創出箇所（水資源機構管理：群馬県）

　奈良俣ダムにおける環境創出箇所は，洪水時最高水位と平常時最高貯水位の間である②タイプの場所に整備されている．ダムサイト付近左岸側の矢田沢地区の入江の奥部に位置し，整備された人工池と沢の流入がみられる（図

表12-5 国土交通省および水資源機構の管理ダムにおける環境創出箇所の調査実施状況

調査の有無	創出環境の種類	ダム数
環境創出箇所の調査あり	湿地	14
調査なし		93
総計（河川水辺の国勢調査実施数）		107

人工池の遠景　　　　　　　　人工池の近景（抽水植物）

図12-2　奈良俣ダムのビオトープの整備状況（写真：水資源機構沼田総合管理所）

12-2）．主な底質は砂で一部に植物片が堆積しており，抽水植物が生育している．

　底生動物は，12目31科65種が確認され，ミズミミズ類，トンボ類，アメンボ *Aquarius paludum* やミズカマキリ *Ranatra chinensis* といったカメムシ目，コウチュウ目のゲンゴロウ類やガムシ類等，奈良俣ダムの全調査地点の確認種の約18％に相当する8目19科31種の底生動物が環境創出箇所の湿地でのみ確認された．また，環境省のレッドリストで準絶滅危惧に指定されているモノアラガイ *Radix auricularia japonica* も確認されている．

　奈良俣ダムでは，矢田沢地区の人工池が，ダム湖周辺に多様な環境を創出し水生昆虫を中心とした底生動物に生息環境を提供するといった役割を果たしていると考えられる（国土交通省河川環境課　2010）．

富郷ダムの環境創出箇所（水資源機構管理：愛媛県）

　富郷ダムの環境創出箇所は，池，水路，植物帯等さまざまな環境を有する

まつの自然公園の遠景
図12-3　富郷ダムのビオトープの整備状況（写真：水資源機構池田総合管理所）

湿地ビオトープとして，洪水時最高水位と平常時最高貯水位の間である②タイプの場所に整備されている（図12-3）．ビオトープでは，17目124種の底生動物が確認され，池ではトンボ目，水路部ではカゲロウ，カワゲラ，トビケラ目の占める割合が高く，当地区はこれらの生物にとって重要な生息場所となっていると考えられる（国土交通省河川環境課2007）．

苫田ダムの環境創出箇所（中国地方整備局管理：岡山県）

苫田ダムでは，ダム湖上流端付近の右岸側に位置する湿地環境整備箇所で，洪水時最高水位と平常時最高貯水位の間である②タイプの場所に，水田跡地を活用して湿地が整備されている．また，周辺の既存樹林との連続性の創出を目的とした植栽が行われており，斜面林整備エリア，陸上湿地整備エリア，湖畔樹林整備エリア，湿地整備エリアにわけて整備目標が設定されている．総合的な目標は周辺生態系の生物多様性向上および周辺生態系との連続性の確保である．

水田跡地の止水域では，浮葉植物等の水草は確認されなかったが，隣接してヤナギ類やガマ *Typha latifolia* などの湿生植生が成立し，サクラタデ *Persicaria conspicua* など湿地環境を特徴付ける種が生育する環境となっている．ただし，在来・外来別の構成をみると，外来種が約25％を占め，セイ

タカアワダチソウ Solidago altissima などの要注意外来生物も確認されている．成長に時間のかかる樹林はまだ形成されておらず，外来種の繁茂に注意する必要がある（国土交通省河川環境課 2008）．

宮ヶ瀬ダムの湿地ビオトープ（関東地方整備局管理：神奈川県）

　宮ヶ瀬ダムでは，東沢と呼ばれる元々渓流の沢であったところが付け替え道路の土捨て場として改変される際に，湛水域に成立していた里山環境の代償措置として湿地ビオトープが整備された．表 12-4 のタイプ分けでは①の水没しない場所に整備された湿地ビオトープである．図 12-4 に示すように，地中に埋める予定であった沢水の水抜きパイプを表面に復活させ，池を造成し，湿地環境として整備を行った．加えて，池を造るために掘削した残土で小さな山を造るなど多様な環境を創出した．整備は 1993 年より進められ，1997 年には概ね終了している．

　全体の広さは 1ha 程度と規模は小さいが，時間の経過とともにいろいろな動物が生息または利用するようになっている．本ビオトープは，ダム完成後も継続的にモニタリング調査が実施されており，ホンドジカ Cervus nippon nippon やイノシシ Sus scrofa leucomystax が水飲み場や体に泥を塗るヌタ場に利用することも確認されている．

御所ダムの湿地ビオトープ（東北地方整備局管理：岩手県）

　御所ダムの湿地ビオトープ（口絵 16）は，1981 年のダム建設当初に形成されていた裸地に，ダム管理のための人為的な水位操作によって定期的に冠水を繰り返させることで，ダム完成後 15 年程度で形成された湿地である．全く自然に形成された湿地というわけではなく，毎年の冠水時に湿地環境が形成されるように一部区間が盛り土されたものである．ここに成立している湿地は広大で，面積約 91 ha の下久保地区と約 42 ha の兎野地区の二つからなり，夏季の 3 か月（7〜9 月）のみ出現するようになっている（図 12-5）．

　現在は，さまざまな湿地性の植物が侵入・定着しており，多くの重要種も確認されている（第 2 章参照）．その他，魚類，両生類，鳥類，哺乳類等多くの動物の棲み場として機能しており，この湿地ビオトープは多様な生息環境

Part IV　ダム湖岸の環境整備

東沢ビオトープの遠景　　　　　東沢ビオトープの近景

図 12-4　宮ヶ瀬ダムのビオトープの整備状況（写真：国土交通省相模川水系広域ダム管理事務所）

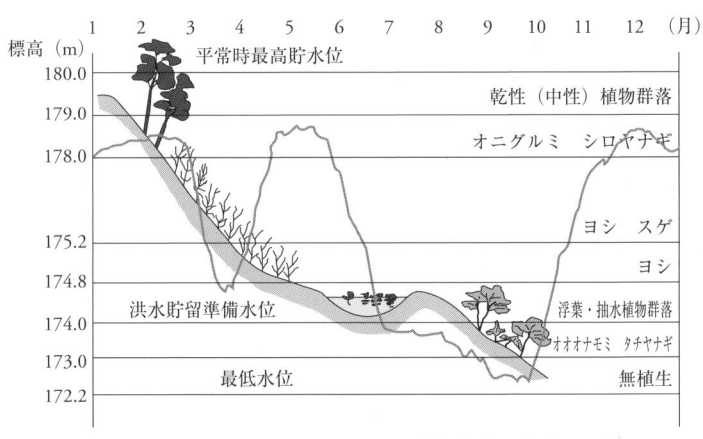

図 12-5　御所ダムのビオトープの水位変動と湿地の関係
（建設省東北地方建設局北上川ダム統合管理事務所 1999 より）

を形成している．ダム湖では，一般にホシハジロ Aythya ferina などの潜水性のカモ類が少ない（本シリーズ第 2 巻第 7 章参照）ものの，このビオトープでは，ホシハジロを含め多くの潜水性カモ類，その他カモ類，ハクチョウ類が観察され，バードウォッチングに訪れる人も多い．

12.4 湿地ビオトープ整備の考え方

　以上，紹介してきたようにダム事業における環境保全措置としての湿地環境の代償である湿地ビオトープの整備には，多数の事例がある．しかし，整備の目的やどのような湿地環境を整備するべきかに関する目指すべき湿地の目標設定や目標が達成されたかどうかに関する評価の視点を明確に設定して整備を行った事例は少ない．また，定量的な達成目標（湿地性生物の確認種数等）を事前の調査データを元に設定し，整備後の分析評価を実施している事例も少ない．しかし，近年完成したダム事業においては，目標や評価の方法など考え方を明確にしたビオトープの整備がなされつつある．

　そこで，ダム事業における環境保全措置としての湿地ビオトープ整備の基本的考え方，調査・検討すべき事項およびその手順等を明確にしたダムの一つである国土交通省東北地方整備局管轄の胆沢ダム（岩手県）での湿地整備の事例を紹介する（大杉ほか 2013）．

12.4.1　胆沢ダムにおける湿地ビオトープの検討

　胆沢ダムは，2012年に完成し，2013年より管理を行っている新しく建設されたダムである．このダムでは環境影響評価における調査検討によって，改変・湛水する地域にさまざまな湿地環境が存在する結果が得られている．この調査結果を踏まえた環境影響評価を実施し，ダム事業の改変や湛水によって消失する湿地環境の生態系に配慮するため，保全措置として，湛水区域外に新たに湿地環境の整備を行うこととしている．

　その湿地整備にあたり，ダムによって水没する湿地環境についてモデル地区を設定し，事業の環境影響評価の結果をもとに，特に洪水時最高水位以下に分布する重要種を代表的な保全対象種として抽出した．また保全対象種の生態情報を整理し，整備するべき湿地環境の目標の検討を行った（表12-6）．そのうえで，評価の基準を検討する湿地環境整備の分析評価フローを設定してビオトープ整備を実施し（図12-6），モニタリング調査を行い，その調査結果の分析評価を行うこととしている（図12-7）．湿地の再生面積としては，

表12-6 目標とした4タイプの湿地環境

環境区分		樹林地内の池	開放的な池	湿性草地	乾性湿地
環境の概要		・樹木が水面に被る池や湿地 ・周辺に湿った林床が広がる	・抽水植物が多く繁茂する浅場	・ミズゴケが生育し，土は過湿で表面に水が浮く．水質悪化防止のため水は滞留なし	・湿った土を好む植物の生育 ・土に湿り気があるが水が滲むほどではない
保全対象種	動物	トウホクサンショウウオ，クロサンショウウオ，モリアオガエル	ババアメンボ，ミズムシ，メススジゲンゴロウ，イモリ	オゼイトトンボ，ハッチョウトンボ	オオルリハムシ
	植物	トンボソウ	イトモ，ジュンサイ，シャジクモ	オオニガナ，カキラン，トキソウ，オオミズゴケ等	ノダイオウ

図12-6 胆沢ダムにおける湿地ビオトープの造成直後の状況

重要な種の湿生植物が生育する範囲の面積をもとに，それらの種の定着と個体群維持を目標とした面積が設定されている．

分析評価の視点として，①保全対象種の定着・再生産・生息環境が継続し

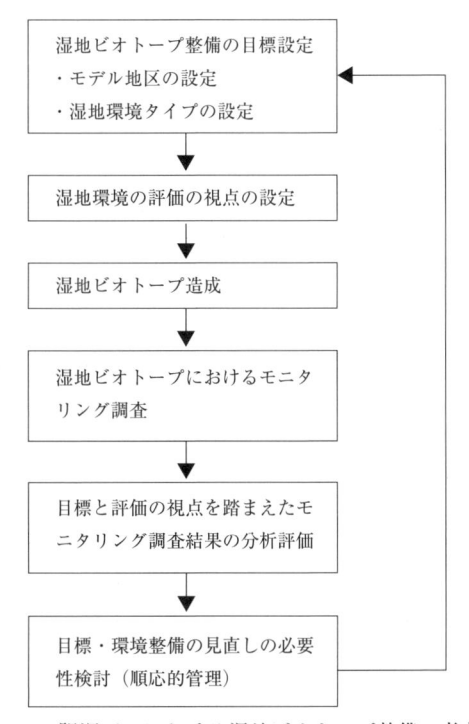

```
┌─────────────────────────┐
│ 湿地ビオトープ整備の目標設定 │←─┐
│ ・モデル地区の設定        │  │
│ ・湿地環境タイプの設定     │  │
└───────────┬─────────────┘  │
            ↓                │
┌─────────────────────────┐  │
│ 湿地環境の評価の視点の設定 │  │
└───────────┬─────────────┘  │
            ↓                │
┌─────────────────────────┐  │
│ 湿地ビオトープ造成        │  │
└───────────┬─────────────┘  │
            ↓                │
┌─────────────────────────┐  │
│ 湿地ビオトープにおけるモニタ│  │
│ リング調査                │  │
└───────────┬─────────────┘  │
            ↓                │
┌─────────────────────────┐  │
│ 目標と評価の視点を踏まえたモ│  │
│ ニタリング調査結果の分析評価│  │
└───────────┬─────────────┘  │
            ↓                │
┌─────────────────────────┐  │
│ 目標・環境整備の見直しの必要│──┘
│ 性検討（順応的管理）       │
└─────────────────────────┘
```

図 12-7　胆沢ダムにおける湿地ビオトープ整備の考え方

て確認できているか，②湿地環境タイプごとに目標とした環境に向かって湿地環境の遷移や確認種数の増加が進んでいるか，という2点を設定している．これは，環境が時間経過とともに変化するという湿地環境の特徴も踏まえた分析評価の視点である．

12.4.2　今後のビオトープ整備とモニタリングの方向性

胆沢ダムでの検討事例のように，モニタリング調査を踏まえ，環境改善のやり方が適切であったかどうかの分析評価を行い，その評価結果によっては，さらなる環境改善の必要性の検討を行う，アダプティブ・マネジメント（順応的管理．本書「はじめに」の適応修治は同義）の手法に基づいた対応を行っていくことが重要と考えられる．

アダプティブ・マネジメントとは，自然条件下ではさまざまな不確実性が生じるため，全ての要因について予測することは不可能であることから，モニタリング調査によって結果を評価し，その結果に応じて適切に保全措置の見直しや施工方法の変更といった対応方針の変更が可能な管理を実施することで，事業による環境影響に対する，より適切な影響の低減やより効果的な保全措置の実施を可能とするための管理手法とされている（鷲谷ほか 2010）．

このようなアダプティブ・マネジメントの考え方を踏まえて，造成された湿地が，湿地環境タイプごとに設定した目標環境に向けて，保全対象種の定着・再生産・生息環境が継続して確認できているか，湿地環境タイプごとの湿地環境の遷移や確認種数の増加が進んでいるか，等の観点から調査結果の分析評価を進めることが重要である．ダム事業における保全策は，整備時には大きな労力と経費をかけるものの，その後の維持は軽んじられることが多い．そのままにしていても遷移が進む湿地環境では，造成後の管理に労力をかけることが重要である．

12.4.3 湿地ビオトープの目標設定

この胆沢ダムの検討事例は，「代償」として，どのような設定と評価をしていくのかという観点からのものであった．一方で，ダム事業の中で，どのような視点をもってビオトープを整備していくのかを考えた場合には，単に直接的に消失する環境の代償だけではない，もう少し広い視野でのビオトープ造りがあってもよいだろう．地域や流域で減少した重要なハビタット（主に氾濫原ハビタット）を，水位変動をある程度管理できるダム事業地という場所をもちいて再生するという思想もあるべきである．生物の生息空間の創出から，複合的な水質保全・景観・地域の歴史の継承など，さまざまな視点を含めた保全・再生空間として利用していくことも可能である．

その糸口は，すでに広島県の灰塚ダム（コラム 9 参照）や鹿児島県の西之谷ダム（コラム 10 参照）の湿地環境整備にあらわれている．

参照文献

足立直樹監修(2012)『生物多様性オフセットに関する BBOP スタンダード日本語版』東北大学生態適応グローバル COE 環境機関コンソーシアム.
ダム水源地環境整備センター(2001)『ダムの環境』.
江崎保男・田中哲夫編(1998)『水辺環境の保全』朝倉書店.
環境庁環境影響評価研究会(1999)『逐条解説環境影響評価法』ぎょうせい.
環境省自然環境局(2012)『生物多様性国家戦略 2012-2020』.
河川事業環境影響評価研究会(2000)『ダム事業における環境影響評価の考え方』財団法人ダム水源地環境整備センター.
建設省河川法研究会(1997)『改正河川法の解説とこれからの河川行政』ぎょうせい.
建設省 東北地方建設局 北上川ダム統合管理事務所(1999)『御所ダム湿地の自然』.
国土交通省(2008)『河川環境の整備・保全の取組み:河川法改正後の取組みの検証と今後の在り方:平成 19 年度政策レビュー結果(評価書)』.
国土交通省河川環境課(2007)『平成 19 年度 河川水辺の国勢調査結果の概要〔ダム湖版〕(生物調査編)』.
国土交通省河川環境課(2008)『平成 20 年度 河川水辺の国勢調査結果の概要〔ダム湖版〕(生物調査編)』.
国土交通省河川環境課(2009)『平成 21 年度 河川水辺の国勢調査結果の概要〔ダム湖版〕(生物調査編)』.
国土交通省河川環境課(2010)『平成 22 年度 河川水辺の国勢調査結果の概要〔ダム湖版〕(生物調査編)』.
大杉奉功・堀江 源・澁谷真一(2013)ダム事業の湿地整備における目標設定及び評価の視点に関する検討.『平成 24 年度水源地環境技術研究所所報』pp. 50-72.
大杉奉功・安田成夫・岡野眞久(2004)ダム貯水池周辺における自然環境保全の取り組み.『大ダム』188: 104-111.
生物の多様性分野の環境影響評価技術検討会編(2002)『生態系(環境アセスメント技術ガイド)』自然環境研究センター.
鷲谷いづみ・宮下 直・西廣 淳・角谷 拓編(2010)『保全生態学の技法:調査・研究・実践マニュアル』東京大学出版会.

コラム9　灰塚ダムのビオトープと社会連携

中越信和

　灰塚ダムは，江の川水系上下川の広島県三次市三良坂町に2006年に建設された重力式コンクリートダムである．ダム高50 m，堤頂長196.6 mの小型のダムだが，総貯水容量5,210万 m^3，湛水面積354 haの広大な貯水池を有する．多目的ダムで，洪水調節，既得取水の安定化，河川環境の保全，および水道用水の供給を行っている．

　貯水池の上流域では，水深が浅く洪水確率年1/20，1/50，1/100の場所が広く広がっている．この場所の多くは，もと水田であった．ダムの建築を始めるに当たり，この水深の浅い場所の活用に複数の案があった．もっとも有力だったのは，地元との協議でグランドゴルフ場を建設することであった．結局，それらレクリエーションを目的とする敷地とはならなかった．その場所は，現在国内では希な広大な人工湿地のビオトープとなっている（国土交通省中国地方整備局 2006, 2007）．この湿地の造成に至るまでの経過を知るものとして，このコラムを執筆した．目的はこのような広大な湿地を造成することが可能であることを記録としてとどめることにある．なお，本内容は国際学会で発表済みである（Nakagoshi 2011）．

　貯水池上流域（地名から知和ウェットランドと呼称する）に関するアドバイザー会議を国土交通省が設置した．2000〜2003年の間，この場所に日本で植生面積が激減している湿地を創出することを目的として専門家・実務者・地元代表で意見を交換した．この間に，実際に人工湿地の造成の可能性を探るために，現地で放棄耕作地（すでに外来種であるセイタカアワダチソウ Solidago altissima の群落となっていた）を掘り下げ凹地を作り導水した．結果として，湿生群落が形成され，セイタカアワダチソウ群落は消滅した．さらに，知和ウェットランドに常時水を存在させることが必要であることもわかった．このために灰塚ダムの平常時最高貯水位の上端に副ダム（図C9-1中の知和堰堤）を建設することになった．

　ダム本体の完成前に設計通り知和ウェットランドが完成した（図C9-1）．現在，沼沢地を目標とした地区では口絵18のように湿原が成立している．

　知和ウェットランド造成では，新設された生態系に四つの生態系サービ

第 12 章　ダムにおけるビオトープの造成

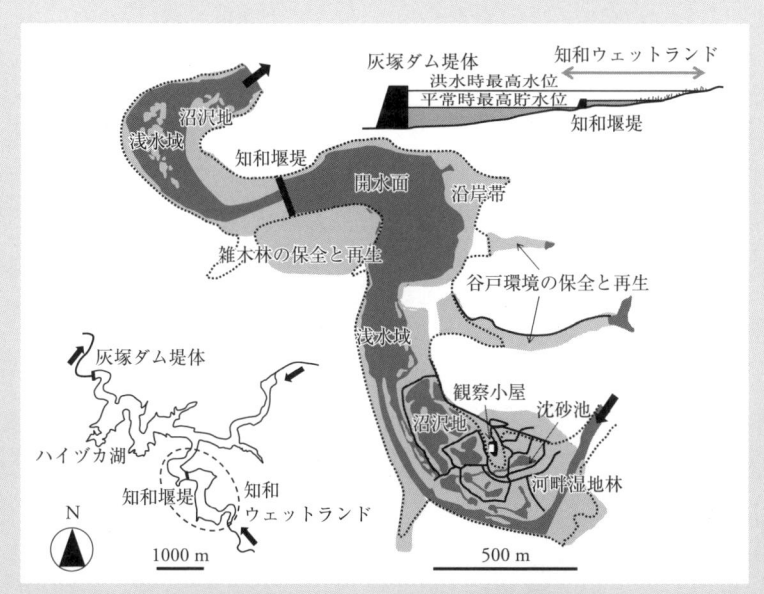

図 C9-1　知和ウェットランド概略図
点線は，洪水時最高水位水際線を示す．左下は灰塚ダム湖（ハイヅカ湖）における位置，右上は水位との関係を示した断面模式図．（国土交通省中国地方整備局 2006, 2011 をもとに作図）

スが求められていた．それらは以下の 1～4 である．1. ウェットランドの整備による洪水調整区域の荒廃防止（陸生外来雑草群落の抑制），2. 水生植物・湿生植物を活用したダム湖流入水の水質浄化（特に上流から流入するリンの吸収），3. ウェットランドの整備による新たな水辺生態系の創出，および 4. 住民参加によるウェットランド整備とそれを活かした地域活性化である．

以上に関して，1 については，沼沢地地区だけでなく，その他の湿地地区においても外来雑草の抑制に成功している．2 については，水質の浄化に貢献している（施ほか 2013）．3 については，沼沢地地区は自然に湿原植生が成立し，沿岸帯地区では江の川水系から採取し移植したヨシ Phragmites australis とマコモ Zizania latifolia が拡大し抽水植物群落が形成さ

図 C9-2　飛来したコウノトリ(写真:上野吉雄)

れ，河畔湿地林は残存ヤナギ類が林を形成している．旧棚田を活かした谷戸(谷地形に形成された水利の良い耕地)環境保全再生地区では，残存する棚田構造上に湿地植物が再生し，ダルマガエル *Rana porosa brevipoda* の保育場所となっている．ウェットランド全体の創出効果を測る事象として，整備中の 2005 年に飛来し 54 日間滞在した野生コウノトリ *Ciconia boyciana* の存在 (上野・岩水 2007) を強調したい (図 C9-2)．コウノトリのような水辺空間を生活の場とする大型の鳥類が滞在した事実から完成途中であっても，当造成湿地は同種が必要とする生態系として機能したことが推察される．最後に 4 に関しては，地元の湿地を舞台とする各種イベント，地元学校の環境教育，絶滅危惧両生類の保護活動など，多数のプログラムが実施されており，活況を呈している．ダム地区で時に見られる活動の不足は，当地においては全く当てはまらない．

このように知和ウェットランドは当初期待していた生態系サービスを十分に果たしている．しかし，今後の課題もある．1 に関しては外来の湿生植物の侵入が防止できるか，2 に関しては窒素やリンを吸収した植物体をどのように湿地外に搬出し湿地の栄養塩吸収を継続させるか，3 に関しては全体の生物多様性の増大が起きるかである．そして 4 に関しては少子高齢化する地元にどのように都市部からの支援がうけられるか，など緊急な社会連携上の課題がある．これらを解決するためにはダム管理者，地元住民，および NGO を含む一般市民間の社会連携が不可欠である．

参照文献

国土交通省中国地方整備局（2006）『ダム湖と一体となったウェットランドの創出：知和地区環境総合整備計画』国土交通省中国地方整備局.

国土交通省中国地方整備局（2007）『灰塚ダム知和ウェットランド』国土交通省中国地方整備局.

国土交通省中国地方整備局（2011）『灰塚ダムモニタリング報告書（案）の概要：知和ウェットランド』http://www.cgr.mlit.go.jp/miyoshi/haizuka/follow-up/advisor/houkokusho.pdf.

Nakagoshi, N. (2011) Ecosystem services of a created wetland in western Japan. *Proceedings of International Symposium on Aquatic Ecosystem Health Enhancement, Daejeon 2011*, pp. 265-288. Center for Aquatic Ecosystem Restoration.

施　朝鴻・中越信和・田中一彦（2013）イオンクロマトグラフィーによる灰塚ダム人工湿地の水質評価．『工業用水』618: 51-59.

上野吉雄・岩水正志（2007）灰塚ダム建設予定地におけるコウノトリの採餌場所とねぐらの分布．『高原の自然史』12: 75-83.

コラム 10　流水型ダム湛水域の環境整備事例

皆川朋子

　河川-氾濫原生態系（river-floodplain ecosystem, Sparks et al. 1990）は，物質循環や生物多様性において極めて重要な役割をもつ．しかし近代の築堤工事や国土開発などにより，河川と氾濫原の分断，氾濫原の消失が生じ，日本産水草の約 43% の種がレッドリストにリストアップされるなど（角野 2012），多くの氾濫原依存種が絶滅の危機に瀕している状況にある．このため氾濫原湿地の再生は，我が国の生物多様性の保全において緊急に対処すべき重要な課題の一つとして位置づけられている（鷲谷 2007）．このような状況を踏まえ，2013 年 5 月に竣工した西之谷ダム（鹿児島県）では，流水型ダム貯水池を氾濫原として見立て，多様な氾濫原依存種の生息場となる湿地が創出されるよう池状の水域（タマリ）や水路などが複数整備された（図 C10-1, C10-2, 口絵 20）．

　西之谷ダムは，鹿児島市を流れ錦江湾に流入する二級河川新川（流路延長 12.5 km，流域面積 19.1 km^2）の河口から 9.2 km 地点に建設された洪水調節を目的とする治水専用の流水型ダム（平常時は河川水を溜めず，出水時のみ貯留する）である．堤高 21.5 m，堤頂長 135.8 m，集水面積 6.8 km^2，湛水面積 0.13 km^2，総貯水容量 79.3 万 m^3 であり，1/100 確率規模の降雨（100 年に 1 回起きる規模の大雨）の際のダム地点流量 95 m^3/s を 65 m^3/s 抑制する．流水型ダム貯水池内では，出水時に貯水池下流端から湛水域が拡大し，出水の規模により湛水域が異なり，また，流水による浸食や土砂の堆積によって，空間的に環境条件の異なる場が形成される可能性がある．

　西之谷ダムでは，自然再生保全ゾーンとして位置づけられたダム貯水池内の下流から中流エリアに，河川水や沢水が導水されているタマリや水路，そして法面には沢水が導水されている棚田型の湿地が整備された．これらの整備は，貯水容量を確保するための貯水池掘削に伴い実施されたものである．タマリの長径は約 30〜55 m，池底から天端までの高低差は約 0.2〜0.7 m で，1 年に 1 回〜5 年に 1 回の頻度で発生する洪水時に湛水する領域に配置され，河川水や沢水が流入しているもの，タマリ間が水路で連結されているもの等，それぞれ水質，生物の侵入や流水・土砂による攪乱の

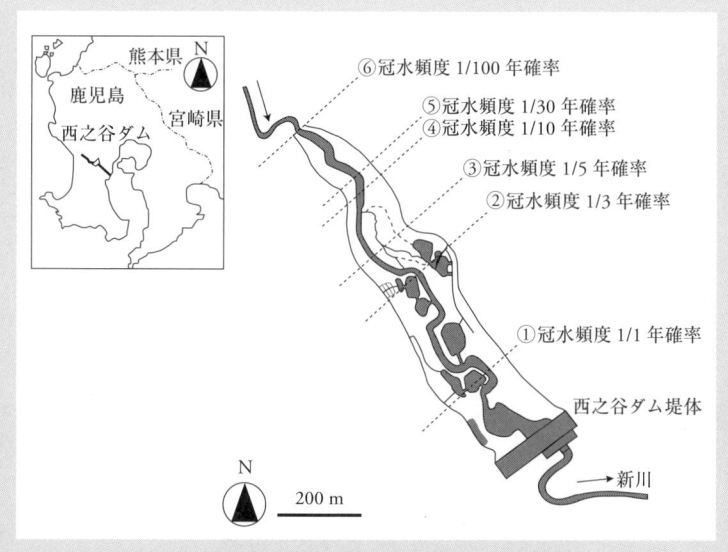

図 C10-1　西之谷ダム位置および平面図

程度等の条件が異なり，多様な湿地環境が創出されるよう設計された．流水型ダムでは，オーストリアにおいて小規模のビオトープが整備された事例はみられるが（白井ほか 2010），西之谷ダムのように氾濫原依存種の生息場の創出を目的に大規模な湿地が造成された事例はこれまでにない．創出された湿地は，生物多様性の保全のほか，湿地に繁茂した湿生植物による水質浄化機能，乾燥化に伴う植生遷移の抑制と貯水容量維持のための植生管理費（除草等）の軽減が期待されている．

鹿児島県はダム計画当初より長期間継続的に地域住民との対話を重ね，ダムの環境整備においても住民の意見を反映し計画を立案した．氾濫原湿地の創出においては，住民，行政，および大学研究者ら（筆者を含む）がワークショップや意見交換などにより，過去の西之谷地区の風景，環境，生物，川との関わり，残したい自然環境や生物，行事等に関する情報などを共有しながら，基本的な整備の方向性や大切にすべき要素を抽出し，設計がなされた（口絵 21）．住民たちの西之谷の原風景は，谷あいに川が流れ，川沿いには水田，川にはドジョウ *Misgurnus anguillicaudatus*，ウナギ *Anguilla*

図 C10-2 西之谷ダム貯水池内のさまざまな景観
(a) 河川水が流入している池状のタマリ，(b) 沢水が流入する棚田型湿地，(c) 沢水が流入する水路 (シャジクモ，エビモが生育)，(d) 河川水が流下する水路．

spp., テナガエビ *Macrobrachium* spp., トンボ類，ホタル Lampyridae などが多く生息し，夏には淵で泳ぐ多くの子供たちの姿がある風景であり，沢水，谷風，行事や祭り（正月は凧揚げ，春は花見，夏は六月灯，秋は十五夜，藁で綱を綯っての綱引き，相撲取り，田の神様）を大切にしていた．地域住民にとっての原風景は谷あいに水田のある里山風景であり，貯水池法面の棚田型の湿地の風景は，原風景の再生にも寄与している．

　竣工から半年後の 2013 年 10 月までに，再生された湿地にはコガタノゲンゴロウ *Cybister japonicus*（環境省絶滅危惧 II 類，鹿児島県準絶滅危惧種），セスジダルマガムシ *Ochthebius inermis*（鹿児島県分布特性上重要種）を含むコウチュウ目，トンボ目，カメムシ目が生息し，沢水が流入するタマリと河川水が流入するタマリでは，水質や生息する生物の種組成が異なってい

ることが確認されている．特にコガタノゲンゴロウやセスジダルマガムシなどの止水性昆虫類は，氾濫原湿地に適応した昆虫類であり，かつては水田やため池に多くみられたが，近年，圃場整備や河岸のコンクリート化等により激減し（中島 2013；福岡県環境部自然環境課 2001），環境省レッドリスト（環境省 2012）では準絶滅危惧，情報不足種を含めると 137 種が，また，絶滅危惧 I 類および II 類に 68 種が選定されている．その多くは氾濫後の遷移段階初期の湿地を生息環境としていたものと考えられている（中島 2013）．今後，洪水による湛水や流水による浸食や土砂の堆積が生じ，遷移初期を含む遷移段階の異なるさまざまな湿地環境が形成されることが期待される．また，沢水が導水されている水路等ではシャジクモ *Chara braunii*（環境省絶滅危惧 II 類），タマリや水路ではミナミメダカ *Oryzias latipes*（環境省絶滅危惧 II 類）が確認されている．タマリにはカモ類やサギ類等の水鳥の姿も多くみられる．貯水池内を流れる河川からは護岸が撤去され，切り立った土羽の河岸が露出し，カワセミ *Alcedo atthis* の姿もみられるようになり，2014 年 3 月には巣穴も確認された（図 C10-3）．また，蛇行部には以前よりも深い淵が形成されている．

ダム竣工から 1 年の 2014 年 5 月現在，流水域（河川）を中心に河岸浸食や土砂堆積がみられる場所があり，地形が徐々に変化しつつある．数十年後，貯水池は土砂の堆積が進み，貯留能力の低下とともに，氾濫原依存種の生息場としての機能も低下する可能性があるが，すでに湿地に依存して生育・生息する動植物の生息場として機能してきており，絶滅の危機に瀕している氾濫原依存種の保全，生物多様性の保全に一定の役割を果たしていくものと考えられる．

西之谷ダムは県庁所在地である鹿児島市街に隣接し，都市住民にとっても環境上重要な位置にある．近隣住民だけでなく，市街地から散歩やジョギングに訪れる人も増えている．今後，社会学習や環境学習，バードウォッチングの場としての活用が期待できる．流水型ダム貯水池を活用した氾濫原湿地の整備は，治水のみでなく，環境的，社会的，経済的価値をもたらす可能性をもっている．

図C10-3　西之谷ダム貯水池内の切り立った河岸に造られたカワセミの巣穴

参照文献

福岡県環境部自然環境課（2001）『福岡県の希少野生生物』.
角野康郎（2012）絶滅危惧水草の保全：維持管理の重要性.『ワイルドライフ・フォーラム』16(2): 8-9.
環境省（2012）『環境省第4次レッドリスト』.
中島淳（2013）過去から現在における水生甲虫相の変遷：福岡県での事例.『昆虫と自然』48: 16-19.
Sparks, R. E., Steven, P. B., Kohler, L. and Osborne, L. L. (1990) Disturbance and recovery of large floodplain rivers. *Environmental Management* 14: 699-709.
白井明夫・船橋昇治・岩見洋一（2010）オーストリアの流水型ダムにおける環境配慮，水源地環境センター.『平成21年度ダム水源地環境技術研究所所報』pp. 73-79.
鷲谷いづみ（2007）氾濫原湿地の喪失と再生：水田を湿地として活かす取り組み.『地球環境』12: 3-6.

終　章
環境創出と流域生態系

江崎保男・一柳英隆

13.1　ダム湖エコトーン環境創出の時代

　人は有史以降，生活のために数多くの自然改変を行ってきた．そしてそのたび，生物たちはその改変に対して，それぞれの種がもとより有する適応力をいかんなく発揮し，改変された場所で営々と生活を続けてきた．これらの自然改変には多種多様なものがあったが，山の尾根から海に流れ下るまでの間，各種生態系（森林生態系・草原生態系・湖沼生態系・水田生態系・都市生態系等）を，まるで人体における循環器系のように，水の流れによってつなぐ河川生態系を改変し，流域生態系全体に大きなインパクトを与えたのがダム建設である．なぜならダムは，「流れる」ことを本質とする河川生態系を「分断」してしまうのが宿命だからである．その結果，河川本来の「流水」は，何度も「止水」に取って代わられることになり，現代の国内河川はある種異様な形態となっている，とみることができる．

　しかし，人は生活のために自然改変を行ってきたのであり，ダムとて同じ役割を担っている．だから，少なくとも現代においてダムの存在を否定することは困難である．また，本書第5章で明らかになったように，琵琶湖や霞ヶ浦といった「自然湖沼」でさえ，人為的な水位管理が徹底的になされており，かつそれらは本来の季節的水位変動にそったものではなく，そこに生息する生物たちに決してやさしいものとは言えない．とはいえ，明らかに自然改変が行われてきた中で，生態系に配慮した水位管理への模索が続けられ

Part IV　ダム湖岸の環境整備

ているのが，これらの自然湖沼なのである．

　そこで，私たちは現存するダム湖を，「近年出現した新たな生態系」として受け入れ，少しでもその健全性を高める努力を行いたいと思う．さてダム湖生態系の本体は，当然ながらその広大な止水域にあるのだが，本書で主にとりあげたのは，その辺縁部にあたる水位変動帯エコトーンである．この部分はダム湖本体の水塊と違って「誰の目にも見える」部分である．そして，この辺縁部にはダム湖の止水域とこれに流れ込む河川，さらには水域と陸域との相互作用が表出しているはずである．つまり，本書で私たちは，目に見え，比較的調査しやすい部分からダム湖生態系の健全性をはかり，その向上を目指しているということになる．このことは決して容易なことではないが，ダム湖という新たでやっかいな生態系で起きていることを明らかにし，その健全性の向上を図るには，使えるものはなんでも使う，計れるものはなんでも計る，という姿勢が必要と考えるものである．

　さて，本書で語られている多くのことは，湖岸エコトーンを，現在多くのダム湖でみられる裸地から植生のあるものに変化させようという方向に向いている．ダム湖には，その機能を果たすため必然的に，比較的大きな水位変動がともなうので，このことは，湖岸に一時的水域として植生のある湿地を創出しようとする試みにほぼ同じである．そして，そこには草本とともに，ヤナギに代表される湿地性あるいは水陸エコトーンに成立する樹木が登場することになる．

　湿地に代表される水陸エコトーンは序章で述べられているように，国内でその面積を大幅に減らしたか，あるいは一見存在するかにみえて，その一時的水域としての機能を大幅に低下させた場である．故に，新たな生態系であるダム湖に陸域－水域エコトーン機能を持たせようとする実験的な試みは，いま行うべき有効な試みであり，その行為はおそらく間違ってはいないだろう．そして本書では，エコトーンとしての**ハビタット**整備とともに，エコトーンのもつ複雑な諸過程と機能が語られている．それらはあまりに複雑であり，また現状では必ずしも全貌が明らかになっているわけではないので，まだまだ今後の研究を必要とするものであるが，少なくとも湖岸の水位変動帯に湿地機能をもたせるための環境創出については，ここでまとめておく価

値があると考えられる．

13.2 これまでの環境保全対策

まずダムの現場において，ダム湖岸域でどのような環境対策が行われてきたかを概観したい．主要な項目としては，①水位変動帯裸地の緑化，②湿地の造成，③人工浮島，の三つが挙げられる．

①水位変動帯裸地の緑化

水位変動帯裸地は，景観的な問題のみならず，濁水の発生（波浪などによる細粒土砂の巻き上げ），生物の**棲み場**としての不適性，ときには乾いた細粒土砂の飛散，といった諸問題を引き起こすと考えられ，その緑化対策が検討されてきた（本書第1章，コラム1を参照のこと）．この裸地に植生の定着をはかる試みにおいては，土壌を流失させないための基礎工の技術（傾斜を階段状にする柵工や植生基材吹付補強など）と，冠水に耐える，もしくは短い干出期間で生育可能な植物の選定（各種ヤナギ類や低木または草本群落）の2者が主要な着眼点となってきた．これらは，『ダム湖法面緑化』（建設省河川開発課 1992）『ダム湖岸緑化の手引き（案）』（国土交通省河川局河川環境課 2006）としてまとめられている．

②湿地の造成

湿地の造成は，生物へのハビタット提供（**ビオトープ**）と水質浄化（植生による**栄養塩**類の吸収）を主たる目的として行われてきた（湿地ビオトープについては第12章を参照のこと）が，現実には水没地に生息していた希少生物の生息空間の代償や，近隣で減少しつつある湿地環境の創出を謳って行われる場合が多い．水質浄化に関しては，一部のダムでは，栄養塩濃度の低下などの効果が認められるものの（コラム9参照），ダムによっては，かなり大きな湿地（例えばヨシ原）を作っても，流入水量が多いために栄養塩の低下が認められないことも多いという（大森浩二氏 私信）．ただし，**粒状有機物**の物理的な

図13-1　手取川ダム（石川県）に設置された人工浮島とその拡大写真

トラップについては，それなりの効果が見込まれている．

③人工浮島

「急傾斜のダム湖岸水位変動帯が裸地化するのは避けられない」という前提にたち，本来の湖岸エコトーンが果たすべき，生物にとってのハビタット機能や水質浄化機能を補填する目的で人工**浮島**（図13-1）がつくられてきた．人工浮島は，人工的に植生をはりつけた島をダム湖沿岸に浮遊させることにより，たとえ水位変動があっても，常に「水際＝エコトーン」が存在することを意図したものである．浮島上に植物を生育させ，島の下部から水中に張り出した根は魚類など水生動物の隠れ家となり，陸上部は鳥類等が利用することを想定したものだが，実際にこれらの効果が確認された例は，栃木県・東荒川ダム（百瀬ほか 2002）や茨城県・飯田ダム（百瀬ほか 1998）など複数ダムがある．浮島の植物が栄養塩を吸収するとともに，浮島自体が大型動物プランクトンの隠れ家として機能し，その結果，植物プランクトンが捕食され減少する，といった水質浄化機能も期待される．また，水を被陰すること自体が，植物プランクトンの増殖を抑える効果があると考えられている．浮島のつくり方や効果に関しては，『人工浮島設置の手引き（案）』（ダム水源地環境整備センター 2000）にまとめられている．しかし，浮島の総面積がダム湖に対して小さな場合には水質浄化機能は明らかに限定的である．また，ダム

終章　環境創出と流域生態系

　湖のような大きな水域では，浮島が波浪によって壊れやすいこと，植物が茂ると土壌が堆積して時間の経過とともに沈んでしまうことなどから，その機能を持続させるためにはかなりのメンテナンスが必要である．おそらくはこのために，現在も維持され，機能を発揮し続けている浮島は，それほど多くない．

13.3　維持労力をかけない湿地づくり

　ここまで述べてきたように，ダム湖岸での植生空間の創出は，主には水質浄化・景観の改善・生物のハビタット確保を目的として行われてきた．しかし，社会的ニーズが明確な水質浄化以外が目的となる場合，メンテナンスに大きな労力とコストをかけることは困難である．実際，工事期間が終了して大きな整備予算を持たない管理段階になると，修繕・維持が困難になる（浮島はこの典型だろう）．だから，環境創出事業が持続的であるためにも，ダムの目的に合致した，無理のない範囲での湿地創出から始めることを提言したい．

　本書の多くの章（特にパートⅡ）で述べられているように，水位変動帯エコトーンの植生は，それが陸上に生育している期間は陸生動物に利用されるし，水没している期間は水生動物に棲み場や餌を提供する．多様な生物が利用する「植物の生えた湿地」の創出を図る場合，まず考慮すべきことは，粒径の小さな堆積土砂を水位変動帯に維持することである．これは第4章で述べられた「湿地状デルタ」をいかに形成するかという視点と重なる．すると，勾配が緩く水位変動が小さい場合には湿地状デルタが形成されやすいが，そうでない場合にはダム湖の上流に副ダムをつくるのが有効だということになる．副ダムが生物にとって好適なハビタットを形成している例としては，多くの章で紹介した福島県・三春ダムのほか，広島県・灰塚ダム（コラム9），沖縄県・漢那ダムが挙げられる．特に灰塚ダムと漢那ダムにおいては，湿地の造成とあわせて副ダムを設置することにより，副ダムが好適なハビタット形成に重要な役割を果たしていることがわかった（第12章も参照）．

また副ダムの設置は，本貯水池への流入土砂量の軽減，水質浄化など，生物のハビタット創出以外にも機能するはずである．

　繰り返すが，土砂の粒径が小さい場合は植生が発達しやすい．一方，第2章で述べられているように，大粒径土砂の移動経路となる澪筋外の少し高い場所に平坦地があれば，そこには小粒径土砂が堆積し植生が発達することがある．さらに，この平坦地に凹凸があって，その窪地に水位低下時も表面水が保持される場合には，湿生あるいは水生の希少植物が生育することが可能である．このような状況を，溝や土手の造成などにより人為的に強化することにより，比較的好適な湿地を作り出している例としては，岩手県・御所ダム，岩手県・田瀬ダム，佐賀県・嘉瀬川ダムなどが挙げられる（第2,12章参照）．第2章で紹介したように，山形県・寒河江ダムには，湿地状デルタではなく河原状デルタが発達するものの，湿生植物が多くみられた．そして，これらの湿生植物やハッチョウトンボ *Nannophya pygmaea*（湿地・湿原生の小型のトンボ．多くの都道府県レッドリストで絶滅危惧種）が確認されたのは堆砂デルタではなく，旧河道沿いのテラスと呼んでいる高水敷（第2章，および口絵11参照）の山裾から出る湧水がつくる水たまり近くであった．

　つまり，湿地性生物の棲み場を形成するためには，水位変動帯に，適度な攪乱を受け小粒径土砂が堆積しやすい平坦な土地が存在することを前提に，常時水がたまる空間を保持するか，それができない場合には副ダムをつくるのが有効であるというわけである．これらのことが，河川氾濫原にある種似た環境の創出であるのは，至極当然のことと考えられる．

13.4 湿地生態系創出とダム機能

　ところで，湿地生態系の創出・維持とダム機能は，どのような関係にあるのだろうか．具体的には，堆砂対策や水質浄化などとの関係である．

　例えば，河川上流端での浅場の存在がエコトーン湿地の創出に有効であっても，その浅場を作っているのが堆砂デルタで，これが有効貯水容量を侵しているなら，そのデルタはダムの貯水容量を確保するために掘削されるべき

かもしれない．しかし，掘削が全面掘削ではなく部分掘削である限り，必ずしも生態系保全と対立するものではない．一般的に氾濫原の生物群集は攪乱依存型であり，仮に湿地が手つかずのまま放置されるなら，植生遷移が進み，遷移の初期状態でのみ生息可能な生物は消滅するはずだからである．むろん，部分掘削を行う場合に，どの程度の攪乱をどのような時空配置で加えるべきかは，今後の課題であり，各地でケーススタディを積み重ねる必要がある．一方，エコトーン形成のために副ダムをつくるのなら，前述のとおりダム湖本体への流入土砂量の軽減に貢献することは間違いない．

　エコトーン湿地で植物が成長すると，秋冬におきる枯死により栄養塩がダム湖に溶出し，水質に悪影響を与える可能性があるが，この問題には量的なことが関わるので，一般論が困難である（第10章参照）．例えば，水位変動帯で生産される有機物は，河川から流入する有機物や栄養塩に比べてほんの少しであるかもしれない（そうだとすると，ダム湖の水質への植生の影響は検出できないだろう）．また，陸域や上流域で生産された有機物や粒状有機物が湖岸植生でトラップされる場合と，そのままダム湖に流入する場合，といったように，有機物の存在形態と分布の違いが，ダム湖生態系に与えるインパクトプロセスのありようは極めて複雑と考えられる．しかし，ヨシ刈りに代表されるように，水位変動帯植物の刈り取り・収穫，つまり水域からの除去が，一般的に富栄養に傾きがちな水質に対してよい影響を与えるのは間違いない．また刈り取りという攪乱が湿地生態系に対して，植生遷移の進行を食い止めること以外にも，プラスアルファの影響を与える可能性は十分にある．

　このように慎重かつ柔軟な方法をとることにより，水位変動帯エコトーンでの湿地環境創出による生態系保全はダム本来の機能と両立できるものと考えられる．

13.5 創出された生態系の健全性

13.5.1 エコシステム・エンハンスメント

　ダム湖岸に湿地生態系を作る目的がそもそも何であるのかを，あらためて最後に考えてみよう．第12章では，ダム湖に沈む湿地の代償としての湿地造成が述べられた．しかしここでは，もう少し広い視点，例えば，地域や流域で喪失・減少したハビタットを，ダム湖という水位変動の管理が可能な場を用いて再生するという視点から，湿地生態系創出の目的を考えてみよう．

　実際，ダムの水位管理によって，結果的に保全上重要な湿地が形成されている例がある．世界ダム委員会のレポート (World Commission on Dams 2000) は，世界的に絶滅の危機に瀕した爬虫類が生息しているダム湖（例えば，トリニダードの Hillsborough ダム）やラムサール条約（特に水鳥の生息地として国際的に重要な湿地に関する条約）に指定されているダム湖があることに触れ，ダム湖が新たな生態的価値を生み出すことを「エコシステム・エンハンスメント (ecosystem enhancement)」と呼んでいる．韓国で，豊かな魚類群集を有するダム湖がカワウソ *Lutya lutra* の重要な生息地となっている事例（安藤 2008）も同様だと考えられる．トリニダードの爬虫類や韓国のカワウソのように，魚類をはじめとする水生動物を捕食する高次捕食者の生息に関しては，ダム湖が魚類の密度を高めるとともに魚類個体の大型化に寄与する点が重要と考えられている．本書第11章では，魚類の密度がダム湖河川流入部で高くなること，そのことに，ダム湖上流端で捕捉された河川起源の有機物や，水位変動帯に発達した植物の枯死体など，複数の起源をもつ餌が寄与していることが述べられている．イトウ *Hucho perryi* は絶滅が危惧される大型のサケ科魚類で，安定的といえる個体群は北海道内で6～7しかない．そのうち3個体群はダム湖が生息地となっている（江戸謙顕氏 私信）．これにもダム湖の大きな空間と豊富な餌資源（および，産卵場となる渓流との連続性）が重要な役割を果たしていると推測される．つまり，たとえダム建設そのものがイトウ個体群に負のインパクトを与えたとしても，少なくとも現状では，上記

のダム湖機能を維持・強化することが必要と考えられるのである．

　さてダム湖が，海から上流域に遡上するサケ・マス類や中流域に遡上するアユの回遊の場となり，その生産性向上に寄与しているらしいことは比較的よく知られている（コラム8参照）．この事実は，回遊性魚類がダム湖を海域もしくは自然湖沼の代償水域として利用していると理解でき，これもエコシステム・エンハンスメントの一例とみなすことができる．ただし，これらは，ダムによる水系分断という最大のマイナス側面がもたらした逆説的産物でもある．

　一方，ダム湖という止水域と，その上流端に出現する水位変動帯の「一時的水域」を下流域に見立て，氾濫原性魚類のハビタット創出を期待する動きがある．第8章でも紹介されているように，ギンブナ Carassius auratus langsdorfii に代表される下流域の魚種が上流域のダム湖にも生息しているのは紛れもない事実であるが，このことを積極的に進めることには大いに問題がある．日本のダムの多くは山間部につくられており，淡水魚類の本来あるべき「流程分布」に逆らって，本来そこに生息しているはずのない魚種を積極的に導入しようとするのは，「健全な流域生態系」の考えに逆行する行為である，と考えられるからである．上流域・中流域・下流域には，水の流れにそった一方向的なつながりの中で，歴史的に営々と生息してきた魚類群集が，それぞれ存在し続けるべきであり，これを根底から覆す行為は，流域生態系の危機管理の観点から，許容されるべきではないと考える．たとえダム群が連続する現代において，上・中流域のダム湖で一時的な下流域魚類の生息が認められたとしても，これをあるべき姿と勘違いすることがあってはならないのである．また，そもそも近年における陸域の生物多様性衰退の最重要課題は，かつては水田で産卵していた下流域氾濫原性魚類群集の衰退であり，これら魚類群集の再生は，内水面漁業の再生とともに，下流域において河川－水田生態系の連続性復活の問題として，最優先に取り組まれるべき課題であって（江崎 2014），上・中流域のダム湖にそれを期待するのは，まったくの的はずれというものである．

　ダム湖エコトーンは，河川の上・中流域に位置する**谷戸**（**谷津田**）や棚田に生息・生育する湿生植物，水生昆虫，両生類の保全の場としては，活用可

能と考えられる．一時的水域を利用する種にはタガメ *Lethocerus deyrollei* やゲンゴロウ *Cybister japonicus* などのように高い移動分散能力をもつ種も多く，うまくいけば近隣個体群のソースとして機能する可能性もある．ただし，制限水位方式のダムにおいて平常時最高貯水位以下に湿地造成を行うと，冬季には完全に水没し，温暖期にはごく浅い水域や湿地となる場所が，洪水時には短期間冠水するという変動を繰り返すことになる．冬季の水没は，日本の湿地生態系では一般的に認められない現象であり，このことにこれらの動植物が適応できるか否かは検討の余地がある．特に，ヤゴという幼虫として水中越冬する種が多いトンボ類に対しては，冬季の水深増大が何らかのマイナスの影響を与える可能性が大きい．今後，冬季の水没については，生息を期待する各種の生活史との関係，そしてこのことが湿地生態系そのものとダム湖本体に与える影響を含めて，知見の蓄積が必要だろう．

13.5.2　新たな価値を求めて

わが国においては，主には水田灌漑用の水確保のために作られた，「ため池」という古代に始まった新たな生態系が，魚類やレンコンの栽培といった食糧生産機能を併せ持つことにより，いっそうの持続可能性を獲得し，多様な生物のハビタットとして機能するとともに，日本の原風景の一端を担うに至ったという歴史がある．ため池が持続可能な生態系となりえたのは，地域住民の生活と密接に結びつき，常に地域の関心事であって，生活のなかで明確な価値を有していたこと，そして大規模機械装置を使わないが故に，人の生活感覚の範囲内での維持管理が可能であったことによると考えられる．また，定期的に排水干出させるという人為は，健全な生態系を維持するうえで水位変動帯エコトーンに類似した効果を発揮し，生産機能の維持に貢献したと考えられる．

一方，ダムは近代的な機械装置を駆使してつくられる巨大装置であり，この装置は人の生活感覚の及ばない規模のものであるが故に，そこで起きているものごとは，地域住民の関心の対象外におかれ，その生活とは無縁になりがちである．しかし，ダムは治水・利水という地域住民の生活に直接関わる機能をもつのはもちろんのこと，いわゆる環境面でも，可視的および非可視

的に大きな影響を与えていることも間違いない．ダムは古代からのため池とはまったく違った大きなスケールで地域住民の生活に影響をおよぼしているはずなのである．しかし，おそらくは人の生活感覚の範囲を大きく逸脱しているが故に，関心の外に置かれているのだと考えられる．

しかし，地域住民の意識外におかれている限り，この新たな生態系の健全性が保たれるはずはない．そこで必要なものは，住民にとっての「新たな価値」の創出だということになるが，このことの重要性は西之谷ダムや灰塚ダムについてのコラムを再読してもらえばわかるはずである．ただし，ここで注意すべきは，前述の「流域生態系の健全性」である．たとえある地域で，「新たな価値」とみえるものが存在しても，これを「流域生態系の健全性のはかり」にかけた時に，それを脅かすと判断されるものは，危機管理の観点から，退けられなければならない．地域住民は地域の生物群集同様に，流域の上下流のつながりの中で生活しているのであり，自らの地域が利己的な判断に陥っている可能性を厳しく点検する責任を負っているのである．

一方，地域の利害は極めて多様である．極端な例では，外来魚がたくさんいることを逆手にとってダム湖を外来魚の釣場として利用しているケースもある．この例のように，「健全な流域生態系」の観点から受け入れがたい価値創出を実践することは決して薦められるべきことではないと考える．非在来の植物を使った箱庭的ビオトープや浮島も同様の問題を含んでいる可能性がある．そして，仮に現時点で科学的な見地から「健全」と判断できる価値創出を見出したなら，そのことを地域それぞれの事情に鑑み，地域住民の合意の上，**アダプティブ・マネジメント**の手法に則り，素早くかつ慎重に進める必要がある．現代科学の総力をあげて，健全な生態系に向けての第一歩を踏み出し，その結果をモニタリング・評価して，うまく行けば前に進む，まずければ一歩戻る精神を忘れてはならないのである．「地域の合意」のもとに進められるアダプティブ・マネジメントについては，本書に続く第4巻でさらに探求することにしたい．

参照文献

安藤元一 (2008)『ニホンカワウソ：絶滅に学ぶ保全生物学』東京大学出版会.
ダム水源地環境整備センター (2000)『人工浮島設置の手引き（案）』財団法人ダム水源地環境整備センター.
江崎保男 (2014) 地域の生物多様性復元：ツールとしてのエコ資源.『野生復帰』3: 1-11.
建設省河川開発課（監）(1992)『ダム湖法面緑化』財団法人ダム水源地環境整備センター.
国土交通省河川局河川環境課 (2006)『ダム湖岸緑化の手引き（案）』http://www.mlit.go.jp/river/shishin_guideline/dam6/pdf/koganryokuka_tebiki.pdf
百瀬　浩・舟久保　敏・藤原宣夫 (2002) ダム湖の環境整備による鳥類相と鳥類生息状況変化のモニタリング.『環境システム研究』30: 429-435.
百瀬　浩・舟久保　敏・木部直美・中村圭吾・藤原宣夫・田中　隆 (1998) 水鳥類による各種植栽浮島の利用状況.『環境システム研究』26: 45-53.
World Commission on Dams (2000) *Dams and Development: A New Framework for Decision-Making*. Earthscan.

あとがき

　日本のダム湖研究の歴史は，天然湖沼よりはるかに新しい．あとがきにかえて，簡単にその歴史を振り返ってみたい．

　日本には，狭山池，満濃池など，古代にさかのぼる歴史を持つ広義のダム湖（ため池）があるものの，本格的な大規模ダムの建設は，戦中から戦後，特に1960年前後を待つことになる．ダム湖において本格的な生態研究が行われたのは，1957年に東京都水道局によって建設された小河内ダムを端緒とするだろう．水道水質の保全のために，小島貞男さんなどが植物プランクトンの動態とその制御の研究を行った．硫酸銅を投入しての増殖制御など，まさに時代の違いを痛感する．しかし，そのプランクトンの季節的・空間的動態の研究は，白眉のものである．

　戦後に相次いで建設された近畿地方のダムを中心に，多くのダムの生態系を横断的に調査したのは，当時奈良女子大学教授であった津田松苗さんだった．その後をついで，森下郁子さんが，国内さらには国外のダムの調査を行った．1983年に編まれた『ダム湖の生態学』（山海堂）には，いまだに学ぶべきものが少なくない．生物の生産活動と関連させて，平均水深が大きく**回転率**の小さなダム湖，平均水深が大きく回転率も大きいダム湖，平均水深が小さく回転率が小さなダム湖，平均水深が小さく回転率が大きなダム湖の，四つのタイプに区分した．当時に比べて，多くのさまざまなタイプの多目的ダムが建設されている現代でも，このダム湖区分は基本的には正しいように思われる．これらの区分のもとになった生物生産の対象は，ダム湖プランクトンを基礎資源とする生態系である．

　ダム建設に伴う影響緩和（ミティゲーション）にも，生態学的な手法は採用された．ダム湖岸の緑化に埋土種子を用いた大阪府箕面川ダムは，その先進的な例だろう．ダム湖における自然環境資源の劣化を補てんするために，いわゆる「ビオトープ」の造成が多くのダムで実施されたが，成功したダムだけとは限らない．本書がダム湖エコトーンを扱った理由の一つは，ビオトー

あとがき

プ（本来の意味も含めて）の生態的背景を明らかにすることにあった．

世界的（欧米的）に見ると，1980年にはダムがその下流河川に与える影響が注目されはじめた．Regulated rivers (streams)（人為制御河川）という言葉も，海外では頻繁に使われるようになり専門的な国際誌も刊行されるようになった．もちろん，この言葉はダム下流の河道だけでなく，直線化，運河化された河川など，人為的改変の大きな河川を指す．しかし，この概念の日本における紹介や消化は遅れた．1990年代のコロラド川水系のグレンキャニオンダムにおける環境放流のイベントを待って，日本でも人工洪水によるダム下流河道における環境劣化の改善が，ダム管理において注目されるようになった．同じ京都大学学術出版会から刊行した本シリーズ「ダムと環境の科学」の第1巻の『ダム下流生態系』や，私どもが編んだ『ダム湖・ダム河川の生態系と管理』（名古屋大学出版会）に，このテーマは重点的に紹介したつもりである．ダム湖とダム河川を一体として把握することの必要性は，本シリーズの第2巻である『ダム湖生態系と流域環境保全』でも，通奏低音として流れている．

しかし，ダム湖やダム河川の生態系の特性は，別の視座からも把握しなければならないことを知って頂きたいのが，この第3巻の眼目だった．その一つが，人為的な水位操作に伴うダム湖の水位変動帯に成立する「ダイナミック・エコトーン」とその生態系であった．執筆編集の途上で，ダム湖のように運用されている天然湖沼の変動帯の問題も扱いたいと，西野麻知子さんと西廣 淳さんには，急遽琵琶湖と霞ヶ浦を中心にした原稿をお願いした．多忙な中を難しい課題に答えて頂いた両氏に，感謝申し上げる．

本書の基礎となった研究は，（一般財団法人）水源地環境センター（旧財団法人ダム水源地環境整備センター）の水源地生態研究会の下に実施されたものである．従来のダム湖やダム河川研究が，水質改善などの目先の事業に向きがちであるなか，基礎的な研究をセンターの公益的事業として実施することを許して頂いた渡邉和足理事長ほかメンバーの方々に感謝申し上げる．また，この2014（平成26）年度から，第2期5年間の研究期間が，同センターの公益事業として発足した．現時点では，ダム湖の生態系研究は，ダム湖岸のエコトーンだけでなく，湖内生態系についても，新たな視点で端緒についたば

かりである．それでも，本書には一部の未発表資料も含めて，最新の知見を纏めたつもりである．これからの5年間の成果も，論文としての公表，ダム管理者やダム河川のステークホルダーへの発信，市民への広報とともに，このような成書として纏めていきたいと考えている．読者のご支援を期待したい．

　水源地生態研究会の研究においては，国土交通省水管理・国土保全局に河川水辺の国勢調査などさまざまなデータを提供していただいた．調査対象ダムの三春ダム，寒河江ダム，嘉瀬川ダムでは，各事務所（それぞれ，三春ダム管理所，最上川ダム統合管理事務所，嘉瀬川ダム工事事務所（現・筑後川河川事務所））に，各種データの提供のみならず，現地調査にさまざまな配慮をいただいた．これらの組織および関係した方々に感謝申し上げる．

　本書が，ダム湖生態系研究について新たに視座を提供するとともに，より自然環境に配慮したダム管理や天然湖沼の水位管理に資することを，編者一同として祈念している．

谷田一三

用語解説

アダプティブ・マネジメント (adaptive management; 適応修治あるいは順応的管理)
　ある現象に関してその改善目標を定め，現時点でえられる科学的な情報と知見から導き出される最適の方法をもちいて改善を試験的に実行し，その結果をモニタリング，評価，フィードバックして，方法を改善する．このことの繰り返しにより，目標を達成する手法．

網場（あば）
　ダム湖において，流木など浮遊して流下するものを捕捉する施設．浮きを連ねてダム湖に横断的に設置され，水面下に網が張られる．通常，ダム堤体の取水口付近に設置されるが，より上流側にも設置されることがある．

安定同位体比
　炭素の同位体を例にあげると，同位体として最も普通で安定したC_{12}とともに，微量ではあるが放射性のC_{14}，安定して存在するが微量のC_{13}がある．放射性の同位体は，その崩壊状態で経過時間を知るマーカーになる．いっぽう，質量の違う安定同位体は，生物的代謝で異なる代謝（利用）効率を経ることがあり，栄養段階や餌資源のマーカーになることがある．食物網の解析では窒素と炭素の安定同位体比がもっともふつうに使われるが，酸素，水素，硫黄などの安定同位体も使われることがある．炭素，窒素の安定同位体比分析については，本文262ページなどを参照．

一年生草本
　種子から発芽して生長し，1年以内に開花・結実して，種子を生産した後，枯死する草本植物．

遺伝子汚染（あるいは遺伝的汚染）
　近縁種あるいは同一種の遺伝的組成の異なる個体群と，人為的に交配させられることで，本来の集団の遺伝的組成に乱れが生ずること．とくに，淡水生物の意図的あるは非意図的放流によって，本来隔離されていた個体群に人為的に遺伝子流入が起こることが多い．ホタルやメダカなどでは，かつては同一種と思われていたものが，地理的に種や亜種に分かれており，異なる地域からの放流や飼育個体の放流などによる遺伝的汚染が問題になることが多い．

用語解説

遺伝的攪乱
　人為的，自然的に自然個体群の遺伝子組成が，急激に乱されること．放流などによる遺伝的な汚染だけではなく，絶滅危惧種などを人工的に飼育栽培して，自然個体群に戻すときにも，栽培下の意図的あるいは非意図的な人為的淘汰のバイアスによって攪乱が起こる可能性がある．また，少数の個体が生残したり，少数の個体から新たな個体群を形成されるときにも，少数個体の遺伝的組成が強く影響する攪乱が起こる．これらは，遺伝的ドリフト（組成の歪み）あるいは創始者効果とも呼ばれる．このような攪乱は，種分化の契機となることもある．

遺伝的多様性
　種多様性，生態系の多様性とともに生物多様性の基本をなす多様性の一つ．単一種のなかにも，表現形質として現れるか現れないかにかかわらず，存在する遺伝的な多様性．現時点の適応度をあげるだけでなく，将来の環境変動に対しても，遺伝的多様性の保全はプラスに働くと考えられている．

浮島
　池沼でみられる水面を浮遊する島．植物や植物遺体（泥炭）からなる．ダム湖では，景観の向上や波消しのため，また，生物の生息場として，浮きを用いて人工的に作成し，その上に抽水植物などを生育させる人工浮島が作られることもある．

栄養塩
　生物，とくに植物の生育に必要な元素とその塩類．ただし，炭素は光合成によって吸収可能なために，栄養塩には含まれない．窒素とリンとその無機化合物，すなわちアンモニア，亜硝酸，硝酸，リン酸が，もっともふつうの栄養塩．水中の一部の藻類（珪藻など）には，細胞壁を作るためにケイ素，ケイ酸も必須の栄養塩になっている．カリウムとその化合物なども必須の栄養塩であるが，自然界では制限的にはならないので，生態学的には栄養塩としては扱わない．湖沼などで，リンや窒素の栄養塩が過多になり，植物プランクトンの異常発生が起こると富栄養化と呼ばれる．

栄養器官
　植物の器官のうち，花など生殖に用いられるもの以外の器官．通常，根や茎，葉を指す．

nMDS 分析（non-metric Multi-Dimensional Scaling）
　調査地点ごとの生物群集を地点間の類似性をもとに配置する方法の一つ．類似したものは近くに配置される．

オールサーチャージ方式
　治水を目的に含む多目的ダムの管理方式の一つで，洪水貯留準備水位を設定せず，一年中，平常時最高貯水位まで水を溜めて，平常時最高貯水位と洪水時最高水位の間で洪水調節をする管理方式．

帯状分布
　山岳の樹林や岩礁の潮間帯の固着性生物群集に典型的に見られるように，生物種や群集が標高などの環境勾配に対応して比較的はっきりした境界を持って帯状に分布すること．物理的な環境勾配に対応する分布パターンに，種間競争などの生物間相互作用が加わり，境界の明瞭な帯状分布が見られることが多い．

回転率
　ダム湖における水の交換率のこと．通常は，1年の間にどれくらい水が入れ替わるかという年回転率（年総流入量/貯水容量）により数値化される．回転率の大きなダム湖では水の入れ替わりが速く，小さなダム湖では入れ替わりが遅い．

外来生物法
　「特定外来生物による生態系等に係る被害の防止に関する法律」のことで，通常「外来生物法」と呼ばれる．特定外来生物を指定し，その飼養，栽培，保管，運搬，輸入を規制し，防除等を行うための法律．2005年6月1日施行．「特定外来生物」を参照のこと．

霞堤
　河川において，ある区間に開口部が設けられている不連続な堤防．洪水時には開口部から水が河川から河川外に出て，下流への流量を減少させる．洪水が終わると，河川外に出ていた水は開口部から河川に戻る．

河川環境データベース
　国土交通省により公開されている河川環境のデータベース．河川水辺の国勢調査結果により生物の分布状況が把握可能である．http://mizukoku.nilim.go.jp/ksnkankyo/index.html

河川水辺の国勢調査
　河川やダムにおいて統一のマニュアルにそって行われる調査．河川版とダム湖版があり，河川版では，「魚類」「底生動物」「植物」「鳥類」「両生類・爬虫類・哺乳類」「陸上昆虫類等」の6項目の生物調査と，植生図と瀬・淵や水際部の状況等，河川構造物

を調査する「河川環境基図作成調査」，河川空間の利用者数などを調査する「河川空間利用実態調査」の計8項目の調査が行われている．ダム湖版では，生物6項目の調査に加えて「動植物プランクトン」を実施し，「ダム湖環境基図作成調査」「ダム湖利用実態調査」と合わせて計9項目の調査が行われている．一級河川の国土交通省直轄部分，国土交通省直轄ダム・水資源機構管理ダムで行われいるが，河川のその他区間，その他のダムにおいても一部行われることもある．またそのマニュアルは，河川水辺の国勢調査以外の河川・ダムにおける生物調査の参考にされることが多い．

景観生態学

景観とは，森や草地のような異質の生態系（景観要素）がモザイク状に分布する空間の全体的なシステムと規定されている（日本景観生態学会の定義）．同じ景観要素であっても，他の要素との関係やそれ自身の配置によって，それぞれの景観のなかで全く異なる機能を持つこともあるという．景観生態学はこの景観としての空間配置とその生態機能を統合的に理解することを目指す生態学の一分野．地域計画，土地利用，生態系保全，資源管理などを目指す学際的な科学とされる．

原石山

ダムの堤体の建造には，多くの資材が必要となる．そのうち，コンクリートの骨材となる砂や砂利，石を採取する山．骨材の性質や運搬距離などを勘案して選ばれる．

洪水期

梅雨や台風シーズンなど，洪水を引き起こしうる降雨が発生する確率が高い時期．通常6～10月であるが，それぞれの地方にあるダムごとに洪水期が設定されている．

洪水時最高水位

ダム湖において洪水時に一時的に水を貯めることができる最高の水位．サーチャージ水位と同義であるが，「洪水等に関する防災情報体系の見直し実施要綱」に準じて，2007年より防災用語としては「洪水時最高水位」と呼ばれるようになった．

洪水貯留準備水位

治水が目的のダムで設けられている水位で，洪水期において平常時最高貯水位よりも水位をさげて，降雨時に流入する水を溜めこむ容量を確保して洪水に備える水位．制限水位と同義であるが，「洪水等に関する防災情報体系の見直し実施要綱」に準じて，2007年より防災用語としては「洪水貯留準備水位」と呼ばれるようになった．

洪水パルス仮説（flood pulse concept）

河川生態系の枠組み仮説の一つ．河川の河道と河原や氾濫原など，横断方向の物質循環には比較的時間の短い（パルス的）な洪水による有機物などの横断的な移動，供給，堆積が重要な役割を果たすという考え方．また，このような横断的な物質移動が，河川生態系の成立に重要であるという考え方．ちなみに，河川連続体仮説は，上流から下流への物質などの流動と生態影響，それに上流から下流への連続的な変化が，河川生態系の根幹をなすという考え方である．

骨材採取

骨材とは，コンクリートなどを作る際に用いられる材料である砂利や砂などのことを言う．ダム工事では多くの骨材が必要となり，おもに原石山から骨材を採取する．「原石山」を参照のこと．

固有種（endemic species）

分布域が特定の地域に限定されている種．日本は周囲を海に囲まれているので，河川・湖沼に生息し，一つの流域から外へでることができない淡水性生物には固有種が多い．特に琵琶湖のような古代湖には，ビワコオオナマズやニゴロブナに代表される固有の淡水魚が多種生息している．いっぽう，一般的に移動分散力の大きい鳥類において，日本固有の種は，ヤマドリのように森林の林床を歩くことを主とし，普段は飛ばないもの，あるいは島嶼に隔離されて分布するものに認められる．

最低水位

ダムの堆砂容量を水平であると仮定し，その堆砂上面の水位のこと．最低水位以上が利水および洪水調節に利用され，通常のダム管理では，最低水位から意図的に水位が下げられることはない．

残土処理場

ダム事業において，工事後に残った土砂等を処分する場所．

仔魚→仔稚魚

試験湛水

ダム堤体等が完成した後，水を溜めてもダム本体やダム湖周辺に問題がないか試験するために貯水すること．洪水時最高水位まで水を順次溜めていき，複数の段階で，各種設備および周辺環境の状態がチェックされる．ダム湖に水が溜められる最初の段階である．

用語解説

自己間引き
　ある有限の地域において植物が複数個体生育するとき，高密度の場合には，個々の個体の生長によって枯死する個体が増えていき，結果的に密度が低下するような現象を自己間引きという．同様の現象は動物においても起こりうるが「自己間引き」という言葉は，植物にのみ用いられる．

仔稚魚
　魚が卵から孵り，骨格や鰭などの基本的な体制を整えるまでを仔魚と呼び，仔魚以降の鰭条数や脊椎骨数が定数に達するまでの体サイズが小さな成長段階を稚魚と呼ぶ．仔魚と稚魚をあわせて仔稚魚と呼ぶ．野外調査では，仔魚と稚魚の区別は難しく，稚魚以降の幼魚・未成魚との厳密な区別も困難なため，一般にごく小さな個体を仔稚魚，あるいは稚魚と大まかに区分することも多い．

湿生植物（湿地性植物）
　水分の多い水辺や湿原，あるいは水に浸るところに生育する植物．代表的な植物としては，モウセンゴケ類やヤナギ類があげられる．

種分化
　単一の種やその集団が，隔離や淘汰と適応などの過程によって異なる種に分かれていく過程．島嶼や湖沼などの地理的隔離によって起こる異所的種分化と，生活史や行動の分化を契機として地理的に同じ空間で起こる同所的種分化がある．いずれにしても，なんらかの生殖的隔離と環境の空間的時間的異質性の存在が，種分化の契機となる．

消波堤
　岸を波から守るために設けられる構造物．波のエネルギーを弱めることで浸食を防ぐ．

食物網（food web）
　食物連鎖と同義．食物連鎖においては，同じ種が複数の餌を食い，同じ種が複数の捕食者に食われるのが現実であり，このとき，食物連鎖が鎖のつながりというよりは，網目状を呈するので，こう呼ばれる．

食物連鎖（food chain）
　生物群集のなかで各種個体群間の捕食 − 被食関係を鎖のつながりにみたて，生物群集の構成員が全部つながっていることを表現した生態学の中心概念．現在では「生食

連鎖」と「腐食連鎖」に概念的に区分されているが，この両者もデトリタス（生物遺体片）を介してつながっている．

棲み場（ハビタット）
生物の生活空間．本書では具体あるいは個別的なケースは棲み場を，広義の生活空間はハビタットを使うことを原則とした．

生活環
生物が成長し，繁殖するという一生の変化のこと．生活史という言葉と近い意味で使われるが，生活史では生態的形質としての成長の速さやサイズ，産卵する卵のサイズや数など，量的な意味合いが含まれる．生活環では，昆虫の卵→幼虫→蛹→成虫といった，生殖細胞から始まり次の世代の生殖細胞にいたるまでの状態の変化が意識される．

制限水位方式
洪水期により大きな洪水調節容量を確保するために，洪水貯留準備水位を設定し，通常よりも水位を下げて洪水調節にそなえる多目的ダムの管理方式．

生態系サービス
生態系から人間に対して供給される便益．国連ミレニアム生態系評価では，食料・水・材木・繊維・薬品・遺伝子資源などを供給するサービス，大気・気候・洪水・疾病の蔓延を調整するサービス，教育基盤・審美眼的享受・精神的充足感などの文化的サービス，それらの生態系サービスの根幹となる一次生産・物質や水の循環といった基盤サービスに類型している．

生物多様性オフセット（biodiversity offsets）
開発行為による生物多様性の損失を代償すること．ビジネスと生物多様性オフセットプログラム（BBOP）においては，生物多様性への影響の回避，低減，復元などの対策を実施したうえで，なお残る負の影響について，その効果を測定可能な手法によってオフセットすることと定義されている．生物多様性の損失がゼロになることをノーネットロス，損失したよりも多くの生物多様性を回復した場合をネットゲインという．「ビジネスと生物多様性オフセットプログラム」を参照のこと．

積算温度
生物の成長や発育に必要な温度の積算量．成長あるいは発育が起こる最低温度（成長零点あるいは発育零点）より上の温度を日や時間で積算したもの．単位は℃・日，

用語解説

日度などとなる．

零点高(ぜろてんだか)
　零点高標高ともいう．河川等の水位観測をする際に，その観測地点ごとに基準とする高さのこと．水位は，その高さを基準（±0m）として記録される．ダムの水位は，一般に零点高を設定せずに，標高で表される．

線形判別分析
　データ群が異なるグループに分割されることが既知の場合，新しい未知のデータがあったときにそのデータがどちらに属するのか判別するための基準を得るための分析手法．線形判別分析では，その判別基準は直線である．

総貯水容量
　ダム湖の貯水容量は，洪水調節のための平常時最高貯水位から洪水時最高水位までの容量である洪水調節容量，利水するための最低水位から平常時最高貯水位までの容量である利水容量，一定期間（一般には 100 年間）に流入すると想定される土砂を貯める容量である堆砂容量からなる．総貯水容量は，これらを全部合計したもの．

ソース（source）
　生物の個体群（同種の集団）において，複数の局所集団がその間の個体の移出や移入によって関係し，地域全体として連結して存続するような個体群をメタ個体群という．このとき，増加率が高く移出が卓越する局所集団をソース，逆に増加率が低く移入が卓越する局所集団をシンク（sink）という．

遡河回遊魚
　生物が一生の中で広く移動することを回遊という．河川と海の間を回遊することは通し回遊と称される．そのうち，産卵時に河川を上ることを遡河回遊，産卵時に海へ下ることを降河回遊という．また，そのような性質を持つ魚を，それぞれ，遡河回遊魚，降河回遊魚と呼ぶ．

堆砂デルタ
　河川を流下する土砂がダム湖に入り，水の流速が減少すると堆積し，粒径ごとに分級された段丘状の構造を形成する．これを堆砂デルタという．

多年生草本
　複数年にわたり個体が生存する草本植物．何度も開花・結実し，複数回（複数年）

の繁殖をする種（多回繁殖型）と，複数年生存するものの，最後の年のみ繁殖する種（1回繁殖型）が存在する．また，越冬時にも地上部が枯れないタイプと，地上部は枯れ，地下茎や根などの地下部のみが生存するタイプがある．

稚魚→仔稚魚

抽水植物
　根が水域の土壌にあり，茎や葉が空気中に伸びる植物．代表的な植物としてはヨシやガマがあげられる．

沈水植物
　根，茎，葉など植物の個体すべてが水中にある植物．代表的な植物としては，クロモやマツモがあげられる．

通気器官
　植物において，体内の通気をするための器官．湿生あるいは水生の植物は通気器官が発達することが多い．

デトリタス（あるいはデトライタス；detritus）
　元来の意味は瓦礫や残骸．地質用語では，水流や氷河の浸食などでできる岩屑．生態学では，生物遺体の破片を指すことが多い．河川では，陸上からの落葉破片，剥離した付着藻類，動物遺体の破片，無脊椎動物の脱皮殻が多い．顕微鏡的な観察では上記のように区別できないが，生物遺体起源と思われるものも多い．粒状有機物の主要な要素．

デルタ→堆砂デルタ

特定外来生物
　主に国外から侵入してきた生物のうちで，地域の生態系に大きな影響を与え生物多様性を脅かす生物を侵略的外来種という．そのなかで，とくに大きな生態影響のある種として「外来生物法」に基づいて環境省の指定した生物を特定外来生物という．2014年8月現在で，哺乳類25種類，鳥類5種類，爬虫類16種類，両生類11種類，魚類14種類，クモサソリ類10種類，甲殻類5種類，昆虫類8種類，軟体動物等5種類，植物13種類が指定されている．所有や移動などに制限がある．

用語解説

ドリフト（遺伝的ドリフト；drift） →遺伝的攪乱を参照

内湖
　自然湖沼の湖岸からワンドやタマリ状に内陸側に張り出した比較的小面積の止水面および湿地．代表格が琵琶湖の内湖だが，もともと湖の一部だったものが，風波の作用や河川からの土砂流入と堆積により潟湖（ラグーン）として成立したものであり，昭和初期まであった40個以上の内湖が，干拓により現在では20数個に減っているという．内湖に特徴的なものは，ヨシをはじめとする抽水植物群落であり，魚類をはじめとする水生動物のみならず，多種多様な動物に貴重なハビタットを提供している．

発育零点→積算温度を参照

ハビタット→棲み場

氾濫原
　洪水時に河川から溢れた河流が氾濫する，あるいは氾濫する可能性のある範囲を指す地形用語．谷底平野，扇状地，沖積平野，三角州（デルタ）などに見られる．自然河川の氾濫原においては，自然堤防，河跡湖（三日月湖），旧河道，後背湿地などの多様な地形要素が見られる．生態的には，河川生物，とくに魚類の多くは，繁殖，産卵，仔稚魚の保育の場として，洪水や増水によってつながる氾濫原の湿地や水域などを利用してきた．また，洪水時には本流河道からの避難場となっていた．かっての日本の水田は，氾濫原に作られ，氾濫原湿地の生態的な代替機能を持っていた．しかし，耕地整理や用排水の分離は，その生態機能を消滅させている．

ビオトープ（英 biotope; 独 Biotop）
　生物の生息環境や生物群集が成立する空間のこと．また，それから転じて，生物が住みやすいように人工的に整備した空間のこと．語源はギリシア語からの造語（bio（生命）+ topos（場所））．一般にビオトープといえば，後者の人工的に整備した空間をイメージされる場合が多い．

ビジネスと生物多様性オフセットプログラム（Business and Biodiversity Offsets Program: BBOP）
　生物多様性オフセットに関する国際基準を作成しその普及を目指す企業や政府，専門家などのパートナーシップ．「生物多様性オフセット」を参照のこと．

副ダム
　本ダム（もっともダム機能の中心となるダム）の機能をサポートするために補助的に作られるダム．本ダムの下流側に洗掘防止や減勢のために作られることが多いが，上流側に貯砂あるいは水質保全のために作られることもある．

浮葉植物
　根が水域の土壌にあり，葉が水面に浮かぶ植物．代表的な植物としてはヒシやジュンサイがあげられる．

フラクタル構造（fractal structure）
　幾何学の概念で，図形の一部と全体が自己相似になっていること．海岸線や河川の形状はフラクタルと考えられ，巨視的にみた場合の蛇行は，微視的にみると，内部に相似的な蛇行を含んでいる．

平常時最高貯水位
　ダム湖において通常に溜めることができる最も高い水位．常時満水位と同義であるが，「洪水等に関する防災情報体系の見直し実施要綱」に準じて，2007年より防災用語としては「平常時最高貯水位」と呼ばれるようになった．

ベルト・トランセクト（belt transect）
　調査のための測線をトランセクトというが，幅をもった調査帯をベルト・トランセクトと呼ぶ．そのなかを方形枠（コドラート）に分割して，植物や動物の調査が行われることが多い．魚類や鳥類，蝶類などは，ライン・トランセクトと呼ばれる場合でも，測線の両側の一定の幅を調査されることが多い．

本貯水池
　いわゆるダム湖のこと．前貯水池が形成された場合，それと区別するために本ダムによって作られた貯水池を本貯水池と呼ぶ．「前貯水池」を参照のこと．

埋土種子
　土壌中に含まれる発芽能力をもった植物の種子のこと．多くの場合には休眠しており，ある状況に置かれた場合（種によって異なる）発芽する．埋土種子の寿命は種や条件によって異なるが，数年から数十年が一般的で，100年を超えるものも知られている．

用語解説

前ダム
　本ダムの上流側に設置される副ダム．副ダムを参照のこと．

前貯水池
　前ダムにより湛水された貯水池．一般に水質保全を目的とする．前ダムを参照のこと．

モンスーン (monsoon)
　季節的に卓越する風，季節風．あるいはそれらの季節風が卓越する地域の気候を指す．アジアモンスーンはとくに規模が大きく，高温多湿な気候を広い範囲に起こし，低緯度地域から中緯度地域に，広く熱帯雨林，温帯多雨林を形成する．日本列島は，東アジアモンスーン地帯に属し，夏季の卓越風は梅雨期の降雨をもたらす．冬季にはシベリア高気圧からの卓越風が日本海で水蒸気の供給を受けて，日本海側に多雪地域が見られる．

谷津田（やつだ）
　丘陵地帯などの小規模な沢や湧水地などの小地形に形成された湿地を，谷津，谷地，谷戸（や・やと）などという．そのような場の水と地形を利用した田を谷津田という．湧水に涵養される水温環境ややや閉鎖的な地形的特性から，他の地域に見られない生物の棲み場となることも多い．サンショウウオ類やカエル類，ハッチョウトンボ，タイコウチ類，水生甲虫類などの湿生動物や，シデコブシ，サワギキョウなどの湿生植物が残っていることも多い．固有種の多い東海丘陵要素は，谷津田や谷戸湿地の構成種が多い．

谷戸→谷津田

有効貯水容量
　総貯水容量から堆砂容量を除いた容量．洪水調節容量と利水容量の合計．「総貯水容量」を参照のこと．

陸封
　本来，河川等陸水域で生まれ，海に降りる生活をするような回遊をする水生生物が，海に降りずに一生を陸水中で過ごすこと．ダム湖に陸封された魚類ではダム湖を海のように利用する場合もあり（疑似降海），そのときには降海する個体の特徴を示すこともある．

粒状有機物（POM: particulate organic matter）

生態系にある粒子状の有機物．とくに，河川生態系などでは基礎資源の一つとして注目される．0.45μm以下は溶存有機物，それより大きいものを粒状有機物とする．サイズによって粗粒状有機物（CPOM: coarse particulate organic matter）と微粒状有機物（FPOM: fine particulate organic matter）の2者に，1mmを基準にして大別することが多い．その根拠を提唱者の一人のK.W. Cummins さんに直接聞いたことがあるが，明解な答えはなかった．ちなみに，肉眼的底生動物の下限のサイズが1mmで，それとの対応があるのかもしれない．河川の底生動物を中心とした食物網の解析では，まずは妥当な区分だろう．多くのPOMの起源は，生物の遺体や排泄物であるが，無機物が凝集して粒状有機物サイズになることもある．

レジームシフト（regime shift）

本来は気象学の言葉で，気温や風などの気候要素が，数年から数十年規模で急激に変化することをいう．ラニャーニャやエルニーニョは比較的短い周期で起こるレジームシフトの例．生態学的には，イワシ，ニシンなどのような卓越生物の個体数が，激減あるいは激増することで，生態系の枠組み自体が大きく変化すること．河川やダム湖の生態系などでは，水質悪化がある閾値を超えることで，構成種や枠組みが激変するような事象，洪水の規模と頻度が減少して河道樹林が繁茂し河道構造と生態系が激変するような事象も，それぞれレジームシフトと呼ばれる．

レッドリスト（red list）

絶滅のおそれのある野生動植物のリスト．エリア単位（たとえば，国や都道府県等）で作成される．絶滅の危険性の高さによるカテゴリー分けがなされ，環境省が作成した日本全国のレッドリストでは，危険度の高いものから，絶滅，野生絶滅，絶滅危惧IA類，絶滅危惧IB類，絶滅危惧II類，準絶滅危惧があり，このほか，情報不足，絶滅のおそれのある地域個体群といったカテゴリーが設定されている．

レベル測量

高さを求める測量．通常，水準器およびレーザー距離計が含まれた機器を用いて，2点間の高さの差を算出する．

索　　引

「一般事項」,「生物名」,「ダム名・地名」に分けて，それぞれアルファベットの後に五十音順で並べた．生物名に関しては，和名と学名を扱った．学名に関しては属以上の分類群名を取り上げた．和名に関してはさまざまな階層の分類群名を区別せず取り上げた．各項目が出現する主要なページを示す（口絵とあるものは図版番号）．ゴシック体の項目は，巻末の用語解説にも収録されている．

一般事項

ATTZ (aquatic terrestrial transition zone)　1
DNA　222, 227
NGO　304
nMDS 分析　193, 328
three-source mixing model　263

[あ　行]
アダプティブ・マネジメント　iii, 125, 299, 321, 327
網場　208, 327
洗堰　107
安定同位体比　150, 262, 279, 327
アンモニウムイオン　245
移行帯　1, 155
一次生産者　151
一時的水域　312, 320
一時的陸域　261
一年生草本　48, 65, 76, 327
遺伝子汚染　108, 327
遺伝的攪乱　190, 328
遺伝的多様性　1, 133, 328
遺伝的ドリフト　2
緯度　177
移動分散　166
浮島　17, 313, 314, 328
影響緩和策　287
栄養塩　4, 8, 11, 21, 24, 224, 239, 249, 260, 279, 304, 313, 317, 328
栄養器官　53, 328
エコシステム・エンハンスメント　318
エコトーン　ii, 1, 155, 159, 233, 311
餌資源　153, 172, 188
エネルギー源　140

堰堤　86, 302
オールサーチャージ方式　180, 329
帯状分布　5, 329
音波テレメトリ　182
音波発信器　口絵 8

[か　行]
回転率　323, 329
回避　287
外来魚　口絵 9, 195
外来種　35, 51, 294, 302
外来生物法　195, 329
貝類　103
閣議アセス　285
攪乱　28, 48, 155, 306
河床間隙　10
霞ヶ浦開発事業　131
霞堤　14, 329
河川環境データベース　56, 329
河川残留型　279
河川法　286
河川水辺の国勢調査　56, 176, 214, 233, 292, 329
河川連続体仮説　259
河畔湿地林　304
刈取り食者　265
河原状堆砂デルタ　口絵 12, 82, 83, 86, 92
環境影響評価法　285
環境基本法　285
環境創出　311
環境保全対策　287
岩礁海岸　口絵 1, 5, 13
冠水日数　36, 48, 50, 63, 65, 66, 75

索　引

起源有機物　262
汽水域　4
基礎資源　139, 280
キックネット　144
魚道　101
均一堆砂　81
くさび形堆砂　81
掘潜型　146, 148
景観生態学　1, 330
経済的価値　309
原石山　285, 292, 330
現存量　118, 148
懸濁物質　100
原風景　308
降湖型　279
洪水期　22, 42, 63, 110, 180, 196, 225, 330
洪水時最高水位　口絵 13, 42, 74, 191, 290, 330
洪水貯留準備水位　22, 35, 42, 63, 110, 159, 181, 196, 217, 240, 330
洪水パルス仮説　7, 331
固着型　147
国家環境政策法　285
骨材採取　60, 331
固有種　103, 195, 331
根粒菌　246

［さ　行］
サーバーネット　144
細菌　245
最低水位　42, 331
残土処理場　292, 331
産卵　口絵 8, 124
産卵期　120
産卵床　110, 202
仔魚　123, 195, 331
試験湛水　口絵 13, 27, 63, 74, 190, 196, 224, 331
自己間引き　28, 332
止水性昆虫類　309
仔稚魚　口絵 8, 13, 110, 122, 181, 187, 201, 332
膝根　74
湿生植物（湿地性植物）　口絵 16・18, 17, 55, 60, 129, 171, 316, 319, 332
湿地状堆砂デルタ　82, 89, 92, 315

シャーマントラップ　217
社会連携　302
集水面積　177
住民　307
住民参加　303
種子　口絵 5, 67, 70, 77
種子散布　53
種分化　1, 332
浚渫　104-110, 130
純淡水魚　103
順応的管理　iii, 125
硝化　11, 241, 245
硝酸　142
硝酸呼吸　245
常時満水位　110
消波堤　110, 332
植被率　118, 217
植物プランクトン　140, 151, 244, 247
食物資源　234
食物網　139, 150, 261, 332
食物連鎖　139, 143, 214, 332
人為的制御河川　324
人工産卵床　207
人工産卵装置　207
人工湿地　302
侵食　14, 133, 306
侵略的外来種　口絵 10, 210
推移帯　ii, 1
水位低下式定置網　197
水源地生態研究会　iii, 160, 324
水質浄化　303, 313
水質保全ダム　100
水生昆虫　319
推定河床勾配　92
水田　8, 59, 294, 307
水門　130
スウィッチング　274
棲み場　1, 5, 8, 10, 134, 170, 313, 315, 333
生活型　148
生活環　53, 333
生活史　4, 149
制限水位　110
制限水位方式　15, 35, 63, 180, 196, 333
生態系管理　193
生態系サービス　134, 302, 333
生物多様性　304

342

索 引

生物多様性オフセット　288, 333
生物多様性国家戦略　2
生物膜　151, 153
積算温度　51, 333
堰操作規則　110
零点高　105, 334
遷移　33
線形判別分析　279, 334
総貯水容量　42, 334
草本　22, 32, 41, 46, 65, 76, 142, 151, 155, 247
造網型　147, 148
藻類　140
ソース　320, 334
遡河回遊魚　279, 334

[た　行]

堆砂デルタ　口絵 11, 44, 81, 139, 254, 334
代償　287, 300
代償措置　288
耐水性　74
ダイナミック・エコトーン　口絵 1, 3, 8, 10, 12, 159, 324
他生性有機物　153
脱窒　241, 245
棚田　319
多年生草本　26, 48, 76, 239, 334
卵　186, 201
タマリ　9, 98, 306, 308
ダム竣工後年数（ダム年齢）　177, 193
ため池　i, 290, 309, 320, 323
段階的水位低下　204
地域開発事業　107
稚魚　ii, 11, 186, 187, 201, 263, 335
地上徘徊性昆虫　10
窒素　240
窒素固定　241, 246
中央構造線　97
抽水植物　9, 10, 132, 181, 239, 247, 303, 335
潮間帯　口絵 1, 5
頂部堆積層　83
貯砂ダム　82, 86, 100
沈水植物　103, 118, 181, 239, 247, 335
通気器官　129, 335
通気組織　74
吊り下げ式人工産卵装置　207

低減　287
底生動物　139
底部堆積層　83
テーパー堆砂　81
デトリタス　153, 188, 335
テラス　44
デルタ　15, 33, 170, 335
灯火採集　164
当歳魚　199
動物プランクトン　263
特定外来種　30
特定外来生物　59, 195, 335
土砂生産源　96
土壌動物　161
土壌粒径　22
ドリフト　1, 336
ドローダウン　202
トロフィックサージ　260

[な　行]

内湖　ii, 4, 108, 110, 120, 336
肉食動物　214
二酸化炭素　256
ネットゲイン　288
ノーネットロス　288

[は　行]

バイオフィルム　151, 263
バイオマス　22, 32
徘徊性　172
ハイドロピーキング　15
ハイポレオ　11
破砕帯　96
発育零点　51, 336
発芽適地　132
ハビタット　ii, 1, 83, 134, 170, 192, 300, 312, 336
繁殖期　196
繁殖行動　184
繁殖適地　199
パントラップ　164
氾濫原　口絵 20, 7, 14, 140, 179, 306, 319, 336
ビオトープ　口絵 18, 16, 60, 285, 302, 307, 313, 323, 336
非洪水期　22, 63, 110, 180, 196

343

索　引

ビジネスと生物多様性オフセットプログラム
　　289, 336
飛翔性昆虫類　163
肥大皮目　74
ピットホール（落とし穴）トラップ　口絵7,
　　163
避難場所　123
標高　177
琵琶湖開発事業　107
琵琶湖基準水位　105
びわ湖生物資源調査団　107
琵琶湖総合開発事業　107
貧酸素水塊　244
富栄養化　100
副ダム　24, 100, 291, 315, 337
腐食者　166
普通種　188
物質循環　140, 239, 279
不定根　66, 72, 74
浮遊植物　247
浮葉植物　239, 247, 337
フラクタル構造　4, 337
プランクトン　323
糞数　225
糞内容分析　222
平常時最高貯水位　口絵 3, 22, 35, 42, 63, 74,
　　94, 110, 159, 180, 191, 196, 217, 245,
　　290, 337
ベルト・トランセクト　50, 337
法アセス　285
萌芽　74
放線菌　246
歩行性クモ類　165
歩行性無脊椎動物　161, 163
捕食者　166, 265
ホットスポット　5, 140
匍匐型　146, 148
本貯水池　196, 337

[ま　行]
埋土種子　54, 337
前ダム　15, 100, 338
前貯水池　24, 100, 196, 257, 338
マレーゼトラップ　口絵6, 163
マングローブ林　161

水草　118
ミティゲーション　287, 323
メタン　256
メタン菌　256
木本　48, 63, 75, 246
モニタリング　124, 297, 299, 321
モンスーン　i, 63, 338

[や　行]
谷津田　319, 338
谷戸　304, 319, 338
ヤナギ林（タチヤナギ林）　26, 30, 48, 161,
　　170, 180
遊泳型　146, 148
有機物　4, 8, 11, 140
有機物起源　261
有効貯水容量　42, 338
誘導フェンス　208
要注意外来生物　295

[ら　行]
ライトトラップ　163
ライン・トランセクト　113
裸地　口絵 3, 15, 19, 22, 35, 46, 64, 82, 170,
　　313
陸上無脊椎動物　159
陸封　153, 233, 266, 279, 338
流下　146
硫酸銅　323
粒状有機物　254, 260, 313, 339
流水型ダム　口絵 20, 306
緑化　35, 313
リン　240
リン酸塩　142
レイノルズ数　242
レジームシフト　118, 339
レッドフィールド比　249
レッドリスト　口絵 17, 56, 117, 178, 293,
　　306, 339
レフュージア　122
レベル測量　37, 339

[わ　行]
ワークショップ　口絵 21, 307
ワンド　9, 98

索　引

生物名

Acanthopagrus　4
Accipiter　233
Acentrella　148
Acer　75
Acrocephalus　134
Actitis　234
Adonis　76
Aix　233
Albizia　75
Alcedo　309
Alisma　76
Alnus　9
Amorpha　22, 35, 64, 75, 251
Anas　233
Anguilla　307
Anisodactylus　171
Antocha　144
Apodemus　216, 217
Appasus　159
Aquarius　293
Artemisia　51
Aythya　233, 296
Baetiella　144
Baetis　10, 144, 145
Bathynellacea　11
Bembidion　165
Bidens　51
Biwia　176
Bradyrhizobium　246
Camellia　75
Candidia　191
Capniidae　11
Capricornis　216
Carabus　165
Carassius　175, 176, 179, 196, 263, 319
Carex　51
Carpinus　75
Carrassius　109
Castanea　63, 75
Celtis　9
Ceratophyllum　118
Cercidiphyllum　9
Cervus　216, 295
Ceryle　234

Chamaecyparis　225
Chara　309
Cheumatopsyche　148
Chimarrogale　213
Chironomus　144, 271
Chlaenius　165
Chloroperlidae　11
Choroterpes　12
Ciconia　304
Cinclus　234
Clethrionomys　216
Cobitis　191
Corbicula　4, 108
Cottus　265
Crocidura　216
Cryptomeria　63, 75, 225
Cyanoptila　234
Cybister　308, 320
Cyprinus　110, 176, 196, 263
Deinostema　58
Digitaria　76
Diospyros　75
Drunella　144
Ecdyonurus　148
Echinochloa　51, 76
Elatostema　58
Elodea　118
Ephemera　116
Ephemerella　148, 265
Equisetum　51
Fagus　142
Ficedula　234
Fimbristylis　76
Frankia　246
Fraxinus　9
Gibosia　11
Glossosoma　147
Gnathopogon　109, 179
Gobioninae　179
Gymnogobius　109, 176
Gyrausus　113
Haliaeetus　233
Harpacticoida　11
Harpalus　171

345

Hemibarbus 179, 196
Heterogen 117
Hucho 318
Hydrilla 118
Hydropsyche 145
Hypomesus 176
Hyriopsis 108
Ischikauia 109, 179
Isoetes 58
Jesogammarus 116, 144
Ketupa 235
Lampyridae 308
Lepidostoma 148
Lepomis 124, 179, 195
Lepus 216, 230
Lethocerus 8, 320
Limnodrilus 147
Lindernia 52
Lipotes 213
Lobrathium 165
Lutya 213, 318
Lysimachia 76
Lythrum 76
Macaca 216
Macrobrachium 308
Magnolia 75
Mallotus 75
Martes 214, 216
Megaperlodes 153
Meles 216, 221
Meliosma 75
Micromys 214, 216
Micropterus 122, 179, 195, 233
Miscanthus 51, 76
Misgurnus 179, 307
Mogera 216
Morus 75
Mustela 216, 221, 222
Myriophyllum 118
Najas 58, 118
Nannophya 316
Neophylax 148
Nephila 161
Nipponiella 11
Nitrobacter 245
Nitrosomonas 245

Niwaella 191
Nothopsyde 10
Nyctereutes 216
Obovalis 117
Ochthebius 308
Oecetis 148
Oguranodonta 117
Olophrum 165
Oncorhynchus 109, 233, 263, 265, 281
Opsariichthys 109, 176, 179, 190, 196
Orthocladius 144
Oryzias 179, 309
Ottelia 58
Padus 228
Palaemon 271
Pandion 233
Panicum 76
Parafossarulus 113
Paratanytarsus 144
Paratya 148
Parus 235
Penthorum 58
Perlodidae 153, 265
Persicaria 9, 294
Phalaris 9, 10
Pheropsophus 165
Phoxinus 190
Phragmites 26, 76, 110, 181, 239, 303
Phylloscopus 234
Plecoglossus 109, 176
Polypedilum 144
Potamanthus 12
Potamogeton 58, 118, 181
Prunus 75
Pseudogobio 179, 193
Pseudorasbora 176, 196
Pteronemobius 165
Pterostichus 165
Pueraria 76, 251
Pungtungia 191
Quercus 63, 75
Radix 113, 293
Rana 304
Ranatra 293
Rhinogobius 176, 191, 196
Rhithrogena 145

索引

Rhizobium 246
Rhizophoraceae 74
Rhynchocypris 267
Rotala 58
Rudbeckia 59
Rumex 51, 58
Sagittaria 10, 58
Salix 26, 49, 63, 65, 66, 70, 75, 159, 242
Salmonidae 179
Salvelinus 233, 263, 279
Scirpus 76, 269
Sciurus 216
Semisulcospira 116, 117
Sergentia 144, 148
Setaria 51, 76
Sicyos 26, 59
Simulium 147
Sinotaia 113
Siphlonurus 144
Sitta 235
Solidago 295, 302
Sorex 216
Sparganium 58
Spizaetus 233
Squalidus 179
Stenolophus 165
Stenopsyche 145
Styrax 75
Sus 216, 230, 295
Synuchus 165
Tachyura 165, 171
Taxodium 74
Thelypteris 65, 76
Trapa 76, 239
Tribolodon 175, 267, 281
Troglodytes 235
Tubifex 271
Typha 10, 242, 294
Ulmus 9
Unio 113
Urotrichus 216
Vallisneria 118
Veronica 59
Vulpes 216
Xanthium 26, 51, 65, 76, 269
Zavrelimyia 148

Zelkova 75
Zizania 118, 181, 303

[あ 行]
アオゴミムシ 口絵7
アオハダ 77
アカシデ 75, 77
アカネズミ 口絵15, 216, 217
アカメガシワ 75
アカメヤナギ 75
アギナシ 58
アキノエノコログサ 39, 76
アジメドジョウ 191
アズマネザサ 39
アゼスゲ 39, 51
アツバエグリトビケラ属 148
アナグマ 216, 221
アブラチャン 77
アブラハヤ 267
アミメカワゲラ科 153, 265
アメリカアゼナ 51
アメリカセンダングサ 51
アメリカネナシカズラ 39
アメンボ 293
アユ 109, 153, 176
アレチウリ 口絵9, 26, 30, 32, 59
アワブキ 75
イイズナ 216
イケチョウガイ 108, 115, 117
イサザ 109
イソシギ 234
イタチハギ 口絵9, 22, 26, 30, 32, 35, 39, 64, 75, 251
イタヤカエデ 75
イトウ 318
イトトリゲモ 58
イトミミズ 271
イトミミズ科 147
イトモ 58, 298
イヌコリヤナギ 39, 66, 75
イヌザクラ 75
イヌビエ 51, 76
イノシシ 216, 230, 295
イバラモ 118
イモリ 298
イワナ 233, 263, 271, 279

索　引

ウグイ　175, 179, 267, 271
ウグイ属　281
ウスバガガンボ属　144, 147
ウナギ　307
ウワミズザクラ　75, 228
エゴノキ　75, 77
エゾアカネズミ　216
エゾウグイ　267, 271
エゾシカ　216
エゾタヌキ　216
エゾミソハギ　39, 76
エゾヤチネズミ　216
エゾユキウサギ　216
エノキ　9
エノコログサ属　51
エビモ　181
エリユスリカ属　144
オイカワ　176, 190, 196
オウミガイ　113, 116
オオアシトガリネズミ　216
オオウラカワニナ　117
オオオナモミ　口絵 9, 24, 39, 65, 76
オオカワヂシャ　59
オオクサキビ　76
オオクチバス　口絵 10, 122, 124, 179, 195, 233
オオタカ　233
オオタチヤナギ　70, 75
オオニガナ　298
オオバクロモジ　77
オオハンゴンソウ　59
オオフタオカゲロウ属　148
オオマダラカゲロウ　147
オオミズゴケ　298
オオユスリカ　271
オオヨシキリ　134
オオルリ　234
オオルリハムシ　298
オオワシ　233
オギ　39, 76
オグラヌマガイ　117
オサムシ科　171
オシドリ　233
オジロワシ　233
オゼイトトンボ　298
オナモミ属　51, 269

オノエヤナギ　39, 66, 75
オモダカ　10
オヨギミミズ科　147

[か　行]
カキノキ　75
カキラン　298
カクツツトビケラ属　148
カサスゲ　39, 51
カジカ　265
カスミザクラ　75, 77
カタハガイ　117
カツラ　9
カドヒラマキガイ　113
ガマ　10, 242, 294
カマツカ　179, 193
ガムシ類　293
カモシカ　216
カモ類　296
カヤネズミ　214, 216
カルガモ　233
カワウソ　213, 318
カワガラス　234
カワセミ　309
カワトンボ類　10
カワニナ類　115
カワネズミ　213
カワムツ　191
カワヤナギ　66, 75
カワヨシノボリ　176
カンガレイ　39, 76
キイロカワカゲロウ　12
キザキユスリカ属　148
ギシギシ　51
キタキツネ　216
キツネ　216
キヌガサギク　39
キビタキ　234
キブネタニガワカゲロウ　148
キンクロハジロ　233
キンナガゴミムシ　口絵 7
ギンブナ　口絵 8, 175, 181, 196, 263, 271, 319
クサツミトビケラ属　148
クサヨシ　9
クサレダマ　39, 76

索　引

クズ　76, 251
クヌギ　75
クマタカ　233
クモ類　269
クリ　63, 75, 77
クロカワゲラ類　11
クロサンショウウオ　298
クロダイ　4
クロモ　118
ケヤキ　75
ゲンゴロウ　320
ゲンゴロウ類　8, 293
ゲンゴロウブナ　109, 176, 179, 196
コイ　105, 110, 120, 176, 188, 196, 263
コイ科　134
コウガイモ　118
コウノトリ　口絵19, 304
コウベモグラ　216
コウライモロコ　179
コオイムシ属　159
コオロギ類　165
コカゲロウ属　10
コガタシマトビケラ属　148
コガタノゲンゴロウ　308
コカナダモ　118
コクチバス　179
ゴジュウカラ　235
コナガカワゲラ　11
コナラ　63, 75, 77
ゴミムシ類　10

[さ　行]
サクラタデ　294
サクラマス　263, 281
サケ科　153, 179
ササバモ　118
サンカクイ　39, 76
シジュウカラ　235
ジネズミ　216
シノビアミメカワゲラ　153
シベリアイタチ　222
シマフクロウ　235
シャジクモ　298, 309
ジャヤナギ　66, 75
ジュズカケハゼ種群　176
ジュンサイ　298

ジョロウグモ　161
シロハラコカゲロウ　144, 145, 147, 148, 154
シロヤナギ　39, 66, 75
スギ　63, 75, 225
スギナ　51
スゴモロコ　179
ススキ　51, 76
スナヤツメ　274
セイタカアワダチソウ　294, 302
セキレイ類　10
セスジダルマガムシ　308
ゼゼラ　176, 179
セタシジミ　108, 113, 115
線虫類　11
センダイムシクイ　234
センニンモ　118
ソコミジンコ　11

[た　行]
タカハヤ　190
タガメ　8, 320
タコノアシ　58
タチヤナギ　口絵5, 26, 30, 39, 65, 66, 75, 159, 242
タテボシガイ　113, 115
タデ類　9
タニシ類　115
タヌキ　216
ダルマガエル　304
チガヤ　39
チゴザサ　39
チドリ類　10
チャバネヒゲナガカワトビケラ　145, 147, 148
ツルヨシ　9, 39, 76
ティラピア類　179
テナガエビ　308
テン　口絵14, 214, 216, 221
トウホクサンショウウオ　298
トウヨウモンカゲロウ　116
トウヨシノボリ類　176
トキソウ　298
トキホコリ　58
ドジョウ　179, 307
トダシバ　39
トビイロトビケラ属　10

349

索　引

ドブガイ類　113, 115
トンボソウ　298
トンボ類　8, 293, 308, 320

[な　行]
ナカセコカワニナ　117
ナガタニシ　117
ナカハラシマトビケラ　145, 148, 153
ナラガシワ　75
ナリタヨコエビ　116
ナリタヨコエビ属　144, 148
ニゴイ　196
ニゴイ属　179
ニゴロブナ　109, 122, 179
ニジマス　265, 274
ニセヒゲユスリカ　144
ニホンイタチ　216, 221
ニホンザル　216
ニホンリス　216
ヌカエビ　148
ヌカカ科　113
ヌマスギ　74
ネコヤナギ　66, 75
ネジレモ　118
ネムノキ　75
ノウサギ　216, 230
ノダイオウ　58, 298

[は　行]
バイジー　213
ハクチョウ類　296
ハス　109, 179
バッコヤナギ　66, 75
ハッチョウトンボ　298, 316
ハネカクシ類　10
ババアメンボ　298
ババヤスデ類　164
ハモンユスリカ属　144, 147, 148
ハルニレ　9
ハンノキ属　74
ハンノキ類　9
ヒゲナガカワトビケラ　145
ヒシ　76, 239
ヒノキ　225
ヒミズ　216
ヒメケゴモクムシ　171

ヒメシダ　39, 65, 76
ヒメタニシ　113, 115
ヒメトガリネズミ　216
ヒメトビイロカゲロウ　12
ヒメネズミ　216, 217
ヒメヒラタカゲロウ属　145, 154
ヒルムシロ　39
ヒレイケチョウガイ　108
ビワマス　109
フクジュソウ　76
フジ　39
フタオカゲロウ属　144
フタバコカゲロウ　144, 148
フタモンコカゲロウ　145, 147, 148
フトマキカワニナ　117
フナ属（フナ，フナ類）　105, 120, 176, 179, 188
ブナ　142
ブユ属　147
ブルーギル　124, 179, 195
ヘラオモダカ　39, 76
ホオノキ　75
ホザキノフサモ　118
ホシハジロ　233, 296
ホタル　308
ホタルイ属　269
哺乳類　213
ホンダワラ類　13
ホンドジカ　216, 295
ホンモロコ　109, 179

[ま　行]
マガモ　233
マコモ　118, 181, 303
マダラカゲロウ属　148, 265
マツモ　118
マメタニシ　113
マルバノサワトウガラシ　58
マングローブ類　74
ミクリ　口絵 17, 58
ミサゴ　233
ミジカオフタバコカゲロウ　148
ミズオオバコ　58
ミズカマキリ　293
ミズニラ　58
ミズマツバ　口絵 17, 58

350

ミズミミズ類　11, 293
ミズムシ　298
ミゾカクシ　39
ミソサザイ　235
ミゾソバ　9
ミドリカワゲラ科　153
ミドリカワゲラ類　11
ミナミメダカ　309
ムカシエビ　11
ムギツク　191
メアゼテンツキ　39, 76
メススジゲンゴロウ　298
メダカ（北日本集団・南日本集団）　179
メヒシバ　76
猛禽類　233
モツゴ　176, 196, 207
モノアラガイ　293
モリアオガエル　298

[や 行]
ヤチスズ　165
ヤチダモ　9
ヤナギ　63
ヤナギ属　49
ヤナギ類　9, 26, 294
ヤブツバキ　75
ヤマウルシ　77
ヤマグワ　75, 77

ヤマザクラ　75
ヤマセミ　234
ヤマトカワゲラ　11
ヤマトカワニナ　116
ヤマトシジミ　4
ヤマトシマドジョウ　191
ヤマトビケラ属　147, 148
ヤマヒメユスリカ属　148
ヤマメ　233, 271
ユスリカ科　144, 146-148
ユスリカ属　144, 147
ユリミミズ属　147
ヨウスコウカワイルカ　213
ヨシ　9, 10, 26, 39, 76, 110, 118, 181, 239, 242, 303
ヨシノボリ属（ヨシノボリ，ヨシノボリ類）176, 191, 196
ヨシノマダラカゲロウ　144-146, 148
ヨツモンコミズギワゴミムシ　171
ヨモギ　51

[ら 行]
両生類　319
リョウブ　77

[わ 行]
ワカサギ　176, 179
ワタカ　109, 179

ダム名・地名

Hillsborough ダム　318

[あ 行]
浅瀬石川ダム（あせいしがわ）　57
飯田ダム（いいだ）　314
五十里ダム（いかり）　95
胆沢ダム（いさわ）　297
浦山ダム（うらやま）　23
江川ダム（えがわ）　70
大迫ダム（おおさこ）　90
大町ダム（おおまち）　215
小河内ダム（おごうち）　323

[か 行]
霞ヶ浦　129

嘉瀬川ダム（かせがわ）　口絵 13, 190, 224, 238, 316
月山ダム（がっさん）　215
釜房ダム（かまふさ）　36, 57, 88, 95
漢那ダム（かんな）　315
厳木ダム（きゅうらぎ）　215
草木ダム（くさき）　93
グレンキャニオンダム　324
小渋ダム（こしぶ）　85, 93
御所ダム（ごしょ）　口絵 16, 37, 57, 64, 181, 295, 316

[さ 行]
寒河江ダム（さがえ）　口絵 11・12, 20, 41, 84, 93, 139, 160, 169, 188, 219, 254, 261,

索　引

　　　　　　　279
相模ダム（さがみ）　21
三国川ダム（さぐりがわ）　215
猿谷ダム（さるたに）　175
三峡ダム（さんきょう）　76, 257
四十四田ダム（しじゅうしだ）　57, 181
七ヶ宿ダム（しちかしゅく）　89, 95
品木ダム（しなき）　177
島地川ダム（しまぢがわ）　215
城ヶ崎（じょうがさき）　口絵1
新宮ダム（しんぐう）　215
清願寺ダム（せいがんじ）　16
瀬田川　104, 112
瀬田川洗堰　107

[た　行]
大雪ダム（たいせつ）　215
田瀬ダム（たせ）　57, 284, 316
玉川ダム（たまがわ）　177
手取川ダム（てどりがわ）　314
徳山ダム（とくやま）　191
苫田ダム（とまた）　294
富郷ダム（とみさと）　215, 293

[な　行]
中筋川ダム（なかすじがわ）　215
奈良俣ダム（ならまた）　292
鳴子ダム（なるこ）　181
西之谷ダム（にしのたに）　口絵20, 306

温井ダム（ぬくい）　215

[は　行]
灰塚ダム（はいづか）　口絵18, 302, 315
土師ダム（はじ）　95
蓮ダム（はちす）　93, 215
早池峰ダム（はやちね）　75
ハンセンダム　16
東荒川ダム（ひがしあらかわ）　314
常陸川水門　130
一庫ダム（ひとくら）　64
比奈知ダム（ひなち）　96
琵琶湖　口絵2, 103, 179
二瀬ダム（ふたせ）　93
豊平峡ダム（ほうへいきょう）　64

[ま　行]
箕面川ダム（みのおがわ）　323
三春ダム（みはる）　口絵4-10, 24, 57, 65,
　　　138, 159, 161, 181, 196, 217, 249, 315
宮ヶ瀬ダム（みやがせ）　295
美和ダム（みわ）　93, 215
望来ダム（もうらい）　257

[や　行]
湯田ダム（ゆだ）　57

[わ　行]
渡ノ瀬ダム（わたのせ）　23

[編著者紹介]

谷田　一三 (たにだ　かずみ)

大阪府立大学名誉教授，水源地生態研究会水圏生態研究委員会委員長，応用生態工学会会長，大阪自然史センター理事長

　専門は，河川生態学，分類学，生物地理学．とくに日本産トビケラ類の分類と生態，東アジアにおける淡水動物の多様性と起源を中心に研究している．著作に『日本産水生昆虫：科・属・種への検索』(編著，東海大学出版会，2005)，『ダム湖・ダム河川の生態系と管理：日本における特性・動態・評価』(編著，名古屋大学出版会，2010)，『水辺の環境学　上・中・下』(編著，朝倉書店，2014) など．本書では，序章，第7章，あとがき，用語解説を執筆．

江崎　保男 (えざき　やすお)

兵庫県立大学大学院地域資源マネジメント研究科教授，水源地生態研究会陸上生態研究委員会委員長

　専門は，動物生態学．森林・河川から都市まで幅広い陸域の生態系を対象に，鳥類を主たる材料とする群集研究を行い，2010年からはコウノトリ野生復帰の陣頭指揮をとっている．著作に『水辺の環境保全：生物群集の視点から』(編著，朝倉書店，1998)，『生態系ってなに？』(単著，中公新書，2007)，『自然を捉えなおす』(単著，中公新書，2012) など．本書では，はじめに，終章，用語解説を執筆．

一柳　英隆 (いちやなぎ　ひでたか)

一般財団法人水源地環境センター嘱託研究員

　専門は，動物生態学．河川，とくに渓流域に生息する動物の生活史や個体群動態，保全について研究している．著作に『ダムと環境の科学Ⅰ　ダム下流生態系』(分担，京都大学学術出版会，2009)，『河川環境の指標生物学』(分担，北隆館，2010)，『ダムと環境の科学Ⅱ　ダム湖生態系と流域環境保全』(編著，京都大学学術出版会，2011) など．本書では，第2，8，9，終章，用語解説を執筆．

[著者紹介] (五十音順)

浅枝　隆 (あさえだ　たかし)

埼玉大学大学院理工学研究科教授

　専門は，水圏生態学，陸水環境．著作に『大学土木　河川工学』(共著，オーム社，1999)，『図説　生態系の環境』(編著，朝倉書店，2011) など．学術雑誌 Wetlands Ecology and Management (Springer) 編集長．本書では，第1，3，10章を執筆．

浅見　和弘 (あざみ　かずひろ)

応用地質株式会社地球環境事業部自然環境部長

　専門は，植物生態学．著作に The Restoration of Nature in Japan (分担，Tokai University Press, 2010)，『ダム湖・ダム河川の生態系と管理：日本における特性・動態・評価』(分担，名古屋大学出版会，2010)，『水辺の環境学　上』(分担，朝倉書店，2014) など．本書では，第3，8，9章，補遺，コラム2を執筆．

東　淳樹 (あずま　あつき)

岩手大学農学部講師

　専門は，保全生物学，動物生態学．著作に『生態学からみた里山の自然と保護』(分担，講談社，2005)，『撤退の農村計画』(分担，学芸出版社，2010)，『日本のタカ学』(分担，東京大学出版会，2014) など．本書では，コラム6を執筆．

荒井　秋晴（あらい　しゅうせい）

九州歯科大学准教授

　専門は，動物生態学．著作に『応用生態工学序説』（分担，信山社，1997），『外来種ハンドブック』（分担，地人書館，2002），『新版ヒトと自然（第2版）』（共著，東京教学社，2011）など．本書では，第9章を執筆．

大杉　奉功（おおすぎ　とものり）

一般財団法人水源地環境センター環境技術開発室長

　専門は，魚類生態学，ダム事業の環境保全．著作に「ダム湖における外来魚の生息状況の把握と防除手法の検討」（共著，ダム水源地環境技術研究所所報，2006），「ダム貯水池周辺における自然環境保全の取り組み」（共著，大ダム：国際大ダム会議日本国内委員会会誌，2006），「フラッシュ放流によるダム下流河川の環境改善」（共著，土木技術，2009）など．本書では，補遺，第12章を執筆．

沖津　二朗（おきつ　じろう）

応用地質株式会社応用生態工学研究所所長

　専門は，植物生理生態学，河川事業に係る環境保全．著作に「ヒノキ・タムシバの木部圧ポテンシャルの日変化と通水抵抗の比較」（共著，日本林学会論文集，1994），「試験湛水時に冠水したフクジュソウ群落の12年間の変遷」（共著，応用生態工学，2009），「ダム湖の水位低下を利用した定置網による外来魚捕獲とその効果」（共著，応用生態工学，2012）など．本書では，第2章を執筆．

鬼倉　徳雄（おにくら　のりお）

九州大学大学院農学研究院助教

　専門は，魚類学，河川生態学，水産学．著作に『干潟の海に生きる魚たち　有明海の豊かさと危機』（分担，東海大学出版会，2009），『現代の生態学　9　淡水生態学のフロンティア』（分担，共立出版，2012），『見えない脅威"国内外来魚"』（編著，東海大学出版会，2013）など．本書では，コラム5を執筆．

小山　幸男（おやま　ゆきお）

国土交通省東北地方整備局三春ダム管理所所長

　本書では，補遺を執筆．

児玉　大介（こだま　だいすけ）

新潟大学大学院自然科学研究科大学院生（現　長野県千曲市役所建設部技師）

　本書では，第11章を執筆．

佐川　志朗（さがわ　しろう）

兵庫県立大学大学院地域資源マネジメント研究科准教授

　専門は，水域生態学，応用生態工学．著作に『野生生物保護の事典』（分担，朝倉書店，2010），『身近な水の環境科学［実習・測定編］：自然の仕組みを調べるために』（分担，朝倉書店，2014），Socio-Ecological Restoration in Paddy-Dominated Landscapes（分担，Springer，印刷中）など．本書では，コラム8を執筆．

澁谷　慎一（しぶや　しんいち）
一般財団法人水源地環境センター研究第三部長（現 国土交通省中部地方整備局木曽川下流河川事務所所長）
　著作に「ダム事業の湿地整備における目標設定及び評価の視点に関する検討」（共著，水源地環境技術研究所所報，2013）など．本書では，第12章を執筆．

白井　明夫（しらい　あきお）
一般財団法人水源地環境センター首席研究員
　専門は，ダム事業の環境影響評価．著作に「ダム事業における環境保全としての湿地の創出」（共著，土木技術，2009），「オーストリアにおける流水型ダム（続報）」（共著，ダム技術，2010），「工事中のダムにおけるクマタカの調査方法」（共著，大ダム：国際大ダム会議日本国内委員会会誌，2011）など．本書では，コラム2を執筆．

角　哲也（すみ　てつや）
京都大学防災研究所教授
　専門は，河川工学，水工水理学，ダム工学．著作に『ダムと環境の科学I　ダム下流生態系』（分担，京都大学学術出版会，2009），『貯水池土砂管理ハンドブック』（監訳，技報堂，2010），『ダムの科学』（編著，ソフトバンククリエイティブ，2012）．本書では，コラム3を執筆．

関島　恒夫（せきじま　つねお）
新潟大学大学院自然科学研究科准教授
　専門は，動物生態学，哺乳類学，生理生態学．著作に『冬眠する哺乳類』（分担，東京大学出版会，2000），『日本の哺乳類学　①小哺乳類』（分担，東京大学出版会，2008），『川の百科事典』（分担，丸善出版，2008）など．本書では，第11章を執筆．

知花　武佳（ちばな　たけよし）
東京大学大学院工学系研究科准教授
　専門は，河川工学．著作に『川の百科事典』（分担，丸善株式会社，2009），『歴史的土木構造物の保全』（分担，鹿島出版会，2010），『日本のかわと河川技術を知る：利根川』（分担，土木学会，2012）など．本書では，第4章を執筆．

中井　克樹（なかい　かつき）
滋賀県立琵琶湖博物館研究部専門学芸員
　専門は，保全生態学．著作に『外来生物：つれてこられた生きものたち』（編著，滋賀県立琵琶湖博物館，2003），『よくわかる生物多様性2　カタツムリ：陸の貝のふしぎにせまる』（監修，くろしお出版，2011），『生きものがたり：生物多様性　湖国から世界から』（編著,滋賀県立琵琶湖博物館，2013）など．本書では，補遺を執筆．

中越　信和（なかごし　のぶかず）
広島大学大学院国際協力研究科教授
　専門は，景観生態学，環境計画学．著作に『景観生態学：生態学からの新しい景観理論とその応用』（監訳，文一総合出版，2004），*Landscape Ecological Applications in Man-Influenced Areas: Linking Man and Nature Systems*（編著，Springer Dordrecht, 2007），*Designing Low Carbon Societies in Landscapes*（編著，Springer Tokyo, 2014）など．本書では，コラム9を執筆．

西野　麻知子（にしの　まちこ）
びわこ成蹊スポーツ大学教授
　専門は，陸水生物学，保全生物学．著作に『内湖からのメッセージ：琵琶湖周辺の湿地再生と生物多様性保全』（編著，サンライズ出版，2005），『とりもどせ！琵琶湖・淀川の原風景：水辺の生物多様性保全に向けて』（編著，サンライズ出版，2009），*Lake Biwa: Interactions between its Nature and People*（編著，Springer，2012）など．本書では，第5章を執筆．

西廣　淳（にしひろ　じゅん）
東邦大学理学部准教授
　専門は，植物生態学，保全生態学．著作に『自然再生ハンドブック』（編著，地人書館，2010），『保全生態学の技法：調査・研究・実践マニュアル』（編著，東京大学出版会，2010），『河川生態学』（分担，講談社，2013）など．本書では，コラム4を執筆．

沼宮内　信之（ぬまくない　のぶゆき）
一般社団法人日本森林技術協会専門技師
　専門は，維管束植物の同定，造林学．著作に「寒河江ダムの上流端で初夏に干出する湿地土砂から芽生えた植物の種組成」（共著，東北植物研究，2011），「ニッコウハリスゲの特大雌鱗片」（共著，莎草研究，2010），「コナラ果実に対する落葉被覆が実生の発生と成長に及ぼす影響」（共著，日本緑化工学会誌，2005）など．本書では，第2章を執筆．

藤原　宣夫（ふじわら　のぶお）
大阪府立大学大学院生命環境科学研究科教授
　専門は，緑化工学，造園学，植物生態学．著作に『都市に水辺をつくる』（編著，技術書院，1995），『最新 環境緑化工学』（分担，朝倉書店，2007），『未来につなぐビオトープ施工技術』（監修，学報社2012）など．本書では，コラム1を執筆．

皆川　朋子（みながわ　ともこ）
熊本大学大学院自然科学研究科准教授
　専門は河川環境学．著作に『川の百科事典』（分担，丸善，2009），『日本の河川』（分担，朝倉書店，2010），『よみがえれ里山・里地・里海』（分担，築地出版，2010）など．本書では，コラム10を執筆．

吉村　千洋（よしむら　ちひろ）
東京工業大学大学院理工学研究科准教授
　専門は，水質工学，河川生態学，生物地球化学．著作に『河川の水質と生態系：新しい河川環境創出に向けて』（分担，技報堂出版，2007），『ダム湖・ダム河川の生態系と管理：日本における特性・動態・評価』（分担，名古屋大学出版会，2010），『河川生態学』（分担，講談社，2013）など．本書では，第6章，コラム7を執筆．

ダムと環境の科学Ⅲ
エコトーンと環境創出　ⒸK. Tanida, Y. Ezaki, H. Ichiyanagi 2014

2014年11月30日　初版第一刷発行

編著者	谷田　一三
	江崎　保男
	一柳　英隆

企　画　　一般財団法人
　　　　　　水源地環境センター

発行人　　檜山　爲次郎

発行所　　**京都大学学術出版会**
　　　　　京都市左京区吉田近衛町69番地
　　　　　京都大学吉田南構内（〒606-8315）
　　　　　電話（075）761-6182
　　　　　FAX（075）761-6190
　　　　　URL http://www.kyoto-up.or.jp
　　　　　振替　01000-8-64677

ISBN 978-4-87698-380-3　　印刷・製本　㈱クイックス
Printed in Japan　　　　　　装幀　鷺草デザイン事務所
　　　　　　　　　　　　　　定価はカバーに表示してあります

本書のコピー，スキャン，デジタル化等の無断複製は著作権法上での例外を除き禁じられています。本書を代行業者等の第三者に依頼してスキャンやデジタル化することは，たとえ個人や家庭内での利用でも著作権法違反です。

京都大学学術出版会

ダムと環境の科学 I
ダム下流生態系
池淵周一 編著　302頁　3800円

ダムとはそもそも何か。ダムは河川の水質や物理環境をどう変化させ、生物・生態環境はそれにどう応答しているのか。下流河川を中心に論じる。

ダムと環境の科学 II
ダム湖生態系と流域環境保全
大森浩二　一柳英隆 編著　414頁　4200円

ダム湖の環境負荷は自然湖沼と比べて大きいのか。湿潤変動帯のダム湖とそこに棲む生物の実態を解明し流域管理の新たな手法を提案する。

水文学・水工計画学
椎葉充晴　立川康人　市川 温 著　626頁　5400円

水の循環を扱う科学である「水文学」と、それを基本として河川計画や流域管理への応用を図る「水工計画学」を体系的に理解する。

流域環境学
—流域ガバナンスの理論と実践—
和田英太郎 監修　谷内茂雄 他編著　582頁　5200円

環境問題の解決にむけて、科学はどのように社会を支援できるのか。琵琶湖-淀川水系での共同調査から、環境ガバナンス時代の新しい処方箋を提示する。

森と海をむすぶ川
—沿岸域再生のために—
京都大学フィールド科学教育研究センター 編　向井 宏 監修　354頁　2800円

森里海の連環を意識しつつ、利害の異なる人々が手を携えてよりよい環境を作っていくための道筋を、河川を軸にして考える。

〈定価は税別〉